数据分析

思维通识课

Data-Driven Thinking: Unveiling the Truth Behind the Data

带你看透数据真相

◎ 郭炜 周瑶 著

人民邮电出版社
北京

图书在版编目（CIP）数据

数据分析思维通识课 ： 带你看透数据真相 / 郭炜，周瑶著. -- 北京 ： 人民邮电出版社，2025. -- ISBN 978-7-115-65511-0

Ⅰ. TP274

中国国家版本馆 CIP 数据核字第 2024M2C373 号

内容提要

数据分析的智慧其实就潜藏在我们的日常生活与职业生涯中，它无处不在。设想当你审视报告中的数字时，是否洞悉了那些数字背后隐藏的故事？它们的增长或减少，又向我们透露了怎样的信息？购房选址的策略，购车时机的选择，这些看似寻常的决策，实则都能在数据的指引下变得更为明智。本书巧妙地从纠正基本的数据认知误区启程，逐步深入至统计学的奥秘、人工智能的前沿，并巧妙融合数据叙事与思维工具的运用，旨在将抽象的数据理论转化为生活中触手可及、工作中行之有效的智慧宝典，让“冷冰冰”的数据知识跃然成为解决实际问题的“金钥匙”。

本书面向的读者群广泛，它适合具有数据分析需求的技术高管、首席数据官、数据分析师、产品经理，以及软件研发人员和运营人员阅读，同时也适合作为高等院校相关课程的参考书，可为学生提供一扇深入了解数据分析世界的窗，助力他们在未来的职业道路上稳健前行。

◆ 著　　　　郭　炜　周　瑶
责任编辑　佘　洁
责任印制　王　郁　焦志炜

◆ 人民邮电出版社出版发行　　北京市丰台区成寿寺路 11 号
邮编　100164　　电子邮件　315@ptpress.com.cn
网址　https://www.ptpress.com.cn
北京瑞禾彩色印刷有限公司印刷

◆ 开本：720×960　1/16
印张：18　　　　2025 年 1 月第 1 版
字数：241 千字　　　　2025 年 1 月北京第 1 次印刷

定价：89.80 元

读者服务热线：(010)81055410　印装质量热线：(010)81055316
反盗版热线：(010)81055315
广告经营许可证：京东市监广登字 20170147 号

数据是有灵魂的，我将用我的一生去追寻它。

——郭炜

前言

为什么写这本书

在数学的浩瀚海洋中，我们从基础算术游弋至高深的高等数学，但你是否想过，在日常生活和工作中我们又究竟用到这些知识中的多少？又有多少人真正掌握了数据分析的思维方式呢？

让我们先思考几个问题。

- 抛硬币连续 10 次正面朝上，下一次反面朝上的概率会更高吗？
- 计算机行业就业前景好，平均薪资高，是否就应该选择从事计算机行业？
- 大模型目前备受关注，投身其中创业是否就有较高的成功率？
- 某城市平均房价从 5 万元 /m^2 跌到 4.2 万元 /m^2，随后升至 4.5 万元 /m^2，这意味着房价上涨，应该出手买房吗？
- 某住宅小区均价 3 万元 /m^2，而全市平均房价为 4.5 万元 /m^2，这是否预示着该小区会有很大的升值空间？

如果你拥有数据分析思维，就会发现这些问题的答案大多是否定的。本书旨在通过深入浅出的方式，将复杂的理论与日常生活中的例子结合，用通俗易懂的语言为你娓娓道来，帮助你在未来的工作和生活中培养数据分析思维，以全新视角审视世界。

在大数据和人工智能时代，数据、工具和算法虽丰富，但真正稀缺的是数据分析的逻辑——数据分析思维。

本书将数据分析的相关知识串联起来，从数据分析基础到大模型，从基本理论到复杂算法，希望以此拓宽你的认知边界，让你知道原来可以利用这些方法来分析问题，从而积极主动地挖掘隐藏在数据背后的真相，发现谬误，避开陷阱，更科学地决策，从而提升自身竞争力。

数据分析思维的实际应用

下面给你讲 3 个故事，这些故事能帮助你理解数据分析思维在日常工作和生活中的重要性。

故事 1：抛硬币

小时候，我和小伙伴们玩一个简单的游戏——抛硬币。我连续抛 10 次都是正面朝上，所以我开始认为下一次反面朝上的概率会更高，结果连输了 5 根冰棍。事实上，每一次抛硬币的结果都是独立的，下一次是正面还是反面朝上的概率依旧是各 50%。这就是典型的“赌徒谬误”，它告诉我们，不要被表面现象迷惑，要用理性的眼光看待随机事件。

故事 2：买贵的小区的房子还是便宜小区的房子

假设你所在城市的房子均价从每平方米 5 万元跌到 4.2 万元，后来又升至 4.5 万元，很多人会认为这是未来房价上涨的信号，应该买房。实际上，均价并不能代表每个区域的房价，在不同的区域，房价的走势可能与整个城市平均房价的走势完全相反，这就是著名的“辛普森悖论”。在 1.1 节，你就会看到这个有意思的现象。第 2 章将解决你应该买贵一些的小区的房子，还是买便宜小区的房子的问题。

故事 3：计算机行业的选择

很多人决定从事计算机行业，是因为他们听说这个行业的工作前景好、薪资高。确实，计算机相关职位的用人需求较大，但很多职位的薪资分布不是平均分布或正态分布，而是呈典型的“拉普拉斯分布”，只有顶级程序员才拿着非常高的薪资。如何正确选择合适的行业，打造自己的核心竞争力？你在第 2 章将找到答案。

通过以上 3 个故事，你可能已经开始理解数据分析思维的重要性了。这种思维方式不仅能帮助你在日常生活和工作中做出更明智的决策，还能给个人的职业发展带来巨大优势。

本书主要内容

1. 数据分析基础

澄清常见的数据分析误区，普及基础数据概念，培养基本的数据分析思维，激发你对数据分析的兴趣。

2. 数据预测与验证方法

借用日常生活和工作中的一些简单场景，解释高深的数据分析算法，理论结合实际，让你理解其本质。

3. 常用数据分析模型与理论

结合实际案例，介绍如何将数据分析思维应用到生活和工作的具体决策中。例如，如何选择正确的行业？如何让用户量快速增长？如何选择投资赛道？从理论到应用，让你真正地做到活学活用。

4. 有效地用数据说话

培养读者用数据分析思维影响他人的能力，使每个人都能成为数据分析师。

5. 利用 AI 大模型快速分析数据

在大数据和人工智能时代，学会使用 AI 大模型进行高效数据分析、快速撰写报告等，“大模型 + 大数据”能让我们事半功倍。

读者对象

学生：如果你正在学习数据分析，是统计学或相关专业的学生，那么本书将是你课堂知识的补充，可以帮助你更好地理解和应用所学的理论。

职场新人：对于刚刚进入职场的新人，本书将帮助你快速掌握数据分析的基本技能，让你在工作中脱颖而出。

经验丰富的专业人士：即便你已经在行业中工作了很多年，本书仍能为你提供新的视角和方法，帮助你提升数据分析能力，做出更科学的决策，避免职业危机。

创业者和管理者：本书将教你如何通过数据分析发现商机、优化策略，利用数据驱动业务发展。

数据分析师、数据爱好者：无论你是出于兴趣还是职业发展的需要，本书将为你提供一套完整的数据分析思维构建体系，让你的数据分析之路更加顺畅、高效。

致谢

本书的成功付梓离不开许多人的帮助和支持。

首先，我要感谢我的家人，他们在我写作期间给予我无尽的支持和鼓励。没有他们的理解和包容，本书不可能完成。

其次，我要感谢 Apache 社区的同人们，特别是 DolphinScheduler 和 SeaTunnel 社区的专家朋友。他们提供的宝贵建议和反馈，以及丰富的实际案例和经验，使得本书的内容更加生动和实用。

我还要特别感谢“极客时间”和人民邮电出版社的编辑团队，他们的专业指导和辛勤工作使得本书的整体质量得到了极大的提升。

最后，我要感谢所有读者，是你们的热情和支持激励我完成这本书。我希望本书能帮助你们更好地理解和应用数据分析思维，在未来的工作和生活中取得更大的成功。

让我们一起踏上数据分析思维的探索之旅，共同揭开数据的神秘面纱，探寻隐藏在数字背后的真相和智慧。这将是一段充满惊喜和收获的旅程，我期待与你们分享这一切！

资源与支持

资源获取

本书提供如下资源：

- 本书思维导图；
- 异步社区 7 天 VIP 会员。

要获得以上资源，您可以扫描右侧二维码，根据指引领取。

提交错误信息

作者和编辑尽最大努力来确保书中内容的准确性，但难免会存在疏漏。欢迎您将发现的问题反馈给我们，帮助我们提升图书的质量。

当您发现错误时，请登录异步社区（https://www.epubit.com），按书名搜索，进入本书页面，单击“发表勘误”，输入错误信息，单击“提交勘误”按钮即可（见下图）。本书的作者和编辑会对您提交的错误信息进行审核，确认并接受后，您将获赠异步社区的 100 积分。积分可用于在异步社区兑换优惠券、样书或奖品。

与我们联系

我们的联系邮箱是 contact@epubit.com.cn。

如果您对本书有任何疑问或建议，请您发邮件给我们，并请在邮件标题中注明本书书名，以便我们更高效地做出反馈。

如果您有兴趣出版图书、录制教学视频，或者参与图书翻译、技术审校等工作，可以发邮件给我们。

如果您所在的学校、培训机构或企业，想批量购买本书或异步社区出版的其他图书，也可以发邮件给我们。

如果您在网上发现有针对异步社区出品图书的各种形式的盗版行为，包括对图书全部或部分内容的非授权传播，请您将怀疑有侵权行为的链接通过邮件发送给我们。您的这一举动是对作者权益的保护，也是我们持续为您提供有价值的内容的动力之源。

关于异步社区和异步图书

“异步社区”（www.epubit.com）是由人民邮电出版社创办的 IT 专业图书社区，于 2015 年 8 月上线运营，致力于优质内容的出版和分享，为读者提供高品质的学习内容，为作译者提供专业的出版服务，实现作者与读者在线交流互动，以及传统出版与数字出版的融合发展。

“异步图书”是异步社区策划出版的精品 IT 图书的品牌，依托于人民邮电出版社在计算机图书领域 40 余年的发展与积淀。异步图书面向 IT 行业以及各行业使用 IT 技术的用户。

目录

第0章 数据思维

自幼学海泛舟，分数定排名，这些计算离不开数据；踏入职场，你开始通过自己的努力赚取薪资，无论是 KPI（Key Performance Indicator，关键绩效指标）的评估还是年终奖的计算，数据都是不可或缺的要素；步入婚姻殿堂，买房置业，你开始思考等额本息和等额本金哪种贷款方式更适合你，这也是数据；甚至平时和朋友玩牌，计算手中的牌面概率，决定是否加注，这也是对数据的深刻理解。

可以说，我们生命中的点点滴滴，都是用数据在记录的。在当今这个时代，数据贯穿了我们的一生。

0.1 | 数据洞察万物规律

数据无处不在，每个人都会觉得自己多多少少懂一些数据。但细究起来，你能够拍着胸脯说自己真正懂数据吗?

就拿我自己的经历来说，小时候我曾和小伙伴玩抛硬币游戏，我认为硬币有两面，抛 20 次至少应该有八九次是正面向上的，我就跑去和别人打赌抛 20 次至少 8 次向上，最后我输得很惨，请别人吃了好几顿冰棍。同样，在赌博中和别人赌大小，大概率也会输得很惨。这背后其实有深层次的数据逻辑和数学理论支撑，你在接下来的内容中将具体学习这个理论——“大数定律”。

在管理中，我也曾听下属夸耀说，竞争对手的平均客单价只有 10 万元，而我们的平均客单价有 100 万元，暗示我们服务的都是高端客户。但是我做了用户访谈后发现，我们还有很多客单价只有 3 ~ 5 万元的单子，而一个 1000 万元的单子拉高了整体的平均值。

如果我没有做深入的用户调研，可能就会按照 100 万元的客单价来制定战略规划，进而对公司造成不利影响。

当时我对平均值理解得不够，差点出了差错。同样，如果你不深入了解这些数字背后的逻辑，也可能会做出错误的决策。因此，我在第 1 章讲平均值时就会告诉你,“被幸福”“被加薪”等现象就是这类错误统计理念所导致的。

另外，现在有很多“数据科学家”会给你提供各种算法预测服务，更有甚者，直接给你绘制一条“增长曲线”，向你展示未来投资回报率会有多高，要求你进行基金投资或者对你所在的部门加大投入，并声称根据“大数据算法”进行这些投入之后，能给你或你的公司带来多少回报。

但是等你真的投入之后，你才发现实际情况远非如此。于是，你会认为“数据预测”都不靠谱。其实这也是片面的，毕竟在人家给你的数据报告中既可能存在“幸存者偏差”，也可能有“因果倒置”问题。所以在接下来的内容中，我希望通过通俗易懂的例子让你充分了解这些基本知识，这样当下次“数据科学家”给你“号脉”时，你就可以辨别他们是“真科学家”还是“伪科学家”了。

所以你看，数据无处不在，**你需要很好地认识数据，这样才能让数据更好地指导你的生活**。而数据背后的规律究竟是什么呢？答案是算法。

0.2 | 数据背后的规律是算法

现在的数据分析算法和过去的数据分析算法有所不同，现在有了大数据和小数据之分（如图 0-1 所示）。有人说大数据结合人工智能才是未来，也有人认为小而传统的逻辑数据才接近真理。那么，谁对呢？

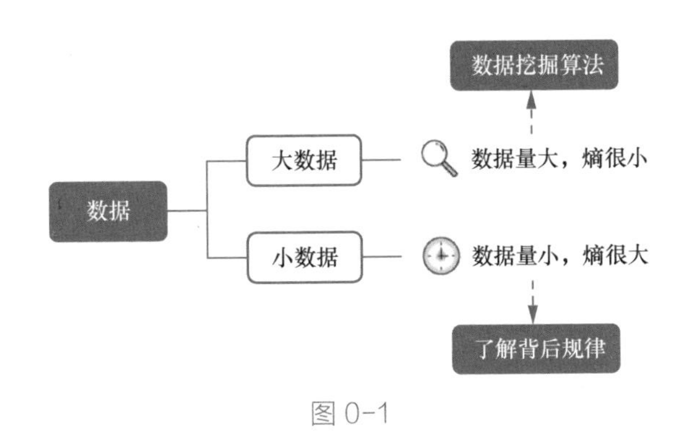

图 0-1

我既做过小数据也做过大数据，在我看来，这两种趋势的结论都有其正确性，只是应用场景不同。

在大数据领域，我们针对的是个人的数据，虽然数据量很大，但是每行数据蕴含的信息量（即熵）很小，因此我们会运用很多人工智能领域的数据挖掘算法，帮助我们在浩如烟海的数据里找到其中的珍珠。

而小数据往往是在企业经营范围内产生的，数据量很小，但是蕴含巨大的价值（熵），所以分析时要更谨慎，因为每一个数据的背后都隐藏着大量的知识。我们只有了解了数据背后的规律，才能真正掌握数据的命脉。

以大数据和小数据为例。抖音的推荐算法就是典型的大数据应用代表。抖音需要在复杂多变的环境中找到你喜爱的视频并推荐给你，不断增强你的体验，让你爱不释手。如果抖音没有一个很好的推荐算法，它是很难有今天的市场地位的。

但是对于抖音背后的母公司字节跳动而言，它的上市数据、经营收入、人员成本等小数据同样重要。这些数据会影响字节跳动的整体估值，以及员工持股的最终价值。

所以你看，即便在字节跳动这种拥有海量数据的顶尖互联网公司，大数据和小数据也依旧要两手抓。**大数据为业务做支撑，小数据则是内核动力，两者缺一不可，只是应用场景不同。**

在本书中，我既会向你介绍小数据的基本概念，也会教你大数据算法的基本原理，让你不再对那些看似复杂的专有名词和算法感到陌生，帮助你轻松跨入数据分析和算法的大门。

0.3 | 对数据最重要的是分析和表达

但是，仅了解算法是不够的。数据具有复杂性，同样的数据可以从很多不同的角度来诠释，诠释得特别好的人，我们称其为数据分析师。此外，作为管理者还必须了解数据分析的常识，这样才能透过现象看本质。

给你讲一个典故：平江人李元度本来是一介书生，曾国藩命令他领兵作战，结果他每仗必败。曾国藩非常愤怒，准备写奏折弹劾他，奏折上便有“屡战屡败”这样的字眼。后来曾国藩的一位幕僚为李元度求情，把“屡战屡败”改为“屡败屡战”，使李元度免于受罚。

你看，即便是失败，不同的解释会让结果完全不同。数据也是如此，你如何看待这个数据及其背后的解释，往往会让你得到不同的结论。

因此，当我们有了数据和算法后，就好比手里握着一块“璞玉”，还不能够完全发挥作用。我们需要通过有效的数据分析和表达，让数据产生影响力。在本书中，我会带着你学习如何清晰地表达数据，帮助你成为别人眼中的“数据分析师”。

小结

本章可以看作一次课前预习，通过本章我想告诉你，我们常常对数据持有一种想当然的态度，但实际上，我们对数据还缺乏深入的理解。万物背后都是数据，它不是某种噱头，数据就是这么无处不在。

认识到数据对我们的生活很重要仅是第一步，更重要的是理解数据背后的规律，即算法。就像客观世界背后蕴含着哲理一样，通过学习本书，你将能够从数据算法中领会到生活的哲理。比如在接下来的内容中你会发现，原来“物以类聚，人以群分”这句话是有数学算法支持的，而电影《飘》中的“tomorrow is another day”也是有数据算法依据的。我希望你在学完这本书后，不要把它仅仅当成一个知识库，而是通过它培养自己时时思考数据规律的习惯。

最后，当你有了思考数据规律的习惯后，我希望你更进一步去有效地表达数据，利用数据正确地影响他人，跨入数据分析师的门槛。在这样一个纷繁复杂的世界，如果你拥有一个清晰、优雅的数据观，就能更透彻地理解事物和表达观点。

数据就是“外行看热闹，内行看门道”。只有洞察数据真谛的人，才能真正掌握自己的命运和企业的命脉，最终获得生活和事业上的成功。因此希望你通过学习这本书，对自己的生活有一个新的认知，洞察数据背后的逻辑和趋势。

思考

你在生活或工作中有过被数据误导的经历吗？明白真相后这些经历又给你带来哪些收获呢？

第1章 了解数据背后的真相

在日常生活中，我们经常质疑一些统计报告中的数据。例如，“某市人均住房面积达到120平方米”“计算机行业人均年收入超过50万元”，而你发现自身的居住条件和收入远没有达到平均水平。有时，你可能觉得自己遭遇“水逆”，事事不顺，甚至乘坐的飞机也总是晚点。又或者，你去打牌，手上拿的牌很差，你期望时间长了牌运就会变好，实际却没有发生。实际上，这些现象背后都隐藏着数据规律，本章就告诉你到底怎样正确地看待这些数据，揭示它们背后隐藏的事实，从而让你能够基于事实做出正确的决策。

1.1 | 平均值：不要被平均值骗了，它不能代表整体水平

从理论上讲，平均值有多种类型。仅在数学领域，就有算术平均值、几何平均值、平方平均值、调和平均值和加权平均值等。因此当有人提及平均值时，你应该谨慎地询问："你指的是哪种平均值？"

当然，在日常生活中提到的平均值默认都是"**算术平均值**"，也就是"**一组数据中所有数据之和再除以数据的个数**"。这个概念不难理解。但在这里，你可以先思考一下，算术平均值有什么局限性吗？

我先给你一道极其简单的数学题，假设我们有 3 个数，分别是 0、1 和 20，这 3 个数的平均值不难计算，答案是 (0+1+20)/3=7，这个平均值和之前的 3 个数之间是不是差距挺大的？

所以，有时候平均值并不能代表整体水平。

1.1.1 平均值在什么情况下才有价值

平均值到底在什么情况下才有价值呢？在回答这个问题之前，我先给你讲个故事。

昨天下楼时，我听到小区两位大妈在聊天："这次期末考试，班级语文的平均分是 71 分，我孙子考了 85 分，表现不错吧！"在工作中，我偶尔也会听到同事说："我们客户的平均客单价是 1000 元，竞争对手只有 500 元，我们的客户比竞争对手的高端多了。"这些说法都对吗？还真不一定。

为了更好地解释这个问题，让我以学生的平均分为例。假设班级里 20 名学生的考试成绩呈现两极分化的现象，如图 1-1 所示，一半孩子的成绩都在 95 分以上，而另外近一半孩子的成绩只有三四十分，我们很容易计算出这 20 名学生的平均成绩是 71.05 分（见图 1-1 中的实线）。

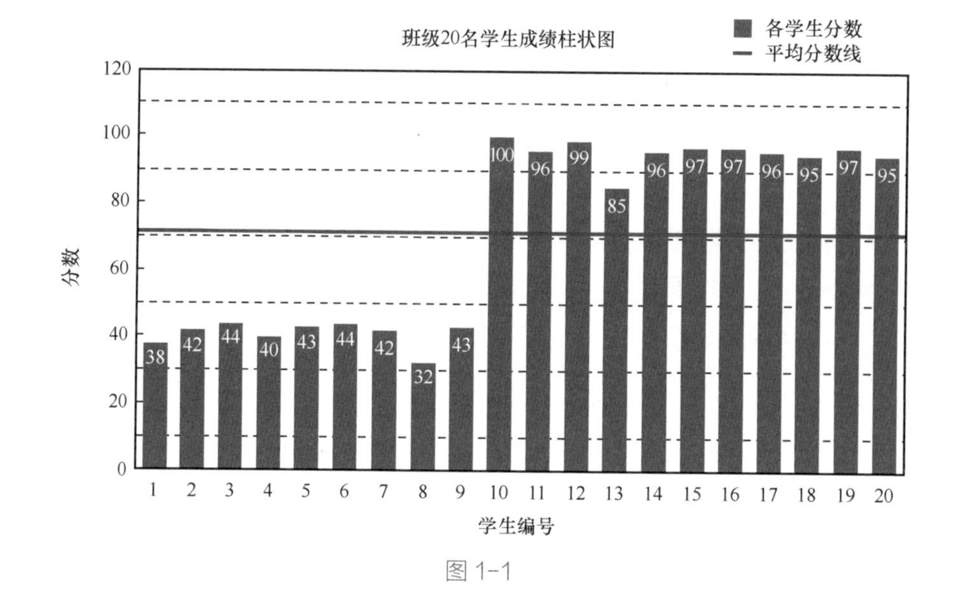

图 1-1

看上去孩子的 85 分比平均分 71.05 分高了很多，但你仔细看会发现，这个分数在高分学生里其实是最低的，整体来看也只是处在班级中等水平。

同理，看上去这家企业的平均客单价很高——平均 1000 元，但如果你的数据是由 1 个客单价为 1 万元的客户和 10 个客单价为 100 元的客户贡献的（总收入 11 000 元 /11 人 =1000 元 / 人），而竞争对手的数据是由 11 个客单价为 500 元的客户贡献的，那么实际上你的竞争对手才是真正拥有高客单价的企业。

你可能会觉得这些例子都太极端了，其实我是想阐明一个观点：平均值是基于所有样本数据计算得到的，**容易受到极端值的影响**。在很多情况下，平均值不具备代表性，它无法真实、准确地反映数据的整体情况。

更进一步地说，平均值仅在数据呈均匀分布或正态分布的情况下才有意义。如果忽略整个数据的分布情况，那么这个平均值其实是缺乏意义的。这就是为什么你在读某些统计分析报告时会觉得自己“被加薪了”或“被幸福了”。

现在你明白了吗？在一些复杂情况下，我们很难确定人群分布情况，此时若直接使用平均值，是很难准确反映整体真实情况的。

1.1.2 分组结论和整体平均值不是一回事

怎样才能准确反映真实情况呢?

以平均薪资为例，你肯定会好奇：拿那么高薪水的都是什么人啊？你也肯定想查看更详细的数据，诸如具体的岗位、工作年限、所在城市等。掌握了这些信息，你才了解你和他人薪资差距的具体原因。

比如在一线城市工作 3 年的 Java 程序员的月平均工资是 2 万元，而你的月工资是 1 万元，那确实存在差距，这个判断比起之前一刀切就精确多了。

你可能已经注意到，在思考这个问题时，你已经在不知不觉中采用了**分组**的逻辑。你应该也发现了，分组中得到的平均值和从整体中得到的平均值是不一样的，分组中得到的平均值更具参考价值。

上面这个例子很好理解，我现在要顺着它抛出一个观点：整体平均值不能代表各分组情况，分组结论和整体平均值可能会大相径庭。

明白了吗？别急，我再通过一个例子反面论证一下这个观点。假如 NBA 有两位球员——球员 A 和球员 B，他们的投球表现如图 1-2 所示。

NBA两位球员投球表现				
	球员A		球员B	
	2分球	3分球	2分球	3分球
投中数	200	5	90	50
总投球数	250	50	100	150
命中率	80%	10%	90%	约33.3%

图 1-2

这里我简单描述一下，先说 2 分球的情况：球员 A，2 分球总共投了 250 个，投中 200 个，命中率 80%；球员 B，2 分球总共投了 100 个，投中 90 个，命中率 90%。也就是说，以 2 分球的命中率来看，球员 B 更厉害一些。

对于 3 分球，球员 A 一共投了 50 个，投中 5 个，命中率 10%；球员 B 一共投了 150 个，投中 50 个，命中率约 33.3%。无论是 2 分球还是 3 分球，球员 B 都比球员 A 的投球命中率要高。看上去也是球员 B 比球员 A 厉害，对吧？

问题来了，从整体命中率来看好像不是这样的。计算一下这两位球员的整体平均值（也就是整体命中率），如图 1-3 所示。

NBA两位球员整体命中率		
	球员A	球员B
投中数	205	140
总投球数	300	250
整体命中率	约68.33%	56.00%

图 1-3

球员 A 总共投了 300 个（250 个 2 分球，50 个 3 分球），共投中 205 个（200 个 2 分球，5 个 3 分球），整体命中率约 68.33%；球员 B 总共投了 250 个，投中的 2 分球和 3 分球加到一起共 140 个，整体命中率是 56%。这么看来，球员 B 比球员 A 的投球命中率要低呀。

看到这个结果，你是不是很诧异？

球员 B 的 2 分球和 3 分球命中率都比球员 A 高，整体命中率却比球员 A 低，是不是让人大跌眼镜？如果你是篮球爱好者，你应该会注意到 NBA 不统计整体命中率，而是分别统计 2 分球和 3 分球的命中率。

1.1.3 辛普森悖论的启示

NBA 为什么不统计整体命中率呢？因为这样统计出来的结果不准确。这里我们可以引入一个著名的理论——**辛普森悖论**，它描述的就是这个现象。辛普森悖论由 E.H. 辛普森在 1951 年提出，简单来讲就是，**在分组比较中都占优势的一方，在总评中有时反而是失势的一方**。

我以 NBA 球员命中率的例子给你分析辛普森悖论产生的原因。首先，2 分球和 3 分球的投球能力根本不同，这两个投球数本身就不应该直接相加。其次，虽然球员 B 厉害，但是其 60% 的投球都是命中率比较低的 3 分球，而在数量上，命中率较高的 2 分球就投得少了，由于 3 分球的命中率是明显低于 2 分球的命中率的，这样就拉低了他的整体命中率，造成了总体上的劣势。

简而言之，就是“质”（命中率）与“量”（投球数）是两个维度的数据，如果全部合并成“质”（命中率）这个维度的数据，就会导致错误的结论。

再举一个例子，某游戏公司开发了一款游戏，分为 Android 和 iOS 两个版本，而这两个系统又都有手机版本和平板版本。一名数据分析师在查看用户的付费数据后，发现整体上 Android 付费率比较高。他直接向老板报告：“我们 Android 版的用户付费率要高于 iOS 版的用户付费率，我们应该大力发展 Android 客户端！”这个数据是真实的，但是结论很可能是错误的。

深入分析后我们会发现，这名数据分析师也是错误地把“质”（付费率）和“量”（用户数）简单合并，是一种过于简化的做法。因为还有可能出现这样一种情况：尽管 Android 版无论是平板还是手机的付费率分别都比 iOS 版低，但由于 Android 手机的用户（注意，只是手机用户）比较多，所以把 Android 付费率整体拉高了。其实细分下去，iOS 平板和手机的付费率都比 Android 高，只是整体付费率低而已。你若还有疑虑，可以对照上面统计 NBA 球员投篮命中率的例子，自己再推演一番。

因此，我简单总结如下：看到一个平均值时，你必须保持警惕，看看它的数据构成情况，而不是简单地用平均值来代表整体。生活是具体的，如果你想获得更准确的数据，应该进行分组分析。因为辛普森悖论告诉我们，有时候，在分组比较中都占优势的一方，在总评中反而可能是失势的一方。但请注意，只是“有时候”。

正如最近我读到的一些文章所述，税率改革后我们的整体工资税率实际上提高了，而不是降低。这也是同一个道理，即用整体平均值去掩盖个体不同区间税率变化。我们应该使用更细致的数据来评估实际结果的好坏。

除此之外，辛普森悖论也给了我们一个启示：**每次小范围内的输赢与整体上的输赢没有直接关系**。

这也是辛普森悖论的一个推论，将来你要使用数据分析做决策时，小到打牌，大到做投资，不要过于计较局部的得失，而是要在关键时刻敢于在大概率有把握的事情上大胆下注。

小结

当他人提及平均值时，你首先要和他确认究竟是哪种平均值。当然，日常生活中我们提到的平均值多指**算术平均值**。其次，算术平均值特别敏感，它很容易受到**极端数据**的影响。在很多选秀节目中，评委在计算分数时会去掉一个最高分和一个最低分，这是同一个道理。

你也一定要认识到，整体平均值仅在**数据均匀分布或正态分布**时才有意义。如果不考虑整个数据的分布情况，只提平均值是没有价值的。

最后，我们讨论了辛普森悖论。这是一个在工作和生活中常见的现象，甚至我见过很多传销人员利用它来误导他人。面对这样的情况，别忘了那句话：**分组结论和整体平均值可能会大相径庭**。

我们经常提到“质量”这个词，但是拆开看，“质”与“量”是不等价的。所以当你不被大多数人理解时，或许正是因为你选的是一条少数人走的路。平均值和辛普森悖论告诉我们要抓大放小，不要因为自己的某个单项优势而洋洋得意，也不要因为局部失败就一蹶不振。在生活中我们要有一颗平常心，我们的目标是让自己的“人生平均值”逐步提高。

数据给了你一双看透本质的眼睛，让我们持续学习、不断提高。

思考

在生活中，你还遇到过哪些与平均值和辛普森悖论相关的例子？欢迎分享，我们可以一起讨论。

1.2 | 大数定律与小数陷阱：生活是随机的还是有定数的

在生活中，你是否思考过这样的问题：生活到底是随机的还是有定数的？

理论上，生活中的很多事情应该像抛硬币一样，50% 的机会向好的方向发展，另外 50% 的机会向坏的方向发展。然而，你可能连续努力多次，结果却并没有向着你预想的方向发展。于是你开始怀疑人生，说自己最近“水逆”。或者你去应聘岗位，有时一周来了好几个 offer，有时却连续两三周都没有任何进展，你把它归咎于命运的安排。这真是命运的安排吗？

本节就为你揭示这背后的数据规律——大数定律和小数陷阱。希望你了解这两个数据规律后，在遇到一些所谓的“水逆”或者感到不如意时，从数据分析的层面，正确看待生活。

1.2.1 什么是大数定律

你肯定遇到过这样的场景：抛硬币来预测哪一面朝上。理论上，抛 10 次硬币应该有 5 次正面朝上、5 次反面朝上，但结果可能是 9 次正面朝上、1 次反面朝上。又或者赌徒玩轮盘赌，连续 10 次押小，10 次都输了，但他就是不甘心，第 11 次接着押小，还是输了。

上面两个例子的背后就是大数定律在发挥作用。大数定律是由瑞士数学家雅各布·伯努利提出的，它的核心逻辑是：**只有当随机事件发生的次数足够多时，这些事件发生的频率才会趋近于预期的概率**。

回到抛硬币的例子，理论上随机抛硬币时正面和反面朝上的次数应该一样多（正反面朝上的预期概率均为 50%）。所以理论上抛 10 次应该是 5 次正面朝上、5 次反面朝上。

但是这里有一个前提，即大数定律中提到的“随机事件发生的次数足够多”。那怎么才叫作“足够多”呢？

理解“足够多”是理解这个问题的关键。“足够多”在数学上称“无穷大”，生活中我们有时称之为“足够大”。你有没有想过，数量多大才叫“足够大”呢？ 10 次肯定是不够的，那应该是 100 次还是 1000 次？

历史上还真有一位数学家做了这样的实验，他就是丹麦的概率论学者克里克。在第二次世界大战期间克里克曾被拘留，当时他在监狱中也无事可做，于是就做了这个抛硬币的实验来消磨时间。他一共抛了 1 万次硬币，还对每次抛下来的硬币是正面朝上还是反面朝上做了一个统计，统计图大概如图 1-4 所示。

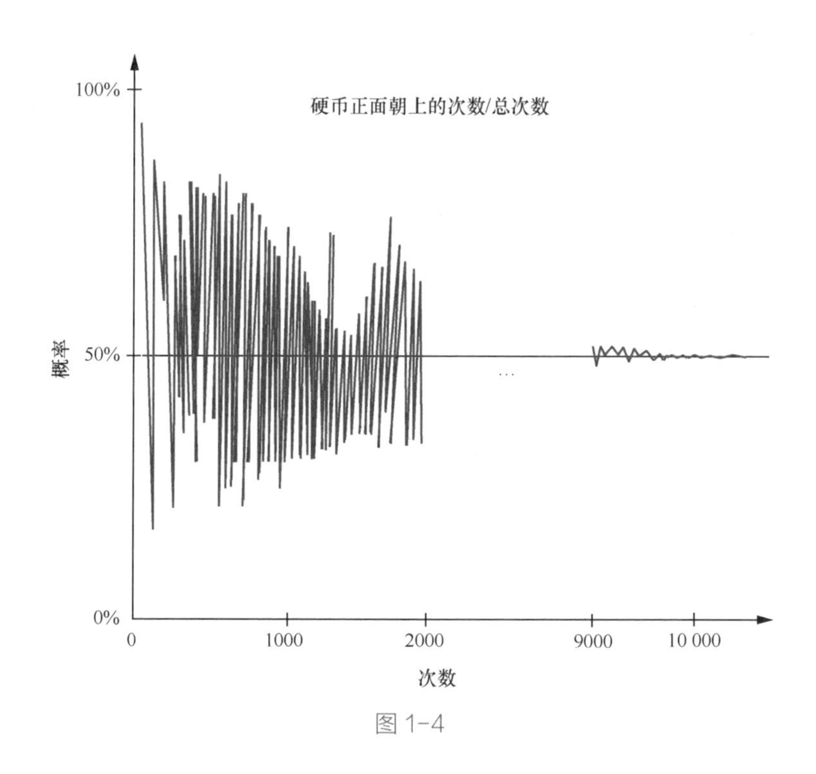

图 1-4

从这个统计图中你会发现，在最开始的几百次中，抛硬币的概率波动是非常大的。也就是说，有时连续若干次都是正面朝上或者连续若干次都是反面朝上。后面随着次数的增多，正面朝上和反面朝上的概率才越来越各自趋近于 50%。

看了这个统计图，你可能就能理解为什么我们在抛硬币时，虽然理论上每次抛出正反面的概率应该各是 50%，但我们抛 10 次却不一定是 5 次正面朝上、5 次反面朝上了。因为我们抛硬币的次数不够多，最后反映出来的结果也并不够具有代表性。换言之，你看到的结果只是各种偶然的极端情况。

这时你可能会萌生一种想法：既然胜负概率差不多，那么不用努力，只要不停尝试，总会成功的。

请注意，这可完全不同。因为在大数定律之外，还有一个小数定律。小数定律是科学家阿莫斯•特沃斯基等人在研究“赌徒谬误”时提出的一个概念，我把它叫作“小数陷阱”。

1.2.2 什么是小数陷阱

了解了大数定律后，你可能会认为，既然随着试验次数的增多，整体趋势会趋近于 50%：50%，那么在轮盘赌游戏中，如果前面开的都是“大”，接下来就应该加倍下注“小”。因为从长远来看，出现“大”和“小”的概率应该是趋于相等，所以未来出现“小”的概率应该增大。

真会像我们预想的那样吗?

还真不一定，这就是一个典型的对大数定律的误读，即**赌徒谬误，**我把它叫作“小数陷阱”。

以轮盘赌游戏为例，虽然前面开的都是“大”，但后面每一次转出来“小”的概率还是不变的 50%。也就是说，每次事件其实是**独立且随机**的，并不是说前面都开“大”，后面开“小”的概率就会增加。

大数定律的核心是“大数”，也就是说，事件必须出现足够多的次数，才能够趋近于它的期望概率。

这个“大数”要求非常高，而大多数赌徒在赌到“足够多”次数前就已经输光了。

赌场其实就是在利用大数定律赚钱，通常赌博机会被设计成 51%：49% 的预期概率，赌场只赢 2%，而你却 100% 输。

这就是赌场乐于提供各种免费的好东西来吸引源源不断的客户的原因。在赌场里，某些赌徒可能偶尔赢钱，但从整体看，只要赌博机持续运转，赌场就能稳赚不赔。

同理，如果你去买彩票，然后通过数据分析，选出以前中奖号码中较少出现的数字，认为这些数字在下次开奖时就会大概率出现，那么在了解小数陷阱后，你就应该知道这完全是一个错误的认识，运气终究只是运气而已。守株待兔究竟能有多少只兔子撞到你的木桩上，答案其实显而易见。

1.2.3 大数定律和小数陷阱给我们的启示

前文通过生活中一些常见的例子，讲解了大数定律和小数陷阱的概念。那么我们具体应该如何应用大数定律，又如何避免落入“小数陷阱”呢?

首先，关于大数定律，我们不应该盲目跟风。

在开始做某件事之前，先问问自己是否已经具备持续投入的能力。例如“炒币”现象，不少人跃跃欲试准备进场分一杯羹。但我希望你在进行任何投资之前，都要做好持续精力和金钱投入的准备。

那些你所羡慕的成功者往往不是简单地通过博弈获得收入，而是因为他们积累了大量的失败教训和经验，逐渐进入大数定律中所谓的规律部分。如果你只是盲目跟风，哪怕最初赚了一些钱，最终也可能“让靠运气赚的钱，最后靠实力全亏回去”。

其次，对于小数陷阱，我们应保持一颗平常心。

面对失败，应保持冷静，气馁或赌徒心理都是不可取的。你需要认识到，我们生活中的许多事件样本量并不大，所以“坏运气”只是偶然，并不代表你会一直不走运。

当你想孤注一掷或者彻底放弃时，不妨问问你是否已经持续努力足够久了。你要学会把一件事情放在足够长的时间轴上进行评判（尤其当这件事对你特别重要时）。当你遇到各种不如意时，保持冷静，持续在你认为能够成功的道路上努力，并且努力足够长的时间、足够多的次数，最终你会迎来“拨云见日”的时刻。

最后，希望你建立自己的“大数定律”来规避“小数陷阱”。

方法其实很简单，就是充分利用前人的经验，站在前人的实验结果和规律上，不断学习、阅读（比如学习数据思维等课程），积累经验，总结自己想要从事的行业。虽然绝大多数人是做不到在赌博中拥有足够大的“大数”的，但是没关系，你可以根据自己的生活去建立属于自己的“大数定律”，赋予生活更多必然性。

任何时候都不要放弃追求，人生只有努力才能向上，这才是你一生的“大数定律”。我想在这里送你一个成语：“慎始敬终”。“慎始”指的是开始前要做好持续投入的准备，没有想清楚就不要开始。“敬终”指的是一旦做了，就持续投入，踏踏实实地去完成。

小结

“大数定律”告诉我们，当随机事件发生的次数足够多时，其发生的频率才会趋近于预期的概率。对于一项事业，你需要持续不断地努力，才能最终达到你的期望值。而“小数陷阱”则告诉你，每个事件都是独立的，“否极泰来”需要努力足够多的次数才可能出现，做事情要少一些“赌徒心态”，多一些平常心，不要盲目跟风和下注才能获得最后的成功。

生活中最难的就是如何辨别什么是偶然，什么是必然。我们渴望把生活中的每一件事都变成必然，但实际上人的一生很短暂，我们所经历的事情很难都是必然。通过本节内容，希望你拥有一颗平常心，在上班开车途中，无论遇到一路红灯还是绿灯，都不会影响你的心情，因为这都只是“小数陷阱”而已。

人生中总有红灯和绿灯，你不会一直顺利或倒霉，但如果你不断努力，确实会更容易成功。这听起来像是“心灵鸡汤”，但是从数据分析的角度来看，生活本来就充满着各种不确定，如果你不努力，那么经历的样本太少，就很可能会遇到各种偶然的极端情况（比如一路上总是遇上红灯）。

数据给了你一双看透本质的眼睛，希望“大数定律”和“小数陷阱”有助于你未来的工作和学习。数据知识学无止境，让我们持续学习、相互鼓励、共同进步！

思考

在你的学习和工作经历中，有哪些例子符合“大数定律”，又有哪些例子体现了“小数陷阱”呢？希望你能分享出来，让我们共同站在大家的“大数定律”上更好地成长。

1.3 | 数据的期望值：为什么你坐的飞机总是晚点

你是不是也经常遇到这样的情景：夏日里你平时都带着伞，偶尔一天没带伞，结果就正好那天下雨了；不打车时街上到处都是空出租车，一旦你需要打车时发现全是满员的；别人的飞机都准点起飞，你坐的飞机总是晚点……

类似的情景还有很多，**总之你越不希望某件事情发生，这件事情往往就会发生**，而事情发生后，有的人就会抱怨自己运气不佳。但真的只是运气不好吗？这背后有深层的原因吗？

其实这种现象在业内通常被称为**墨菲定律**。下面我们先探讨一下它的起源，然后再聊聊它背后反映的数据分析知识。

1.3.1 墨菲的一个玩笑

1949 年，美国航空工程师爱德华·墨菲参与美国空军“MX981”项目，需要将 16 个精密传感器安装在超重实验设备上以测试其耐压性。然而即便超重实验设备在巨大压力下发生了变形，传感器也没有任何提示。经过检查后发现，原来负责装配的人把这 16 个传感器全都装反了。

对此，墨菲不经意间说了一句玩笑话："如果一件事情有可能出错，让某人去做就一定会弄错。"随后的记者招待会上，他的上司斯塔普称这句话为"**墨菲定律**"，并表述为："**如果有两种或两种以上的方式去做某件事情，而其中一种选择将导致灾难，则必定有人会做出这种选择。**"

后来，人们对墨菲定律又做了更多诠释，比如：

- 任何事情都不会像它表面上看起来那么简单；
- 所有任务的完成周期都会比你预计的长；
- 任何事情只要有出错的可能，就会有极大的概率出错；
- 如果你担心某件事会出错，那么它一定会出错。

1.3.2 背后的数学原理

墨菲定律背后的数学原理涉及一个核心概念——**期望值**。

什么是期望值？**期望值就是对可能出现的结果的概率做加权平均**。举个简单的例子，你购买了一张彩票，有 10% 的概率赢 100 元，40% 的概率赢 50 元，50% 的概率什么也没有，那么这张彩票的期望值就是 $10\%\times100+40\%\times50+50\%\times0=30$ 元。

这 30 元意味着什么呢？购买 1 张彩票或 100 张彩票都不太明显，但是如果你购买 10 万张彩票，那么你中奖的金额很可能会接近 300 万元。因此，这个 30 元的**期望值，衡量了你在足够多的试验次数下，平均每一次所能够获得的金额**。

很多人在数据分析中将"均值"和"平均值"混为一谈。这里我告诉你一个简单区分它们的方法，并用英文来识别（见图 1-5）。

名称	特征	例子
平均值	事后统计，针对既成事实的计算	人均工资、平均身高…
均值（期望值）	事前预测，针对概率分布的期望	预测彩票的投资回报、算牌…

图 1-5

- 均值（也叫期望值）的英文是 mean，它是事前预测的，这个值完全由概率分布决定，也就是我们前面所说的“对可能出现的结果的概率做加权平均”。
- 平均值的英文是 average，它是事后统计的，等于样本值的总和除以样本的个数。

了解了二者的概念区分后，我们接下来看看二者的关系。请你先琢磨以下这句话：当样本量 N 趋近无穷大时，样本的平均值无限接近期望值（日常计算时相等）。这句话听起来是不是很耳熟？对，这就是大数定律（Law of Large Number，LLN）。

简单来说，**期望值反映在大数定律下多次执行某件事情之后，得到的一个最可能的收益结果**。例如，前面所说的购买 10 万张彩票可能获利 300 万元，平均值和期望值（或者均值）都是 30 元，其实就是利用了大数定律来解释这个现象。

1.3.3 解释墨菲定律

在讨论了平均值、期望值（均值）和大数定律三者的关系之后，接下来回到我们要用数据分析解释的一种现象——墨菲定律。

人类有一种心理倾向，那就是更容易记住一些不好的事情。就像飞机晚点的概率对每个人而言都是一样的，但对我来说，每次飞机晚点的经历会让我印象深刻，而在飞机没有晚点时，我的注意力往往集中在其他事情上。

现在，我们可以将坏事发生的期望定义为 M，它代表了你记住这件坏事的概率，同时把坏事对你的心理影响定义为 X，发生的概率为 R_1；再把好事

发生的期望定义为 N，它代表着你记住这件好事的概率，同时把好事对你的心理影响定义为 Y，发生的概率为 R_2。根据前面所学，我们就有了图 1-6 所示的两个公式。

让我们进一步抽象地分析这个问题。你是否经常担心一件坏事情的发生？比如事件 A，我们假设事件 A 发生对你产生的心理影响是 X，事件 A 不发生对你产生的心理影响是 Y。这时候显然 X 是大于 Y 的，所以当发生事件 A 时，你受到的心理影响就比较大。

其实，你在担心一件事情的发生之时，这件事情应该已经具备了发生的大多数条件。我们假设事件 A 发生的概率是 R，那么你担心这件事情发生（R_1）和不担心这件事情发生（R_2）的概率是不一样的，R_1 一定大于 R_2。

代入前面的公式，一个我们担心的坏事情的发生期望如图 1-7 所示，对比后你会发现，**墨菲定律其实是由我们对好事情和坏事情发生的期望值的差异造成的**。简单来说，印象深刻再加上担心时提高的概率，自然也就“担心什么来什么”了。

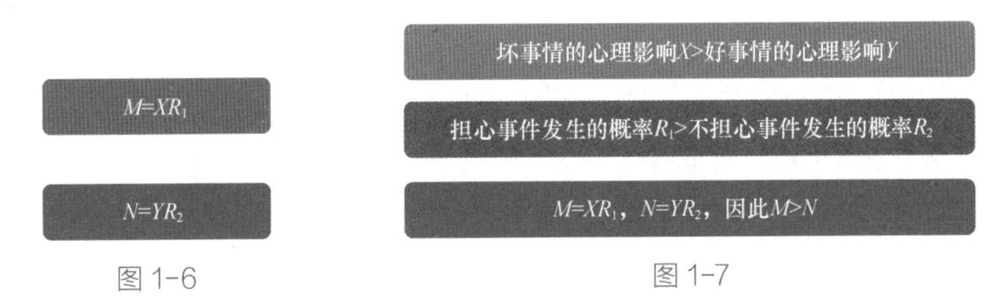

图 1-6　　图 1-7

下面我们用墨菲定律来解释本节开头的情景。

- 夏天是个多雨的季节，所以你会记得要随身带伞。但恰好有一天你没带伞，并且天阴沉沉的好像会下雨，于是你十分担心，最后真的下雨了，印象自然深刻。

- 你着急打车的时候一般是高峰期，再加上平时高峰期也经常打不到车，于是你就更加担心，最后发现出租车全部满员，对打不到车这件事印象深刻。

- 工作很忙的时候，你为了赶时间总选晚上的飞机，前面只要有一个航班晚点，晚上的这个航班一定晚点，再加上一旦晚点，你回到家基本就半夜了，所以印象尤为深刻。

于是，墨菲定律就产生了。

1.3.4 如何规避墨菲定律

了解墨菲定律的成因后，我们怎样才能避免掉入“墨菲定律”的陷阱呢？

影响期望值的变量可分为两部分，分别是心理影响的大小和发生概率的大小，因此我们可以从这两个方面入手。

对于前者，我们要做的就是不断调整事情对你的心理影响的预期，让它们趋同。特别是遇到坏事情的时候，你可以通过**增加 B 计划等方式，调整预期以降低坏事情的发生对你的心理的影响**。

对于后者，你可以优化流程，提高自身能力，尽可能降低事件出错的概率。

这么说可能还是有一些抽象，我们看看几个工作与生活中的具体运用。

“为大概率坚持，为小概率备份”——创业时，我们要努力为好的期望（N）坚持，同时考虑为坏的影响（X）备份，并尽力降低坏事发生的概率（R_1）。

“已知的是成本，未知的才是风险”——如果坏的影响（X）已知，那么即使你按照坏事情发生的概率（R_1）为 100% 来准备资金，这批资金也算是你付出的成本；但如果坏的影响（X）未知，那么无论坏事情发生的概率（R_1）为多少，都是风险，因为你不知道坏事情究竟会造成多大的影响。

“项目风险控制”——项目管理中有各种风险管理和预防措施，风险被分为很多类型，如静态风险、动态风险、局部风险和整体风险，同时风险应对措施也被细分为很多类，这背后的核心都是为了避免墨菲定律的发生，从而让整个项目在项目经理的期望下正确运行。

“生活中的风险控制”——生活中也可以借用这种风险控制方法论。识别生活中的风险并做好准备，这样在墨菲定律生效时不至于手忙脚乱。比如提前查看天气预报、查看航班的过往准点率、预估自己乘坐航班的情况。再比如在参加重要会议时，提前预留时间。这些生活中的小事看似微不足道，但请相信，一旦你把这些小事落到实处，你对生活的掌控力就会大大提升。

数据分析解释给你的是现实背后的规律，学以致用才可以让它们发挥最大的价值。

小结

本节通过墨菲定律向你介绍了一个有趣的概念——期望值，它是对可能出现的结果的概率做加权平均得到的，期望值完全取决于概率分布。而我们通常说的平均值一般指算术平均值，也就是一组数据中所有数据之和再除以数据的个数。某件事情长期不断发生，次数足够多后会达到我们预设的期望值，这就是大数定律所描述的。

这几个概念相互依存，又各自不同。你可以将平均值、大数定律和期望值作为一个整体，进行对照学习。

对于平均值，你要学会对不同事物进行分组，用更细分的数据来看待问题。对于大数定律，要成事，我们就不能有赌徒心态，而要学会持续投入。对于期望值，平衡预期和未雨绸缪这两个理念希望你能够在生活中灵活运用。

这几个数据分析领域的基础概念告诉我们一个最朴实的道理：没有事情可以一蹴而就（平均值），我们需要努力足够多的次数（大数定律），并学会规避风险（期望值）。这样在若干年后，企业和个人才能有一份满意的企业/个人数据报表。

思考

你最近在生活中遇到过符合墨菲定律的情境吗？你觉得怎么做可以减轻和规避这类风险？欢迎分享出来，让我们共同成长。

1.4 随机对照试验：章鱼保罗真的是“预言帝”吗

你在生活中是否经历这样的巧合：在一个小型聚会上，你竟然遇到了同月同日出生的人，在慨叹缘分的同时，你可能并未意识到这只是一个高概率事件。你设计了一个新的用户界面，调查显示客户满意度明显高于旧版本，但你的领导提醒你这可能是“幸存者偏差”。又如，曾经在南非世界杯上“成功预测”德国小组赛结果的“预言帝”章鱼保罗，真的拥有预测能力吗?

要真正了解这背后的玄机，我们需要理解数据分析界伟大原则之一的“**随机对照试验**”。不过在进入正题之前，你得先弄清楚一个重要的概念——“**随机**”。你可能觉得这个概念很简单，“随机”不就是要确保每个个体被抽取的概率相同吗? 但是生活中充斥着太多的“伪随机”，它们会影响我们的判断。到底什么是伪随机呢? 我们接着往下看。

1.4.1 你认为的随机其实都是“伪随机”

玩一个小游戏：请闭上眼睛，快速地在 0 ～ 20 之间想一个数字，然后我来猜。想好了吧? 我可以预测，你大概率不会选择 5 和 15 这两个数字。听起来不可思议，你不妨试一试，或者与朋友们玩一玩这个小游戏。

为什么我会确信你大概率不会选择 5 和 15 呢? 因为人脑在选择随机数时，会刻意规避一些有规律的数字，这反而让这些随机数变得“不随机”了。

同样，用户反馈的例子也很典型。大部分用户其实并不愿意花时间填写调查问卷，一般积极填写的都是对这个产品感兴趣的，或者使用频率比较高并且希望其能有所改进的人。因此，这样往往会产生“伪随机”问题。

所谓伪随机，就是看上去过程是随机的，但实际上是确定的。例如计算机的随机数是通过确定性算法计算得出的；让你随意想一个数字，这个数字往往也是根据个人习惯和偏好想出来的。它们都属于伪随机数。

换言之，如果我们选择样本时的随机程度不够，或者对数据的理解不够深入，就会出现一些“小确幸”：我们可能会误以为幸运和缘分等出现的概率还挺高的。

其实不然，以前面提到的聚会为例，如果聚会人数超过 50 人，那么有两个人生日是同一天的概率高达 97%。即使是 20 人的小聚会，至少两人生日相同的概率也高达 41%。你可以参考图 1-8 所示的计算过程。

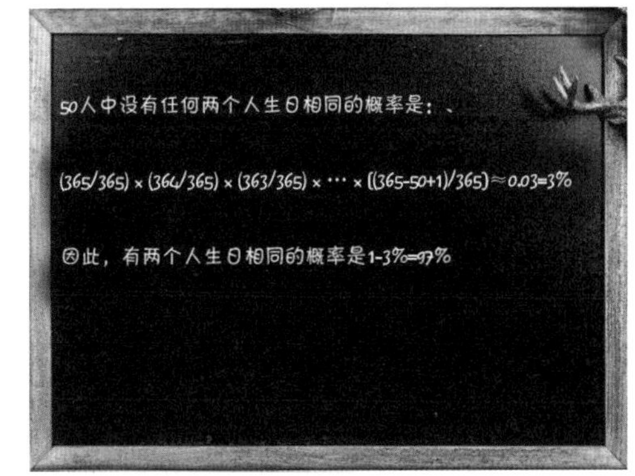

图 1-8

1.4.2 随机对照试验帮助你去伪存真

在了解“随机”这个概念后，我们接下来进入本节的主题——**随机对照试验**。无论是临床医学、基因遗传学，还是互联网黑客增长理论中的 A/B 测试，随机对照试验都扮演着至关重要的角色。它帮助我们解决了一个关键问题，就是**我们如何通过少量的数据来验证更广泛的规律**。

随机对照试验是由现代统计学之父、数据分析的鼻祖——罗纳德·艾尔默·费希尔在《试验设计》一书中提出的，他通过一个很简单的例子验证了一件事情是否真实可信。

这就是著名的**奶茶试验**，它巧妙地阐释了随机对照试验的原理。故事发生在 20 世纪 20 年代的英国，一位女士坚称：“先放红茶和先放牛奶的奶茶的味道完全不一样，我能尝出它们的区别。”恰好数据分析界的学者费希尔也在场，他提议通过试验来鉴别这位女士所述的真伪。

于是，费希尔进行了试验：他在那位女士看不见的地方，准备了两种不同冲泡方法的奶茶。他把奶茶随机摆成一排，共 10 杯，让女士随机品尝奶茶并说出其冲泡方式，结果那位女士的回答完全正确。据此费希尔得出结论：这位女士真的掌握了某种方法，可以分辨出按不同方法冲泡的奶茶。

注意，为什么费希尔要用**随机排列**的方式来做这个试验呢？你想想，假设只给那位女士一杯先放红茶的奶茶，那么即使她判断正确也不能证明她有准确分辨奶茶的能力，因为她有 50% 的成功概率，这不能排除运气的成分。

那么将两种奶茶交替给那位女士，如果她每次都能猜中，这能证明她的分辨能力吗？我的答案还是否定的。因为只要有某种规律存在，她只需要猜中第一杯奶茶，自然也就能知晓后面的结果了。同理，类似连续给 5 杯先放红茶的奶茶，再连续给 5 杯先放牛奶的奶茶的方法也是行不通的。

因此，**只有在随机的情况下**这个公式才成立：

- 如果给那位女士 1 杯奶茶，那么她偶然猜对的概率是 1/2，也就是 50%；
- 如果随机给那位女士 5 杯奶茶，那么她都偶然猜对的概率就是$\left(\frac{1}{2}\right)^5$，大约 3.1%；
- 如果那位女士随机品尝了 10 杯奶茶，那么她偶然猜对的概率就是$\frac{1}{2^{10}}$，大约 0.1%，如图 1-9 所示。

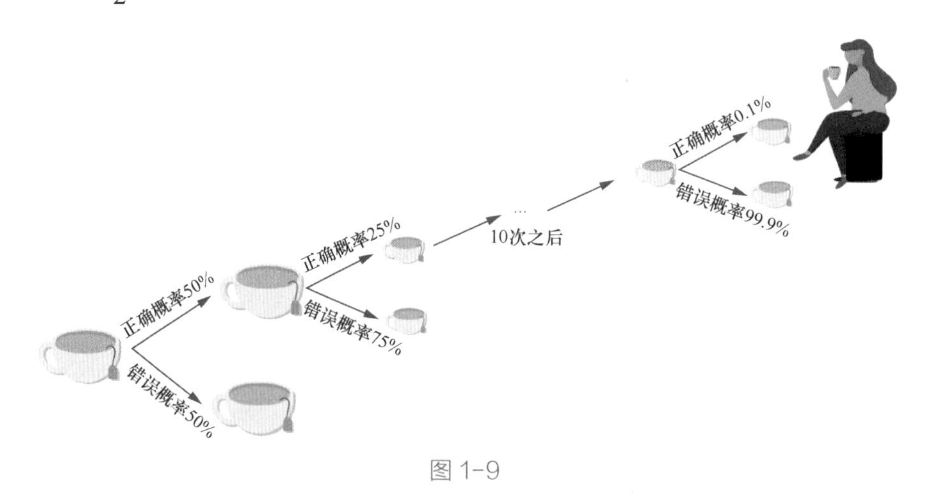

图 1-9

试验结果是那位女士成功识别了随机选取的 10 杯奶茶，如果她没有任何分辨方法，纯粹靠猜的话，只有 0.1% 的成功概率，这是很难做到的。因此，费希尔认为那位女士的确掌握了某种可以分辨奶茶冲泡顺序的方法。

奶茶试验就是随机对照试验的雏形，正式的随机对照试验中会对研究对象进行随机分组，并设置对照组。随机分组是双盲设计的前提条件，也就是研究者和受试者均无法知晓分组结果，最终通过结果来证明试验是否真的有效。

你要记住，随机对照试验有两个关键要素：一是“**随机**”，二是“**对照**”。

1.4.3 幸存者偏差并不是随机对照试验

此时你可能有些困惑，前面提到的章鱼保罗的预测不就是一种随机对照试验吗？如果它在随机的 10 组比赛中全部猜对，是不是就真的具备了预测能力呢？并非如此。接下来我要向你介绍一个特别容易与随机对照试验混淆的概念——**幸存者偏差**。

幸存者偏差就是当取得资讯的渠道仅来自幸存者时，得出的结论可能会与实际情况存在偏差。因为看上去结果的确由随机对照试验产生，但在逻辑上是错误的，这其实是在用结果来倒推整个前期数据的产生过程。

幸存者偏差这个概念最早可以追溯到第二次世界大战期间，当时有各种地面防空作战和空战，在密集的炮火下，战机机身上几乎所有地方都有可能中弹，统计学家需要研究战机被击中的部位，从而确定哪些部位需要额外加强装甲。

对返航的战机进行弹痕分析后发现，飞机机翼被打穿的弹孔较多（如图 1-10 所示），由此得出结论：应该加强机翼的装甲防护。

图 1-10

但对返航的战机样本来说，这其实说明即使机翼中弹，战机也有很大的概率能够返航。对于那些弹孔不多的部位（比如驾驶舱、油箱和机尾），当这些部位中弹后，战机很可能连飞回来的机会都没有，而这并没有被统计，这就是所谓的“看不见的弹痕最为致命”。

让我们将注意力拉回到“预言帝”章鱼保罗的身上（见图 1-11），它其实并非如我们想象那样拥有神奇的预测能力。

图 1-11

你要知道：当样本量足够大时，总会出现一个“幸运儿”，它能够“碰巧”正确预测所有场景。世界杯的预测也是如此，这样大规模的赛事吸引了很多人和生物参与结果预测，如此大的样本量自然就诞生了本次预测的“幸运儿”，只是它碰巧被命名为章鱼保罗罢了。没有章鱼保罗，我们可能会有另一个“幸运儿”猫咪汤姆（这当然只是一个虚构的名字）。

在章鱼保罗的故事之外，其实有许多预测者“牺牲”在了随机概率的海洋里，它们不够“幸运”，不能被我们看见，只有章鱼保罗足够幸运，成为能够被我们看到的“幸存者”。另外，从章鱼保罗自身的预测记录来看，你会发现其实我们只是看到了它预测成功的部分，而忽略了它也有预测不成功的时刻，这也是另一种幸存者偏差。

回想一下我们在讨论大数定律时的一个例子。如果我们让全世界的人来玩抛硬币游戏，每人抛 10 次，总会有人连续 10 次都是硬币正面朝上，我们就可能称他为“赌神”，误以为他可以控制抛硬币的结果，这与章鱼保罗的情况是一样的。

实际上，“预言帝”和“赌神”并不存在，我们看到的只是大样本数据背后的“幸存者”。

因此，要验证章鱼保罗的预测能力，应该从一开始就把它安置在一个没有任何信号干扰的环境，让它连续预测 10 次，这样它的成功概率是 0.1%，我们还可以通过提高预测次数来检测它是不是真的拥有那么神奇的预测能力。

因此当你再听到类似于“读书无用论”“工作都是别人的好”这样的论调时，请你保持警惕，运用本节介绍的知识思考：这些说法到底是不是一种幸存者偏差？当你遇到一些“成功学大师”向你兜售一些成功心法时，不要盲从所谓的权威。如果有可能，我们尽量站得更高一些，从多个经济周期的维度来评判某个事物或个人。

最后，我们不应仅关注从成功者那里学习如何成功，而应更多地从失败者那里总结他们为什么会失败，因为成功往往就是一个想方设法避免失败的过程。别人的成功你不一定能复制，但别人踩过的坑，你若不注意，很大概率你也会因此摔跤。

小结

回顾一下本节内容，我给你介绍了**随机**和**随机对照试验**，也解释了**幸存者偏差**的含义。

随机对照试验已被广泛应用于临床医学、遗传学和 A/B 测试中——验证一个理论和假设的有效性，这是一个巨大进步。但你知道吗？即便是遗传学家孟德尔，他的遗传学理论实验都存在着问题（尽管他的理论是正确的）——因为他只选取了对他有利的豌豆样本来支撑他论文的观点，而不是采用随机对照试验。

在工作和生活中，一定要注意不能犯同样的“错误”，即用非随机的结果来证明自己的观点，更不能用幸存者偏差——用结果倒推原因，来解释自己的一些结论。

我们不仅要避免犯错，也要学会“发现错误”，从失败中学习。当别人向你兜售一些貌似合理的论调时，希望你对那些“沉默”的数据留一个心眼，在看向闪闪发光的成功数据时，也要意识到有很多“话少”甚至“不说话”的数据的存在。

正因为存在这些“沉默”的数据，我们很难从现实世界中得到完整的数据集。因此我的目标不是简单地教会你各种各样的数据分析知识和理论，而是希望你能够对这些数据分析方法有更好的理解，最终帮助你在生活中做出更有效的决策。

思考

你在工作和学习中是否遇到过幸存者偏差的情况？你是如何识别的？欢迎你分享对幸存者偏差的看法，让我们共同探讨！

1.5 | 指数和 KPI：智商是怎么计算出来的

在日常生活中，我们经常希望用一个数字来衡量一个复杂的事物，这样即便是外行，也能迅速了解某个事物的概况和分布。

什么数字可以满足这个苛刻的要求呢？答案是指数。

简单来说，**凡是能用指数描述的，都是一些需要长期观察或者大范围衡量的事物**。它像一把尺子，通过测量，你就能知道现在这个事物所处的状态。因此，生活中我们经常看到各种各样的指数，从空气污染指数到股票市场的上证指数，从用户忠诚度指数到智商（Intelligence Quotient，IQ）等。

指数本身的定义很简单，就是变量值除以标准值再乘以 100（见图 1-12）。

指数=变量值÷标准值×100

图 1-12

接下来让我们思考一下，如果让你设计一个数字来代表上海证券交易所整体的股票行情，你会怎么做呢？

如果你只选一只股票来代表整个上海证券交易所的股票行情，就会出现很多问题。比如这家上市公司的股票退市了，怎么办？或者这家上市公司进行了一些股票的增发 / 除权，突然之间股票价格变化非常大，这能代表当时所有股票的行情吗？

显然，单只股票是无法代表整体行情的，这时候就轮到指数登场了。

1.5.1 简单的指数：上证指数

接下来以上海证券综合指数（简称上证指数）为例，带你看看一个标准指数的构成。

首先，它得有标准值，也就是分母。注意，这个标准值不仅是一个数值，也对应一个具体的时间点。比如，新的上证指数就是以 2005 年 12 月 30 日为基日（即基准日），以当日所有样本股票的市值总值为基期，以 1000 点为基点作为分母的。

其次，它还得有一个加权的计算公式，这个计算公式如下：以基期和计算日的股票收盘价（如当日无成交，则沿用上一日的收盘价）分别乘以发行股数，相加后求得基期和计算日股票市价总值，计算日股票市价总值与基期股票市价总值相除后乘以 100 即得计算日股价指数（见图 1-13）。

计算日股价指数=计算日股票市价总值÷基期股票市价总值×100

图 1-13

看上去很简单，就是当前市值除以基期市值，但上证指数还包含**一套修正规则**，这是非常重要的。因为一个指数不仅仅是一个数学公式，它还反映了一套管理规范。

对上证指数而言，股票要有样本池，样本池可不是随机选择的，而是由上海证券交易所精心挑选，包括若干大盘股和蓝筹股，以进行综合计算。

由于样本池中的单一股票会因非市场交易因素（例如配股、送股等）发生价格变动，但是由这些非市场交易因素导致的股票价格变动都不计算在这个指数的变化范围内，所以就得用图 1-14 所示的公式来进行修正。

新的基准市价总值=
修正前的基准市价总值×（修正前的市价总值+市价总值变动额）÷修正前的市价总值

图 1-14

通过上证指数这个例子，我希望你能够明白，指数公式本身并不复杂，关键在于你要如何制定一套能够保持指数有效性的规则。指数不是一条一使劲就能变长的橡皮筋，而是一把相对精准的尺子。

1.5.2 较复杂的指数：用户忠诚度指数

我们看看一个比上证指数更复杂一些的例子。在互联网分析领域，我们经常遇到所谓的用户忠诚度指数。

顾名思义，用户忠诚度指数用于衡量用户对某种行为的忠诚度。这个指数和上证指数就不太一样了，它类似我们日常使用的大多数指标，其复杂性在于对忠诚度的定义。例如，若把忠诚度定义为在第 N 日 / 周 / 月后回访的用户行为指标与初始行为指标的比率，则用户忠诚度指数就会如图 1-15 所示。

第N日/周/月后用户忠诚度指数=（第N日/周/月后回访的用户行为指标）÷初始行为指标

图 1-15

这个公式看上去也很简单，但是在理解层面相较于上证指数的计算公式，其实更难。

比如，什么叫初始行为指标？如果我们把初始行为指标定义为访问某个 App 或网站的活跃用户数，那么用户忠诚度指数就是留存率。

但是问题又来了，什么是活跃用户数呢？打开视频 App 看 1 秒钟算活跃吗？如果第 2 秒就退出了，那么应该不是活跃用户。是不是看 5 秒以上的用户就是活跃用户了呢？这些问题其实非常复杂。

另外，对用户忠诚度而言，我也可以说今天在京东买了大闸蟹，过了一周后，我又在京东买了大闸蟹，那么我在京东上对大闸蟹的用户忠诚度就很高。如图 1-16 所示，我们可以选择各种各样的条件进行用户忠诚度分析。

在我们的日常工作中经常出现类似用户忠诚度这样的指数。这些指数往往有一个明显的特征：看上去公式定义很简单，但是对公式的解释却非常复杂，需要依赖具有大量业务经验的人员通过“数据治理”过程才能准确定义。而这个数据治理过程需要内外部专家共同建立一套公司级别的共识（类似上证指数修正方法），才可以让一个指数持续有效。

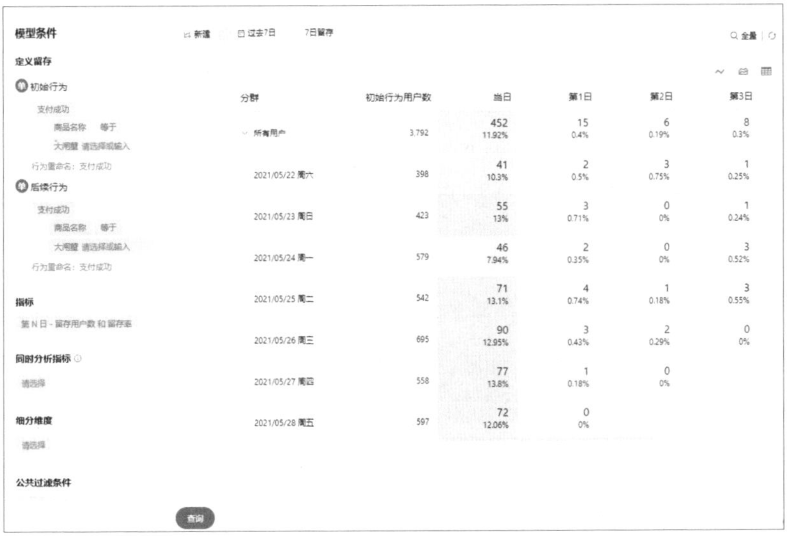

模型条件　新建　过去7日　7日留存　全量

定义留存

初始行为：支付成功　商品名称　等于　大闸蟹　请选择或输入　行为重命名：支付成功

后续行为：支付成功　商品名称　等于　大闸蟹　请选择或输入　行为重命名：支付成功

指标：第N日-留存用户数和留存率

同时分析指标：请选择

细分维度：请选择

公共过滤条件

查询

分群	初始行为用户数	当日	第1日	第2日	第3日
所有用户	3,792	452 11.92%	15 0.4%	6 0.19%	8 0.3%
2021/05/22 周六	398	41 10.3%	2 0.5%	3 0.75%	1 0.25%
2021/05/23 周日	423	55 13%	3 0.71%	0 0%	1 0.24%
2021/05/24 周一	579	46 7.94%	2 0.35%	0 0%	3 0.52%
2021/05/25 周二	542	71 13.1%	4 0.74%	1 0.18%	3 0.55%
2021/05/26 周三	695	90 12.95%	3 0.43%	2 0.29%	0 0%
2021/05/27 周四	558	77 13.8%	1 0.18%	0 0%	
2021/05/28 周五	597	72 12.06%	0 0%		

图 1-16

1.5.3　复杂的指数：智商

上证指数和用户忠诚度指数都是用一个数字来衡量一组数字，那么现在难题来了：如何使用数字化手段来衡量一个复杂的事物呢？比如衡量一个人的聪明程度。

这件事情听起来很复杂。首先，正如我们之前提到的，要制定某些维度来衡量一个人的智力本身就是一项挑战。其次，人不是一成不变的，随着年龄的增长，人的智力水平也会发生变化。

我们能否用一个固定公式来衡量所有年龄段的人？显然不可行。如果用成人的智力标准刻板地衡量一个孩子，很可能会错过一些具有特殊天赋的孩子。

20 世纪初，法国心理学家比奈和他的学生编写了世界上第一套智力量表，后来心理学家推孟把这套量表引进美国，将其修订为斯坦福－比奈智力量表，并使用标准测试题得出的心理年龄与生理年龄之比，作为评定智力水平的指数，这个比值被称为智商（IQ）。

如图 1-17 所示，这个公式就是现在网上大多数人会告诉你的智商计算方法，但这个算法其实是不准确的。通过这个公式，我们虽然能看到神童的 IQ 很高，但也会发现随着个人经验的增长，用这个公式计算出的智商反而越来越低。也就是说人会越活越笨，这不符合实际情况。

IQ=心理年龄÷生理年龄×100

图 1-17

因此目前最流行的智商计算方法是韦克斯勒的离差智商，它的基本原理类似于正态分布。

韦克斯勒智力量表是一条平均值为 100、标准差为 15 的正态分布曲线。在用韦克斯勒的方法测量智商时，你首先需要完成一组标准测验题，之后再将你的得分与韦克斯勒正态分布表（韦氏量表，见图 1-18）进行对照，这样就能得出你的智商了。

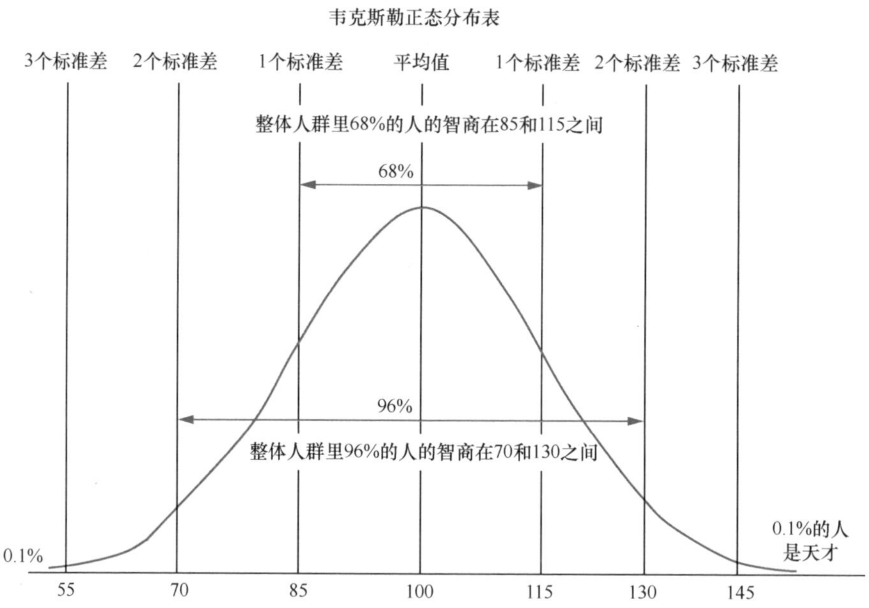

韦克斯勒正态分布表

3个标准差 2个标准差 1个标准差 平均值 1个标准差 2个标准差 3个标准差

整体人群里68%的人的智商在85和115之间

68%

96%

整体人群里96%的人的智商在70和130之间

0.1%

0.1%的人是天才

55 70 85 100 115 130 145

图 1-18

当然，基于年龄差异，韦氏量表也分为韦氏成人智力量表、韦氏儿童智力量表和韦氏幼儿智力量表，用于检测所有年龄段的人的智商。

根据标准差知识可知，正负 3 个标准差，即 6 个 σ，就能覆盖人类 99.7% 的情况。大多数人的智商分布在 55 和 145 之间。如果你的智商测试得分达到 100 分，那么你已经比较聪明了；如果达到 130 分，可以说你已经相当聪明；如果达到 150 分，感谢你还在阅读本书，因为你就是那个罕见的天才。这就是现代智商的计算方法。

相信你也发现了，智商的计算在指数计算中是非常复杂的：既要有复杂的标准测试题，也要将其与全人类的智力分布情况进行比对，最终得到一个合理的标准分值。

要制作一把尺子来衡量人类这种复杂生物的智力水平，很难。

所以在工作和生活中，当我们设定某个指数，比如 KPI 时，注意不要仅关注公式的建立，还要制定一系列定义如何调整的制度算法，否则即使很多项目最后 KPI 完成了，但目的并没有达成。

为了更直观地理解，让我给你讲个小故事。有一天，小王发现路边有两个人在忙碌地干活：一个人在前面挖坑，坑挖完后，后面那个人赶紧跑过去把坑重新填上。小王就很疑惑，这不是在瞎忙吗！于是小王上前询问二人为什么要这么干。最后一问才知道，原来负责种树的那个人请假了，只剩下挖土和填坑二人组各自完成自己的 KPI。

所以最近新流行的管理方法 OKR（Objective and Key Result，目标与关键成果），其实就是为了规避 KPI 管理的一些缺点，OKR 在某种程度上借鉴了指数建立和调整的规则：建立好“O”之后，“K”和“R”可以进行动态监测和调整，并为之建立一套分层和计算调整体系。这里最关键的是 K 的定义和相关针对 O 的调整方法，这与指数的定义和管理方法类似。如果这套方法没有定义好，不管是 KPI 还是 OKR，都无法获得好的管理效果。

小结

本节介绍了指数，指数是数字化现实社会的一种常见的衡量方式。仔细想一想，从我们个人的高考标准分到衡量每一个人工作的 OKR 或 KPI，再到衡量国家发展状况的居民消费价格指数（Consumer Price Index，CPI），这些数字都是指数在各种不同场景下的表现。

我们讨论了三个具体的指数示例，希望你能明白**指数不是一个简简单单的加权平均值，它背后映射了一套管理思维逻辑**。即使是在像上证指数一样有着复杂多变的股票价格的环境下，我们也需要一套标准的统计规则。而对于更复杂的情况（比如衡量人的智商），我们则需要结合所学的多种数据分析方法和工具，设计一个基于实验结果的指数计算方法，这样才能够更客观地评估。

但在生活和工作中，很多人为了得到一个可衡量的数字，可能会轻率地做出决策。比如公司在对员工进行评估时，就是简单地套用一个标准公式，这样的评估往往是不尽如人意的。一定要基于细致的业务流程和实验数据，这样才能得到科学合理的结论。

因此，我希望你在学习本节内容后，一方面，在衡量事物时，不要轻率地创造出一组数字来代表它。另一方面，我希望你更加坚定地相信，数字是可以衡量世间万物的。毕竟连如此复杂的人类都可以用数字来衡量，还有什么是不能被数字衡量的呢?

思考

你在日常生活和工作中还会遇到哪些指数呢？它们属于我所讲的指数类

型的哪一种？它们的定义和调整规则是什么？欢迎你分享出来，让我们一起提高。

1.6 | 因果陷阱：星座真的可以判定你的性格吗

前面讲了数据分析的基本方法，但掌握了这些方法后，还有很重要的一步，那就是理解数据背后的逻辑，否则分析数据就像算命先生看手相一样，直接就告诉你一个结论。比如以下根据“数据分析”得出的耳熟能详的结论，让我们仔细审视它们的可信度。

- 学术派观点：打篮球会让人长高，喝咖啡能长寿，不吃早餐会导致肥胖。
- 网红派观点：爱笑的女孩通常运气都不会太差（很暖心，对吧），《奇葩说》中讨论的“会撒娇的女人更好命”。

这些结论听起来都很有道理，甚至很多还有数据统计报告的支持，但仔细思考背后的数据和逻辑，就会发现它们往往缺乏依据，甚至经常出现因果倒置、因果无关的情况。

这种对数据的滥用其实是最危险的，因为其中的问题往往隐藏得非常巧妙。如果你不深究其中的逻辑，往往会被数据欺骗从而得出错误的结论，甚至引导你做出错误的行为。

因此，本节为你总结了最常见的 6 种数据误用陷阱，这些陷阱会导致错误的因果结论。

1.6.1 因果倒置——鸡叫导致天明

第一种数据分析错误就是最常见的因果倒置，这在公务员考试中也有专门的考题。

天亮了鸡就开始打鸣，但我们不能说是鸡打鸣导致了天亮，否则就是典型的因果倒置。而在实际应用中，我们往往会忽略这个逻辑。比如，我们在一些医学统计报告中看到“不吃早餐会导致人肥胖”，甚至还有大量的统计数据表明肥胖的人通常不吃早餐。

数据的确是同步发生的，但这不代表这些数据之间存在因果关系，实际上，可能会出现因果倒置的情况——肥胖的人早上不饿，所以不吃早餐；而较瘦的人新陈代谢较快，晚上消耗多，早上就会感觉饥饿，所以吃早餐。

如果你没有理解这个逻辑，只是很简单地觉得吃早餐就不会变胖（于是早上吃很多高热量食物），那么你的体重肯定涨得更快。

同样，很多统计数据表明，选择多种投资方式的人往往比只从事本职工作的人更富有，现在流行做投资，做一个有“被动收入”的人。

相应地，很多人会认为多种投资方式会让人更加富有，其实这也是一种因果倒置。通常，只有在拥有一定财富之后，我们才会考虑尝试多种投资方式。所以如果你目前财务状况不佳，盲目尝试多种投资方式，不仅不会让你更加富有，反而有可能遭受更大损失。

我们对事实逻辑的误解，把事件的结果当成原因，会导致我们得到一些荒唐的结论（比如鸡打鸣导致天亮）。如果我们按照这个结论来行动，则不仅得不到预期结果，甚至可能造成严重的危害。

因此，我们看到数据结果时，一定要仔细推敲其中的业务逻辑，同时进行反向测试。以吃早餐能不能让人减肥为例，我们可以选两组类似的人群去做随机对照试验，一组吃早餐，另一组不吃早餐，其他时间的用餐量和活动量都一致，最终观察不吃早餐到底能不能减肥。如果发现这两组人的体重没有太大差异，就说明吃不吃早餐和减肥之间没有任何因果关系。

1.6.2 相关性而非因果关系——吸烟真的致癌吗

第二种常见的数据分析错误是将数据相关误认为因果关系。这类例子非常多，比如曾经广泛流传的一个说法：“喝咖啡能够长寿”，国内外的媒体都报道过。

但结论未必正确。因果是一种非常强的逻辑关系，我们在初中就学过，因是果的充分条件，而不是必要条件。也就是说，因果关系意味着如果我们做了 A，那么一定会导致 B 的发生。在数据领域这其实是非常难证明的，我们可以通过数据实验证明 B 的发生和 A 没有关系，但是很难证明 A 的发生就是 B 发生的充分条件，即原因，因为它们之间有可能只是数据相关关系，而不是因果关系。

是不是感觉有点复杂？没关系，让我用一个你熟悉的例子来进一步解释。我们经常听说吸烟会导致癌症。但是吸烟真的会致癌吗？

我并不是要替吸烟者辩护，从健康角度来讲，吸烟的确有害健康。但是从科学角度来讲，尽管医学家、统计学家在过去的几十年里做了非常多的研究，但是到目前为止，我们还没有确凿的统计学证据可以说明吸烟直接导致癌症。因为致癌因素太多了，你无法将吸烟和癌症直接联系起来。

现代统计学的奠基人费舍尔对吸烟会导致肺癌的结论提出了质疑，他只承认吸烟和肺癌之间有相关性，但是从科学角度来讲，我们的确不能说吸烟就会导致肺癌。

数据看上去是正确的，但是如何解释数据需要沉思熟虑。两件事情即使相关，也无法说明它们之间有因果关系。我们的大脑容易记住有逻辑性的事物，所以我们经常将相关性“套上”因果的外壳，这是不对的。

因果关系需要通过大量实验来验证，只有当 A 发生时 B 一定会发生（且不受其他因素的干扰），才能说明 A 导致 B 的发生。而这在现实中是难以做到的，就像前面提到的吸烟导致肺癌，如果想要严格证明这一点，就必须找到若干对同卵双胞胎（确保他们的基因相似），让他们的饮食和活动完全一样。然后让其中一组吸烟，另一组不吸烟，同时确保他们相互不知道这是在测试（确保对照试验的公正性），最后只有吸烟组得了肺癌才可能通过数据证明吸烟真的导致肺癌。实验困难程度可想而知。所以我们在工作和生活中，不要轻易下因果关系的结论，相关性并不等于因果关系。

1.6.3 遗漏 X 变量——找到背后真实原因

我们在进行数据分析后发现几个数据之间存在相关性，虽然无法确认它们是因果关系，但在深入分析数据的过程中，我们有时能揭示相关的真实原因，从而解决问题。我把这个过程称为寻找遗漏的 X 变量。

这里有一个很有趣的例子，某岛上的居民有一个奇怪的信仰：他们坚信虱子有益于身体健康。因为经过数百年的观察，这里的人发现身体健康的人身上通常有虱子，而生病的人身上没有虱子。

科学家们也发现了同样的数据，但这并不代表岛上居民的“虱子让人健康”的信仰就正确。后来经过自然学家实地考察发现，原来这里几乎所有人的身上都有虱子，但如果有人发烧，随着体温升高，虱子会因为受不了高温而离开人体。

因此，看上去是虱子让人健康，其实是高温导致虱子不再栖息在人的身上。所以，岛上居民的结论应该是：看到身上没有虱子的人应该让他尽快就医，因为他生病了。原始部落没有体温计，这个结论的确可以帮助他们，而不是盲目地相信“虱子让人健康 ”。

再给你举个例子，现在大家都非常重视母乳喂养，但母乳喂养应该持续多久呢？世界卫生组织在《婴幼儿喂养指南》中建议母乳喂养两年或更长时间。相关研究也表明，与非母乳喂养的婴幼儿相比，母乳喂养的婴幼儿患某些传染病的风险更低，死亡率也更低。

然而，研究人员在一些研究中发现，对于接受母乳喂养时间更长的婴幼儿来说，营养不良的风险更高。这个结论正确吗？我们应该缩短母乳喂养的时间吗？ 1997 年，美国约翰斯 • 霍普金斯大学的研究人员专门对此进行了分析，发现真实原因是收入较低的家庭通常其他食物非常有限，所以更倾向于接受更长时间的单一母乳喂养。

因此，没有充足的辅食才是导致婴儿营养不良的原因，现在新生儿家庭都已经知道，除了母乳喂养，后期增加辅食才能让孩子更健康。

当我们在日常生活和工作中发现两个数据强相关时，即使不能将它们视为因果关系，也可以顺藤摸瓜探索可能的原因，再通过业务逻辑或实验来验证这个可能的原因是否为真实原因。没有业务逻辑支持的数据，只是数字而已。没有数据支持的业务逻辑，也只是纸上的一张业务逻辑图。

但即使我们识别了两个事件的因果关系，也可能因为整体的对象选择、覆盖范围以及时间长度而做出错误的推断。下面介绍三个误区。

1.6.4 以偏概全——伯克森悖论

第一个误区是统计数据本身因果逻辑成立，但是以偏概全。统计学有一个特别著名的理论——“伯克森悖论”，描述的就是这个现象。

伯克森悖论指的是当不同个体被纳入研究样本的机会不同时，研究样本中的两个变量 X 和 Y 表现出统计相关，而总体中的 X 和 Y 却不存在这种相关性。听上去是不是有点复杂？没关系，下面通过两个具体的例子来帮助你理解。

第一个例子是著名的“海军与平民死亡率”。在 1898 年的美西战争期间，美国海军的死亡率是 9%，而同期纽约市民的死亡率为 16%。美国海军征兵部门就拿这些数据向公众宣传：加入海军其实比待在家中更加安全。

这个逻辑显然是错误的，但是错误不在于具体数据，而在于这两组数据其实没有可比性。因为海军的主要构成是年轻人，他们身强体壮，不会出现太多身体疾病；而纽约市民包括新出生的婴儿、老年人、病人等，这些人无论身处何处，死亡率都会高于普通人。

因此，不能简单地说参军比待在家中更加安全，同样也无法证明待在家中就比参军更安全，因为比对的对象不是同一个人群，这就是伯克森悖论。

同样，一些城市女孩会觉得对她热情的男生往往外表不够吸引人，外表帅气的男生对她则不够热情。但帅不帅并不是导致男孩热不热情的原因，实际上，只有外表帅气或者对女生热情的男生才有更多机会和女孩接触。如图 1-19 所示，仅从局部看整体，这样的逻辑是不对的。

我们在工作中也会遇到类似的情况。例如，我们经常通过一些调查问卷采访一些使用者，以评估营销效果。

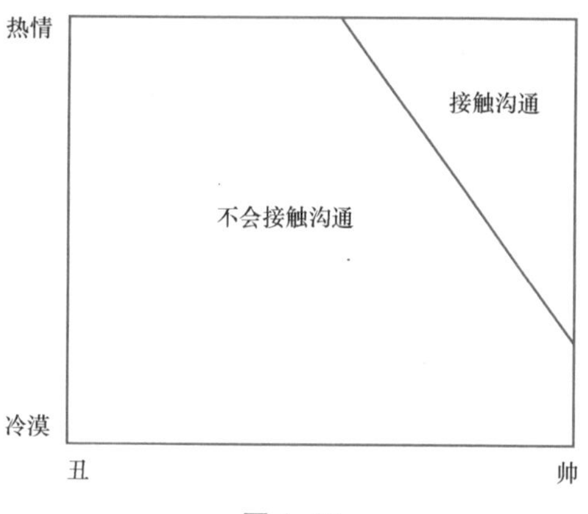

图 1-19

假设我们有以下用户访谈数据：购买某品牌产品的 100 人中，有 72% 的人表示在一个月内看过这个品牌的广告；而在未购买该品牌产品的 300 人中，有 76% 的人表示在一个月内没有看到过这个品牌的广告。

通过这些数据我们能获得什么呢？我们可以得出结论说广告提高了我们的用户转化率吗？不可以，因为实际购买的人会对广告更有印象，而没有购买的人也许看了广告，只不过没有印象而已。因为统计范围不同，所以我们不能根据这些数据给出用户转化率较高的结论，然后大幅提高广告投放。

即便数据看上去存在因果关系，我们还要确保数据集的可比性，这样才可以得出最终的结论。

1.6.5 控制数据范围——神枪手谬误

神枪手谬误是一种典型的由控制数据范围而导致错误的数据逻辑。这种谬误在生活中很常见，所以我在这里再强调一下。

有时，统计结果可能是被操纵的，操纵者将某些机缘巧合之下得到的比较好的结果的相关数据放到一起，以证明一个不成立的观点，如果你更换一组数据，就没有办法证明这个因果关系。例如一些小众的牙膏制造商，为了证明自己的牙膏比其他牙膏有效果，只把好的结果公之于众。同样，一些“伪学术论文”引用的数据可能也不是基于多次统计的结果，而是仅选取最优的结论给出。

因此，在查看最终数据分析报告时，一定要警惕它的数据是不是先有枪眼再画的靶子，或是先找到满意的结果再给你展示统计数据。我们需要的是基于大量的随机样本得出的结果。

1.6.6 时间长度不足——替代终点问题

在分析和统计数据时，时间长度不足也会造成数据统计结果不准确，这在学术上叫作“替代终点问题”（ surrogate endpoint problem ）。

例如我们想要检测某种药物是不是可以延年益寿，就需要投入大量的时间和资金，因为我们必须等待服用药物的人去世后才能知道药物对他们寿命的影响。

因此对于现在各种各样的保健品，如果它们的主要卖点是可以延年益寿的话，那么很大程度上是在收割“智商税”，因为这种测试难以完全实现。即使服用这些保健品的人最终长寿，也不能代表两者之间存在因果关系，而可能只是前面提到的相关性。

同理，风险投资人在选择创业公司时，往往依赖**大方向判断和团队辨识，而不是依赖具体数据来表明某创业公司是否可靠**。因为创业公司成立的时间较短，其数据往往不能代表趋势，这就是替代终点问题。

小结

学习了因果陷阱之后，让我们重新审视本节开头的那些问题。

- 打篮球真的能让人长高吗？这很可能是因为长高的人都会去打篮球，而不是打篮球让人长高——因果倒置。
- 喝咖啡可以长寿吗？经常喝咖啡的人一般是白领，他们的营养供给更高，所以他们长寿，而不是因为喝咖啡让他们长寿——相关性而非因果关系。
- 吃不吃早餐其实与你肥不肥胖没有什么关系，运动习惯和健康状况才与你的肥胖有关系——相关性而非因果关系。

- 爱笑的女孩通常运气都不会太差？事实上可能是因为运气好，她们才更爱笑——因果倒置。
- 会撒娇的女人更好命？女人的命运其实与她的伴侣或者周围的人和环境有关系，而不仅仅是她会撒娇——需要找到遗漏的 X 变量。

在本章前面部分，我介绍了很多数据分析方法，你可以迅速将这些方法应用到自己的工作中。本节其实是换了个思路，强调了数据本身的局限性。数据相关并不等于因果关系，对于数据分析和决策来说，我们需要懂业务，才能揭示真相，否则很容易被数据误导。

数据分析就像一门中西医结合的医学，既要求你掌握数据分析方法，也要求你熟悉算法模型和工具。最终，它要求你像老中医一样，能够对业务有深刻的理解和把握，才能得出正确的结论。

思考

本节讨论了因果与相关性之间的区别和数据分析误区，那么你觉得星座真的可以决定个体性格吗？你觉得这是一个什么类型的问题呢？

第2章 从数据中快速发现规律

我们常说，“选择大于努力”。可是当我们在工作和生活中面临一些重要决策时，往往凭借个人经验拍脑袋决定或者求助所谓“高人”，例如选择专业/行业、决定就职公司、买房、孩子上学等，而这些经验和“高人”的建议往往不一定适合你所处的环境，也不一定满足你的期望。最终过了几年后，你发现自己的选择其实不那么正确。如何规避呢？答案在于解读数据背后的规律，进而做出不仅符合客观事实，又满足自己主观期望的决策。本章就指导你如何从浩如烟海的数据中发现规律，同时规避各种“数据陷阱”，最终做出明智的选择。

2.1 | 直方图与幂律分布：为什么全世界 1% 的人掌握着 50% 的财富

我们之前探讨了多种从数据中去伪存真的方法，让我们更进一步，探讨当数据呈现在你面前时，如何从中发现关键特征。

今天我将向你介绍一个最简单的方法——直方图。

你可能会有这样的疑问：直方图不就是柱状图吗？用 Excel 就能轻松制作，我经常绘制柱状图。

但是，直方图并不等于柱状图。现在请你花一分钟时间，仔细观察图 2-1（某动物园日平均参观时长）和图 2-2（某动物园各场馆日平均参观人数），你能区分哪个是直方图，哪个是柱状图吗？

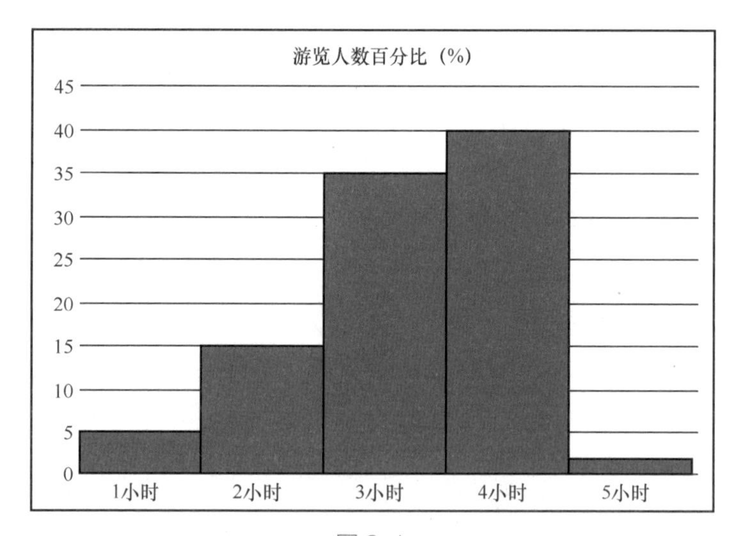

图 2-1

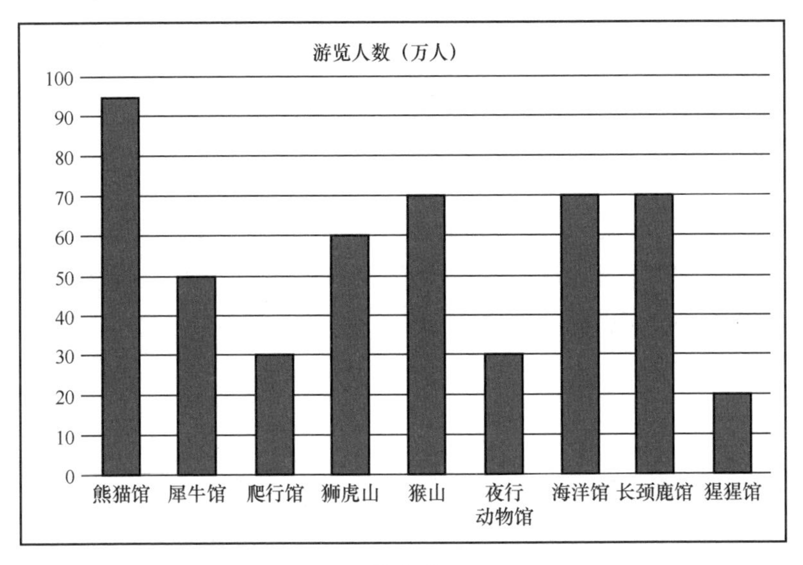

图 2-2

2.1.1 直方图与柱状图

图 2-1 为直方图，图 2-2 为柱状图。看上去这两个图都是用直直方方的图形来展示的，但它们代表了两种完全不同的图形展现和数据分析方法。那么，我们如何才能区分直方图和柱状图呢？我教你一个最简单的办法：直方图展示数据的分布，而柱状图比较数据的大小。

具体来说，直方图的 x 轴代表定量数据或区域数据（用于查看分布），而柱状图的 x 轴代表分类数据。以图 2-1 和图 2-2 为例，图 2-1 的 x 轴是**人们参观动物园的时间分布**，而图 2-2 的 x 轴是**动物园内场馆的具体分类**。

直方图是针对定量数据分布进行定性分析，柱状图是针对分类数据进行定量分析，这两兄弟长得很像，用途也互为补充。从图 2-1 中可以看出，40% 的游客在动物园停留了 4 小时，但无法知道每天有多少游客参观动物园。而通过图 2-2，你知道每天会有大约 95 万名游客参观熊猫馆，但你看不出游客的游览时间分布情况。

也可以从表现形式上对直方图与柱状图加以区分。

从柱子的间隔来看，直方图的柱子之间没有间隔，而柱状图的柱子之间是有间隔的。从柱子的宽度来看，直方图的柱子的宽度可以不一样，而柱状图的必须一样。

对于直方图，它的柱子宽度代表区间的长度，根据区间的不同，柱子宽度可以不同。但柱状图的柱子宽度没有数值含义，所以宽度必须一致。如图 2-3 所示，这是美国人口普查局调查 12.4 亿人上班通勤时间的直方图，最右侧的柱子就像一个矮胖子一样，直接蹲在地板上了。

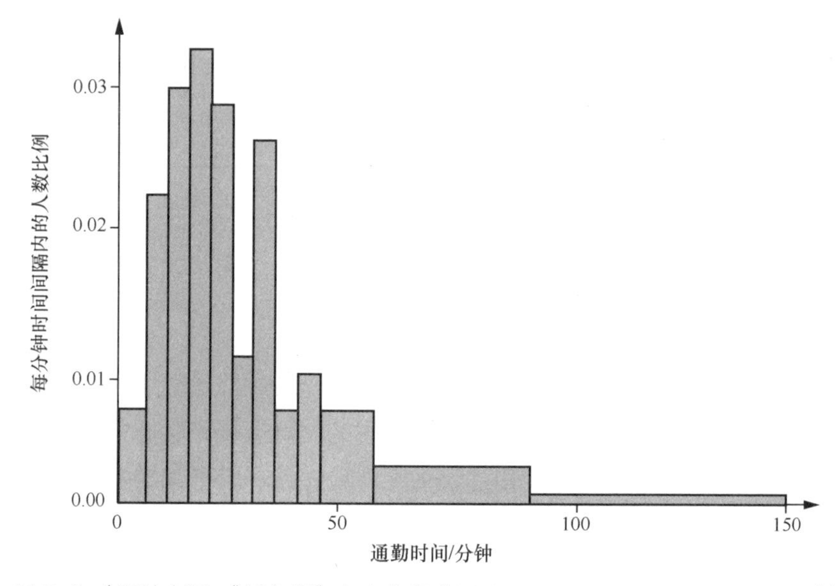

图 2-3 （图片来源:《福布斯》杂志文章“A Histogram is NOT a Bar Chart”）

2.1.2 神奇的直方图

明白了直方图与柱状图的区别后，我们再深入探讨直方图。直方图最早由数据统计学家卡尔·皮尔逊（Karl Pearson）于 1891 年引入，它可以用来统计和展示现实生活中各种各样的数据分布情况。

如何正确使用直方图呢？当你不确定某些数据的具体分布情况时，可以把它们绘制成直方图，就能看到内在规律了。举个例子，如图 2-4 所示的一组数据，这是截至 2021 年 4 月底，来自所有新型冠状病毒感染（后文简称新冠病毒感染）国家的累计发病人数。

15628 lines (15628 sloc) 927 KB   Raw Blame

We can't make this file beautiful and searchable because it's too large.

```
1  location,iso_code,date,total_vaccinations,people_vaccinated,people_fully_vaccinated,daily_vaccinations_raw,daily_vaccinations,total_vaccinations_per_hundred,people_vaccinated_
2  Afghanistan,AFG,2021-02-22,0,0,,,,0,0,,
3  Afghanistan,AFG,2021-02-23,,,,,1367,,,,35
4  Afghanistan,AFG,2021-02-24,,,,,1367,,,,35
5  Afghanistan,AFG,2021-02-25,,,,,1367,,,,35
6  Afghanistan,AFG,2021-02-26,,,,,1367,,,,35
7  Afghanistan,AFG,2021-02-27,,,,,1367,,,,35
8  Afghanistan,AFG,2021-02-28,8200,8200,,,1367,0.02,0.02,,35
9  Afghanistan,AFG,2021-03-01,,,,,1580,,,,41
10 Afghanistan,AFG,2021-03-02,,,,,1794,,,,46
11 Afghanistan,AFG,2021-03-03,,,,,2008,,,,52
12 Afghanistan,AFG,2021-03-04,,,,,2221,,,,57
13 Afghanistan,AFG,2021-03-05,,,,,2435,,,,63
14 Afghanistan,AFG,2021-03-06,,,,,2649,,,,68
15 Afghanistan,AFG,2021-03-07,,,,,2862,,,,74
16 Afghanistan,AFG,2021-03-08,,,,,2862,,,,74
17 Afghanistan,AFG,2021-03-09,,,,,2862,,,,74
18 Afghanistan,AFG,2021-03-10,,,,,2862,,,,74
19 Afghanistan,AFG,2021-03-11,,,,,2862,,,,74
20 Afghanistan,AFG,2021-03-12,,,,,2862,,,,74
21 Afghanistan,AFG,2021-03-13,,,,,2862,,,,74
22 Afghanistan,AFG,2021-03-14,,,,,2862,,,,74
23 Afghanistan,AFG,2021-03-15,,,,,2862,,,,74
24 Afghanistan,AFG,2021-03-16,54000,54000,,,2862,0.14,0.14,,74
25 Afghanistan,AFG,2021-03-17,,,,,2882,,,,74
26 Afghanistan,AFG,2021-03-18,,,,,2902,,,,75
27 Afghanistan,AFG,2021-03-19,,,,,2921,,,,75
28 Afghanistan,AFG,2021-03-20,,,,,2941,,,,76
29 Afghanistan,AFG,2021-03-21,,,,,2961,,,,76
30 Afghanistan,AFG,2021-03-22,,,,,2980,,,,77
31 Afghanistan,AFG,2021-03-23,,,,,3000,,,,77
32 Afghanistan,AFG,2021-03-24,,,,,3000,,,,77
```


图 2-4

乍一看这幅图，你会觉得满屏都是数字，难以入手，更别提得出什么结论了。

但是当我们通过直方图将这些数字展现出来时，神奇的事情发生了。你会清晰地发现，绝大部分的病例发生在极少数的国家，见图 2-5。而且这样的分布并不是个例，现在我们把目光转向亚马逊雨林。

亚马逊地区拥有全球最丰富的树种，科学家们已将亚马逊地区将近 16 000 种树木编入物种目录。尽管亚马逊雨林呈现出如此丰富的物种多样性，科学家们还是发现其中有 227 种树木牢牢占据了主导地位，这些树种的分布面积几乎占据整个亚马逊雨林面积的一半，也就是说，仅约 1.4% 的树种就占据了整个亚马逊雨林面积的 50%，绘制的图也与图 2-5 类似。

这种由直方图展现出来的呈指数下降或上升的分布形式，科学家们称作“幂律分布”。

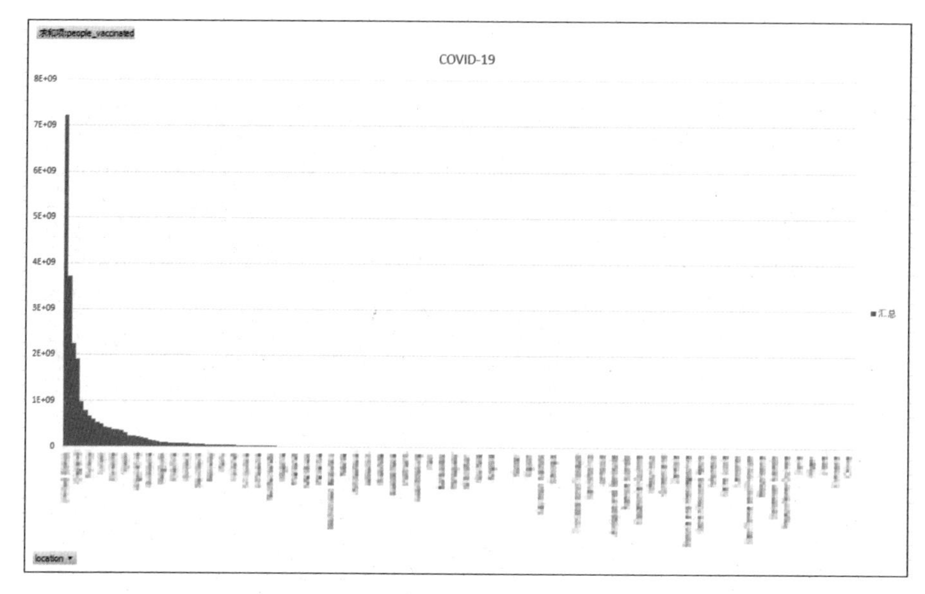

图 2-5

2.1.3 幂律分布与帕累托法则

幂律分布也称为指数分布，你会发现在这种分布中，x 轴起始位置的数值很高（或很低），然后数值呈指数级下降（或上升）到 x 轴的末端，按照统计学定义即“分布密度函数是幂函数的分布”。

类似的规律其实无处不在，以我们日常使用的词汇为例，我们最常用的词汇在 500 ～ 1000 个之间，其他词汇则很少在书面语中使用。如果你将自己的词汇使用情况绘制成直方图，就会发现词汇的使用频率也遵循幂律分布。

全球各种语言的词汇使用率都遵循幂律分布。所以我们在学习外语时，经常被建议掌握最常用的那些单词。

那么这种现象是如何产生的呢？

病毒、树种和词汇其实都有一个共性——传播性。比如在亚马逊雨林，两株植物长在一起时，这两株植物每天就要为阳光和土壤养分进行竞争。如果其中一株植物的生长速度略快于另一株植物，那么它就能长得更高，从而获得更多的阳光和养分。

如果每天都拥有这些额外的能量，这株植物就有更强的能力将种子传播出去，然后复制这种模式，一直持续下去，积累出得天独厚的优势。

词汇的使用和病毒的传播也是如此。起初的微小优势会随着时间逐步加强，最后占据绝对优势，就像滚雪球一样，越滚越大。

谈到幂律分布，就不得不提到帕累托法则。或许你对帕累托法则有些陌生，但“二八法则”你肯定听说过。

简单来说，二八法则就是 20% 的人占据 80% 的资源，剩下的 80% 的人分享最后 20% 的资源。这个法则诞生于帕累托的花园。有一天，帕累托偶然发现，自己花园里大部分的豌豆是由极少数的豌豆荚产生的。

作为一名精通数学的经济学家，帕累托意识到这里面大有玄机。于是他马上将这种现象应用到了生活中的其他领域，并惊奇地发现，在意大利，80% 的土地仅掌握在 20% 的人手中，与花园里的豌豆荚现象类似，于是他提出了著名的“帕累托法则”（又称“二八法则”）。这个法则背后的原理就是幂律分布。

企业的竞争力同样遵循帕累托法则。举个例子，如果我们用柱状图表示全网短视频 App 的月活用户数，你会发现它们同样呈现幂律分布。如图 2-6 所示，有的短视频 App 的月活用户数远超平均水平，前两名分掉了整体赛道流量的 90%。所以在互联网领域流传这样一句话：一个领域中只有第一和第二，没有第三。

幂律分布与帕累托法则都强调了“重要的少数”和“琐碎的多数”的概念，从某种意义上说，世界从来都不是完全平衡的。

所以在日常生活中，不要将所有事情都放在同一个优先级上，而应该学会运用帕累托法则识别其中 20% 最重要的问题并优先解决。同时，我们也应该自问，为什么这 20% 的问题对我最重要。

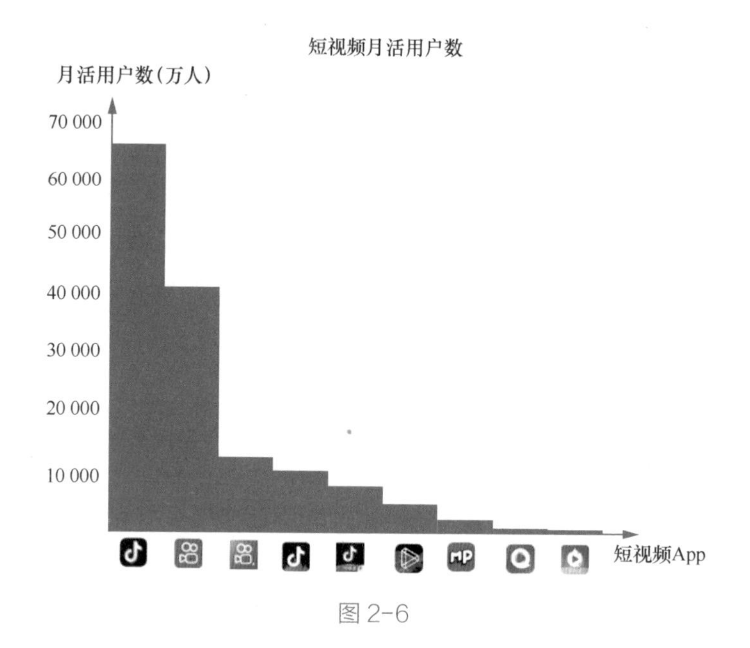

图 2-6

对应在工作中，你可以思考以下几个问题。

- 在你一天的工作安排中，由于 80% 的工作都是日常反馈，你是否将自己最清醒的时间留给了最重要的 20% 的工作？
- 在你所在的公司，是不是 20% 的客户为公司提供了 80% 的利润？如果是，应该如何留住这些客户？
- 在团队中，是否是 20% 的人做出了 80% 的杰出贡献？如果是，应该如何留住他们？
- 能否通过提高 20% 的质量获得 80% 的收益（或者避免 80% 的客户投诉）？
- 在最高效的 20% 的时间内，如何引导团队做出 80% 的关键分析？

最后再谈谈我们个人的发展。为什么有的人一开始和普通人差不多，但最终却能超越同龄人？

有人可能会觉得是他们的运气好，但运气也是实力的一部分，毕竟“幸运只眷顾有准备的人”。如果你比其他人更努力，每天积累哪怕是 0.1% 的优势，不断地积累下去，你就会占据越来越多的资源，甚至成为这个领域的专家。

小结

本节介绍了两个重要的知识点。一个是非常简单但有效的工具——直方图。直方图可以让你从混沌的数据中发现规律。很多数据分布（包括后续介绍的正态分布和拉普拉斯分布）都会使用这个工具。

紧接着我们探讨了幂律分布。这个统计学规律告诉我们，开始时的细微优势可能会带来巨大的回报。反之，最初的细微劣势也可能会导致最终一无所有。这种现象也称为“马太效应”。

我们熟知的帕累托法则（即二八法则）和马太效应都源自幂律分布，其中蕴含了值得我们深思的道理，你可以尝试将这些原理应用到日常工作和生活中，或许会带来一些意想不到的收获。

当然，帕累托法则给我带来的最重要的一个启示是：在专业领域或者所在行业，只要你每天比其他人多取得 1% 的成功，积累起来的竞争优势可能使他人难以超越，从而让你成为能够自信宣告“我全都要”的少数派之一。

不积跬步，无以至千里；不积小流，无以成江海。数据给了你一双看透本质的眼睛，在数据领域让我们每天比别人多 1% 的认知，最终我们将看到一个与众不同的世界。

思考

在你的工作和生活中，还有哪些事情你觉得是符合幂律分布的？背后的原因是什么？分享出来，让我们共同提高！

2.2 | 数据分布：房子应该买贵的还是买便宜的

一提到数据分布，你可能首先会想到在学校里学过的二项分布、泊松分布等。这些分布对于通过考试很有帮助，但是在生活中应用得不多。

生活中最为常见的是正态分布和拉普拉斯分布，这两个分布反映了现实生活中隐藏在数据背后的“势”。只有了解这些数据的趋势，你才可以更好地了解工作和生活本身。

为什么说这两个分布更实用呢？举两个例子说明，一座城市的市民身高或体重分布就符合正态分布，“极客时间”所有用户的日均播放时长也符合正态分布。

既然正态分布这么常见，你可能会认为一座城市的房价就应该和这座城市市民的身高一样，也遵循正态分布。但现实往往是明明只隔了一条街，房价却相差巨大，有时甚至相差数倍。此时，拉普拉斯分布就出场了。

本节就以正态分布和拉普拉斯分布为例，介绍数据分布以及怎样用数据分布来理解我们生活和工作中的“大势”。

2.2.1 正态分布

我们先深入了解正态分布。正态分布就是你在课本里曾经学过的那个**两头低、中间高，并且左右对称的钟形曲线**。最早用正态曲线描述数据的是德国著名数学家高斯，为了纪念他，有时我们也称正态分布为**高斯分布**。

正态分布是由达尔文的表兄弟弗朗西斯·高尔顿命名的。高尔顿开创了遗传学的统计研究，并用正态曲线来展示其研究结果，由此这个名字广为流传。

学术上对正态分布的定义是：“**如果一个量是由许多微小的独立随机因素**

影响的结果，则可以认为这个量具有正态分布。”根据这个定义，你是否能联想到我们前面讨论的平均值和大数定律呢？

结合平均值和大数定律，让我们看一个现实生活中的例子。我们知道中国男性的平均身高大概是 1.7 米，如果我们随机选取 100 位男士，把每个身高区间按人数绘制成直方图，就可以得到一条正态曲线。

在这条曲线中，平均值 1.7 米就是最高点，1.7 米以下和 1.7 米以上的人分布在最高点的两侧。随着身高的增长或降低，人数会逐渐减少，最后呈现出钟形曲线两侧的下降态势，如图 2-7 所示。

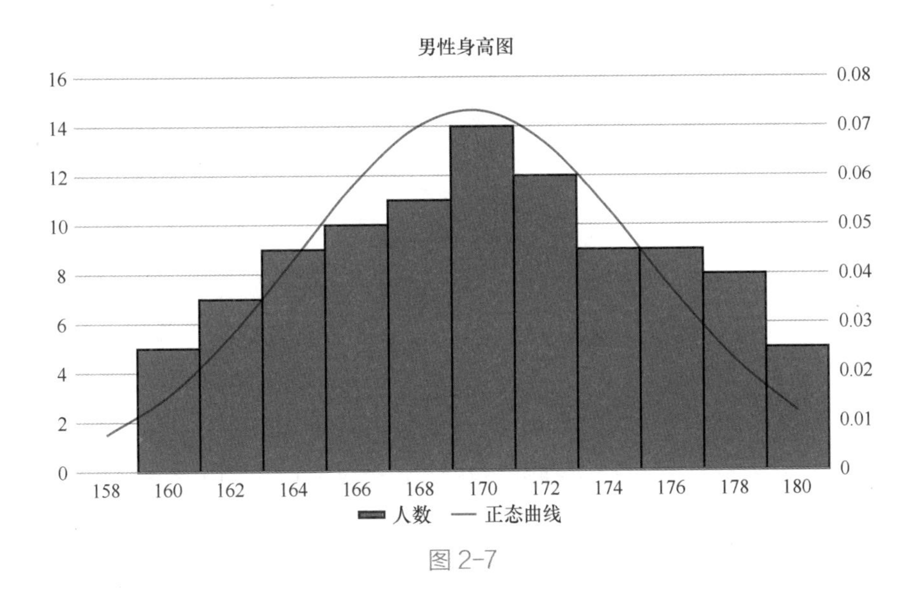

图 2-7

我们看一个具体运用正态分布的例子。假设领导要求你调研产品的用户反馈，你通过发放调研问卷的方式，收集了 100 个调研反馈给领导。但领导认为这些反馈不够全面，需要 95% 的准确率。你可能会疑惑，你不知道需要多少人才能达到领导要求的 95% 的准确率。

答案是 400 人。如果你对具体推算的方法感兴趣，可以参考附录 A，并亲自动手算一算。现在我先给你讲解推算思路。

- 由于身高、A/B 测试、用户反馈都是随机分布的（符合正态分布），因此可以用正态分布进行推算。

- 领导要求 95% 的准确率，其实是指正态曲线的中间段要达到 95%。在计算时我们可以转换一下思路，95% 的准确率也就是误差在 5% 以内，如图 2-8 所示。
- 接着我们套用附录 A 中的公式，通过查阅正态分布表进行计算后就可以得出结论。

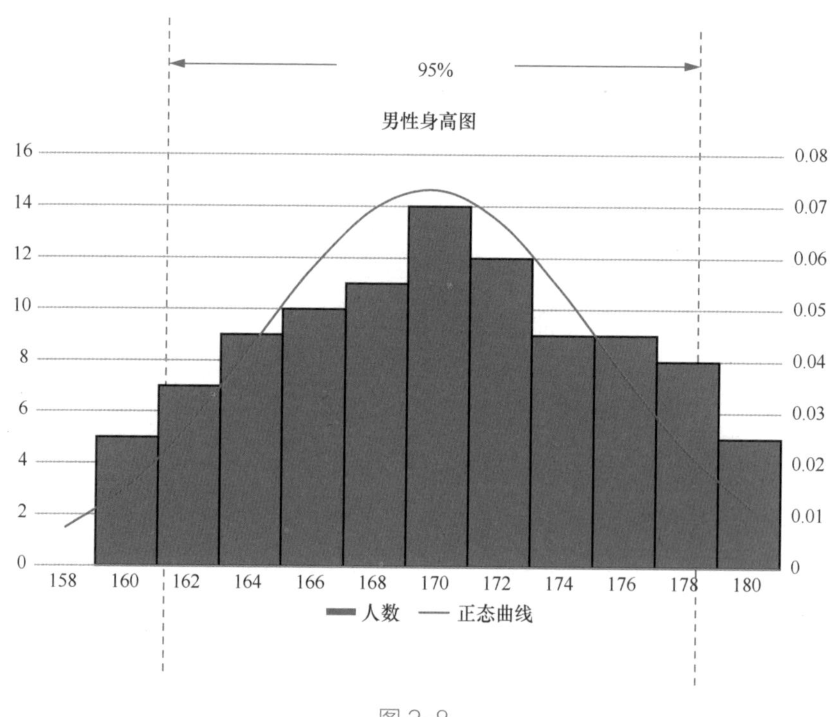

图 2-8

从附录 A 的计算结果中可以看到，如果想要 95% 的准确率，则需要 385 人参与测试。但是人数的确定通常不会如此精确，所以选择 400 人更为合适。

如果你的调研还要针对地域、年龄进一步细分，你也可以通过正态分布来计算，不过需要注意的是，这时调研或测试的样本就不是两种，而是需要变成多种了。

当我们依据某个数据进行运营估算时，也可以使用正态分布。

假设我们要根据“极客时间”用户每天收听音频的平均时长来设计用户等级，估计用户等级分布和所需的福利金额费用。

我们首先计算“极客时间”的**每一个用户的日均播放时长**（也就是所谓的总体均值），再根据误差范围设定标准差，依据随机抽样和中心极限定理，得出每个不同等级的用户的数量。这样我们在做积分的估算补贴和使用时，心里就有数了。

很多人都把**中心极限定理**和**大数定律**混为一谈，你可能听过这样的说法：“在随机原则下，当样本数量足够大时，样本就会遵照大数定律而呈正态分布。”这其实是不准确的。

大数定律关注的是随机变量序列依概率收敛到其均值的算术平均，**它说明了频率在概率附近摇摆**，这也为我们将频率视为概率提供了依据。

为了更好地理解，以抛骰子为例。大数定律告诉我们，只要你抛的次数足够多，骰子的每一个面朝上的概率应该是 1/6。

而中心极限定理关注的是独立随机样本的和。在中心极限定理下，随着样本数量趋于无穷大，样本和的分布会越来越接近正态分布。还是以抛骰子为例。比如你抛 6 次骰子，点数加起来是 18；你又抛 6 次，点数加起来是 20；再抛 6 次，这次点数加起来是 25。如果你抛的次数足够多，根据 18、20、25 等数据绘图，你会发现这个图符合正态分布。

所以大数定律和中心极限定理描述的是不同维度的事情。大数定律关注的是概率，而中心极限定理关注的是样本和的分布。

2.2.2 拉普拉斯分布

回想一下本节开头提到的房价，理论上房价应该同人的身高一样，在某一地区存在一个均值，并且整体房价和身高一样也呈正态分布。但现实中在某一地区可能仅仅隔了一条街，房价却相差巨大，这不符合之前讨论的中心极限定理。

对于这个问题，我的解释是：房价并不遵循我们预期的**正态分布**，而是更符合**拉普拉斯分布**，如图 2-9 所示。

拉普拉斯分布类似一条“凸”字形的曲线，从左到右，斜率先缓慢增大再快速增大，到达最高点后斜率先快速减小，再缓慢减小，形似“往里边凹陷的金字塔”。

对比正态分布的概率密度函数图像，我们可以看到拉普拉斯分布图像是尖峰厚尾的，塔尖部分代表的是稀缺资源。以全球顶尖程序员的薪资（塔尖对应的横坐标值是均值）为例，他们的年薪达到 100 万美元，但这部分群体可能只占全球城市人口的 1%，在程序员中也不足 10%。

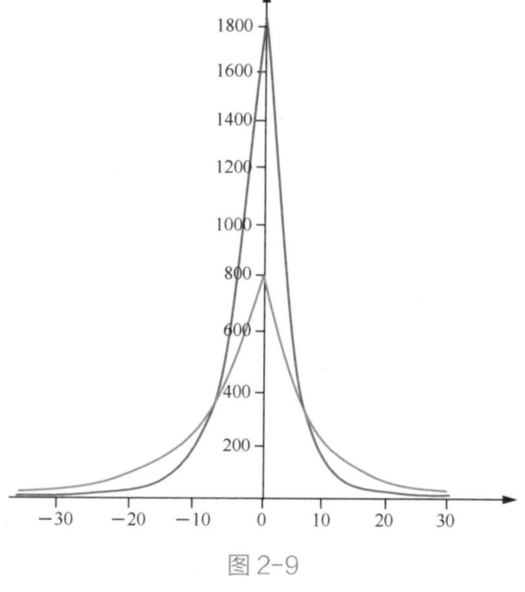

图 2-9

拉普拉斯分布在金融领域应用广泛，尤其在衡量股票收益时。起初我们认为股票收益率服从正态分布，但由于股票价格波动与时间变化有关，且有波动聚集性，实际的股票收益率更符合拉普拉斯分布。这意味着盈利的日子特别集中。

随着市场和互联网的发展，信息变得越来越透明，相关的数据分布也随之发生了很大的变化。比如在改革开放之前信息不对称的年代，资源相对没有那么集中，人们拿到的工资分布接近正态分布。但是现在就程序员的工资而言，顶尖程序员和普通程序员的工资可能相差 10 倍都不止，这就会导致更厚的尾部和更高的峰值。

全国城市房价分布和城市内小区房价分布现在也符合拉普拉斯分布。因为在信息透明和市场竞争激烈的情况下，工资、房价和股票都呈现一个特点：**越处在塔尖的个体越具有资源吸附能力**。在整体资源恒定的情况下，这已经不是一个简单的遵循随机分布的市场了，简单来说，“大势”变了。

所以在进行数据分析时，我们必须首先考虑，原有的数据分布模型是否还适用于当前的市场情况。只有准确把握数据分布的大趋势，我们才能够做出更准确的决策。以购房为例，购房是一个我们基本绕不开的话题，在购房前，你可以先判断一下房价在这座城市里是呈正态分布还是拉普拉斯分布。

也就是说，你需要评估一下你所在城市的资源分布是否均匀，会不会存在资源聚集效应。如果你认真地用这两种分布分析，你会发现如果是三四线城市，那么房价大概率呈正态分布。在这种情况下，你要投资购房就可以选择价格位于曲线腰部的房子，这类房子的价格以及抗风险性都比较均衡。

如果你准备在大城市购房，情况则完全不同。对于一线城市的房价而言，大概率呈拉普拉斯分布，这也就意味着越贵的房子通常拥有更好的周边资源，进而这些房子将来增值空间越大。我们购房时就应该买资源最好的房子，未来的收益潜力也最大（当然，如果最贵房子的价格已经超出个人负担，我们可以退而求其次）。

反之，当你看到一些铺面房非常便宜时，就要提高警惕了：这些铺面房是不是处于拉普拉斯分布的两端？如果是，这些铺面房不但增值空间小，将来还有可能面临亏损的风险。所以，只有了解整体市场的分布，我们才能够更好地看清市场大势，顺势而为。

小结

本节介绍了正态分布和拉普拉斯分布，这是现实生活中最常用的两种分布。希望这两种分布能够帮助你分析数据背后的“趋势”，做好生活和工作中的决策。

将来无论面对何种场景进行数据分析，数据的分布应该都能贴合地描述社会上的“大势”，所以在做出生活决策时，我们不能盲目套用数据和算法，领域背后的知识对我们而言更加关键。

正如讨论的正态分布和拉普拉斯分布的例子，在我们的生活中，有的事物符合正态分布，有的事物符合拉普拉斯分布。比如购房，如果不能准确判断我们所处城市的房价到底呈正态分布还是拉普拉斯分布，就很有可能导致错误的投资决策。

进一步来说，这两种分布对我们的工作和生活也有着深层次的启示，“Work Hard, Play Hard”这句话背后的含义是当你要获得更多的自由时，你也要付出同等甚至更多的自律（控制自己既能尽情享受生活，也能全力以赴地工作）。在当今社会，人才分布呈拉普拉斯分布，我们要争取成为顶尖人才，这样才会获得更多的资源和机会。

思考

在你的工作和生活中，你遇到的哪些事情呈正态分布，哪些事情呈拉普拉斯分布？遇到这些情况时，你应该做些什么？欢迎你与我们一起讨论。

2.3 | 散点图和相关性：如何从大量事实中快速发现规律

前面探讨了如何从一个数据累计量中发现数据的分布规律，但其实我们经常遇到的数据往往是连续的数据，我们需要基于这些数据进行总结和推断，甚至预测。

比如在工作中，我们要根据成本和收入来预测下半年的投入和产出。在生活中，我们需要分析投资的基金、股票金额和回报的整体关系，又或者探索体重增长和摄入热量之间的关系。以上这些都需要我们从数据中找到趋势规律。

本节将介绍一个最简单的发现数据趋势规律的工具——散点图，以及它的使用方法。

2.3.1 散点图的历史

散点图被誉为“万图之王”。1913 年，美国天文学家亨利·诺里斯·罗素（Henry Norris Russell）用散点图揭示了宇宙的秘密。他是如何做到的呢？罗素利用散点图分析 2200 颗恒星，他按照光谱和亮度两个参数进行分析，以恒星光度（或绝对星等）为纵轴、以恒星的光谱类型（或表面温度）为横轴，如图 2-10 所示。

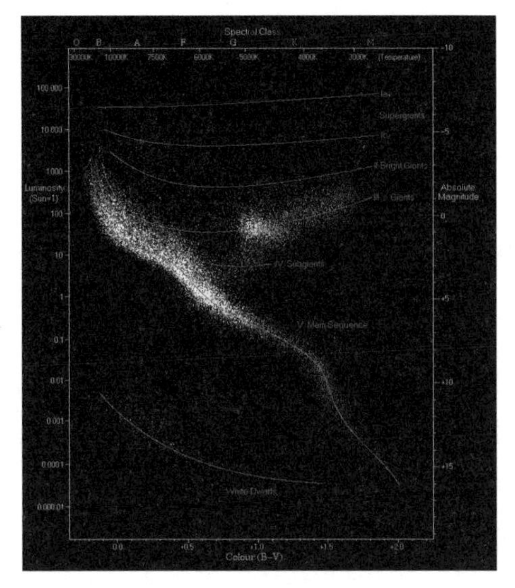

图 2-10

通过这个散点图，罗素绘制了一条趋势线，这条线揭示了恒星从原恒星到红巨星，再到红矮星、白矮星、黑矮星演变的过程，这就是著名的赫罗图。换句话说，这个散点图揭示了恒星演变的秘密。

散点图可以帮助我们揭示宇宙的秘密。但这还没有结束，后来哈勃（没错，就是以他的名字命名哈勃天文望远镜的那位天文学家）也利用散点图找到了支持宇宙大爆炸理论和解释宇宙膨胀概念的关键证据。如果你对这段历史感兴趣，可以参考附录 B 进一步学习。

2.3.2 散点图的制作原则

散点图能够帮助科学家在复杂的宇宙中发现客观规律，同样适用于我们日常中预测销售量和成本投入之间的关系，以及分析投资和回报之间的关系。

那么，我们如何制作一个准确的散点图呢？我们使用 Excel 就可以非常方便地制作散点图。在后面的实操部分，我会进一步手把手地教你操作，下面先关注散点图的制作规则。

无论使用何种工具，制作散点图有三个最基本的规则。

第一，散点图反映的是两个变量之间的关系。因此你要将两个变量分别放在 x 轴和 y 轴上，避免第三个变量，以免发生混淆。当然，散点图的变种——气泡图可以展示更多维度，但是从趋势分析的角度来看，最重要的两个变量应分别放在 x 轴和 y 轴上。

第二，为了能够明确展示数据之间的趋势，y 轴必须从 0 开始。这一点就与很多柱状图不同。为了清晰表示数据，柱状图的 y 轴可以从非 0（比如 500）开始。另外，**散点图的坐标轴颗粒度要合适**，最终聚成一团或者散布太大，都会导致我们无法快速识别趋势。

第三，为了表示趋势，我们一般会添加一条趋势线来揭示背后的规律。特别说明，趋势线只能有一条，不应有多条，更不能出现趋势相交的情况。可别小看这条趋势线，这代表你对业务、数据和算法深刻的理解和认知。

比如在分析网站广告投入成本和销售金额增加的趋势时，散点图旨在让你看到销售金额随着网站广告投入成本增加而逐步增长的情况。它应该有标准的纵轴和横轴，分别代表销售金额和网站广告投入成本，并且应该有每月对应成本和销售金额的离散点，以及趋势线。可能会有少数离群点，它们与趋势线有一定的距离，但这属于正常情况，如图 2-11 所示。

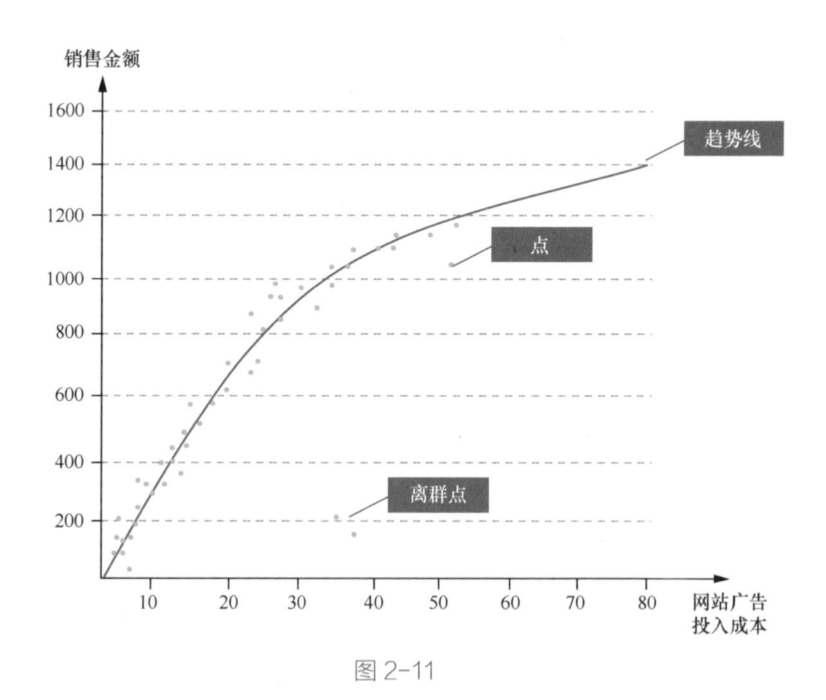

图 2-11

这样我们就可以识别何时进行广告投入最有效，而不是陷入所谓的“增长黑洞”：不断增加广告投入，回报率却很低。

2.3.3 通过散点图寻找规律

遵循以上三个原则，我们绘制的散点图一般不会出错。但是光有散点图肯定不够，我们还需要在散点图中找到数据之间的关系。下面介绍几个在散点图中最常见的规律。

首先是**正相关**，这很容易理解，就是两个变量的变化基本上围绕着一条直线，此增彼涨，两个变量一起增加，比如我们上下班的距离和时间的关系；而**负相关**表示的是此增彼减，呈现出斜向下的趋势，这种趋势也比较容易判断，如图 2-12 所示。

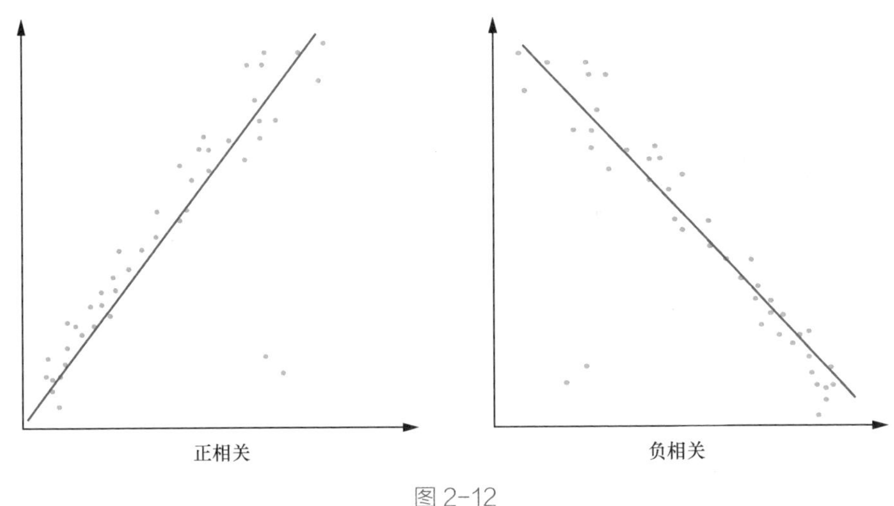

图 2-12

指数增长和指数分布有些类似，只不过指数分布计算的是数据的累积分布值，而指数增长指的是两个具体数值之间的增长关系。如果你还是有疑惑，建议回顾 2.2 节的内容。你看到这种曲线一般会很高兴，因为这意味着你发现了一些别人可能忽视的机会。指数级别的变化一般预示着极大的机会，如图 2-13 所示。

U 型曲线包括**正 U 型**趋势线和**反 U 型**趋势线，它们是比较常见的趋势线。它们的形状就像字母 U 或倒过来的字母 U（从 0 开始，至 0 结束）。一个比较著名的反 U 型趋势线就是经济学中的“拉弗曲线”（Laffer Curve），拉弗曲线典型地反映了政府税收收入和税率之间的关系，如图 2-14 所示。

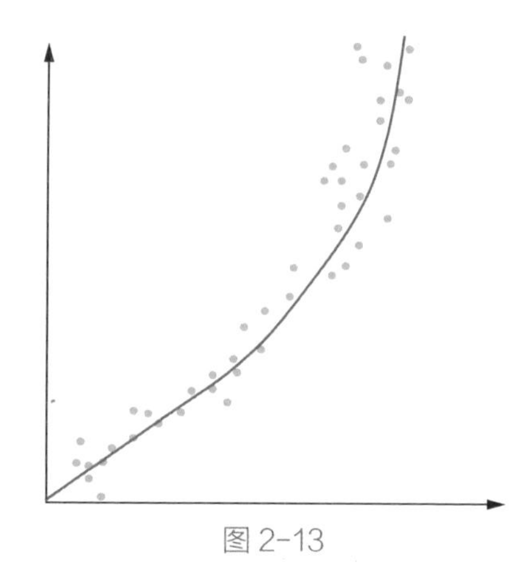

图 2-13

当税率开始上升时，税收收入一开始也会随之增加，但是当税率上升到一定程度时，重税导致企业开始倒闭和破产，这时税收收入反而开始减少，当税率达到 100% 时，企业全部破产，税收收入为零。

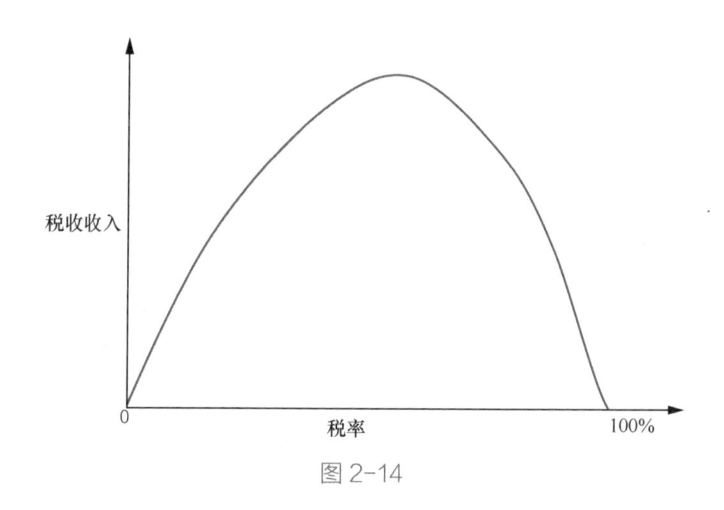

图 2-14

U 型曲线在很多场合都有所体现，例如员工工作时长和公司收入之间的关系，以及客户满意度与公司利润之间的关系（没有良好口碑的公司会破产，不加控制地追求让所有客户高度满意的公司也可能破产）。

数据分析的艺术就在于通过数据分析手段和管理经验找到反 U 型趋势线的最高点，如果你能准确地把握你所在公司的反 U 型趋势线的最高点，那么你大概率就是公司的管理人才。

还有一种情况就是所有的点都分布在一条平行于 x 轴的横线的两侧，如图 2-15 所示。其实这恰恰也表明这两个变量基本没有太大关系。也就是说，无论 x 轴的指标怎么变化，y 轴的指标就是“我行我素”。在这种情况下，如果 x 轴表示的是成本投入，那么就不要再自欺欺人地认为将来还会有收入增长了。

最后一种情况是，**散点图呈现出一个非常复杂的图形**。这时我们不能轻易得出结论，而应该根据所在的领域和行业知识对其进行更细致的划分。

如图 2-16 所示，这是一个著名的散点图，其中数据的分布呈现出类似“心脏”的形状，“心脏”左上角和右上角的点聚集程度高。这展示了什么趋势呢？看似不明显。

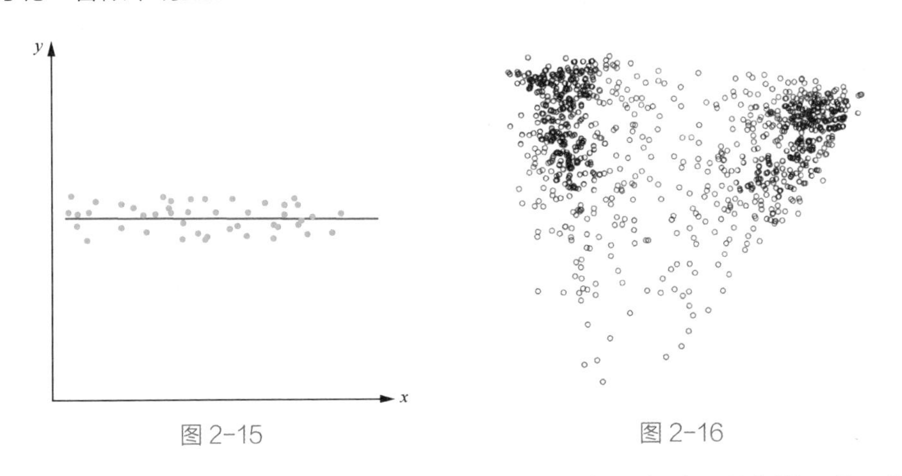

图 2-15　　图 2-16

这个散点图其实是美国总统大选期间进行民意调查时，民主党和共和党的选民对 50 个调研问题的反馈。尽管我们看不出明显的趋势规律，但是我们还是能明显看出共和党选民和民主党选民的不同。

在后面讲聚类算法的时候，我会深入讲解如何处理这种情况。它不能用简单的线性、指数、二次多项式等趋势来描述，需要使用更复杂的计算机算法才能够揭示它背后的规律。

2.3.4　散点图的易错点

你会不会感觉散点图好像是万能的？但是你要注意，过度依赖它也会导致判断失误。其中最常见的三类错误就是趋势误判、得克萨斯神枪手谬误和幸存者偏差，接下来就是我们的“排雷时间”。

1. 趋势误判

趋势误判是指在数据还不完整的情况下，错误判断了这个指标的增长趋势。

举个例子，约翰斯·霍普金斯大学的一位学者曾给出一个关于美国人体重增长趋势预测的散点图。这个散点图显示，近几十年来，美国人超重现象越来越普遍。从 20 世纪 70 年代初的不足半数，到 90 年代初的接近 60%，再到 2008 年的将近 75%。

这位学者通过线性回归，分析得出：到 2048 年，超重人数会达到 100%，见图 2-17。因此，这位学者在论文中断言，如果这种趋势继续下去，到 2048 年，所有美国人都会超重。这篇论文受到了广泛关注和媒体的争相报道。

但这显然是一个错误的结论。因为超重人群的增长趋势不是线性的，目前看似增长趋势是线性的，但实际上它的增长趋势会变缓（见图 2-17）。

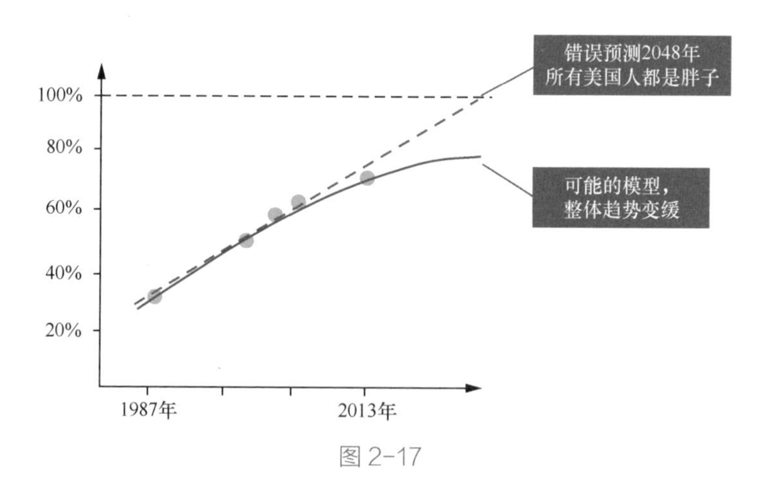

图 2-17

可见，即便是全球知名大学的学者，如果错误使用了散点图，也会得出错误的结论。所以当你面对一个散点图，需要判断其数据趋势时，一定要考虑最终的数字偏差和实际情况，只有这样，你才能做出准确判断。

绘制趋势线是画龙点睛的关键一笔，不是那么容易的。通过散点图判断趋势往往需要用到大量的数据和复杂的模型，这也最终促进了人工智能算法的发展。目前你只须记住，**没有经过正确的数据验证，切勿轻易下结论**，否则你可能会像这位学者一样，陷入尴尬境地。

2. 得克萨斯神枪手谬误

在讲这个谬误之前，我先分享一个故事。

美国西部的得克萨斯州有一个“神枪手”，他经常在各地民居的墙上练习射击，几乎所有的弹孔都集中在靶心附近。他成为一个传奇，人们一直在寻找他。

但是当人们真的找到这个“神枪手”后，发现他的枪法其实一点都不准，他也不敢跟其他人决斗。那么墙上的这些靶子和弹孔是怎么形成的呢？最后人们发现，原来他先朝墙上射击，然后在弹孔最密集的地方画上靶心，并把散布在其他地方的弹孔用泥土填补。这样看上去，他每次射击都很准，因为先有弹孔，再有靶子。

日常生活中这种情况也很常见，当你看到一个数据散点报告时，你一定要看清**它是不是涵盖了所有数据，还是只给你展示了最符合这种数据规律的数据**。

前者就像是先有靶子再射击，后者则是先射击再画靶子，结果自然完全不同。依据数据做决策很重要，但是小心不要被数据欺骗了。

3. 幸存者偏差

前面提到过幸存者偏差，这里我再结合散点图强调一下它的重要性。

小时候总觉得邻居家的小孩似乎比我们更厉害，其实孩子们的能力都差不多，只不过我们看到的是邻居家小孩中的那些优胜者；“自古红颜多薄命”，也是因为我们把目光放在了少数命运多舛的美人身上；“天妒英才”则是因为我们没有过多关注普通人的寿命。同样，**在分析散点图时，你不仅要看到规律，还应该了解形成这个规律的原因和背后的场景，避免简单地通过一个图表就草率得出结论**。

在工作和生活中，每天都会发生各种各样的事情，如果我们只关注事情的表面，而忽视它背后的规律，那么我们就会像没有趋势线的散点图一样，只有零散的点，抓不住背后隐藏的那根线，感觉每天都忙忙碌碌，但最终毫无成效。

找到这根线就是要发现生命里的规律，在数据科学中我们称之为算法，在日常生活中我们称之为哲学。在第 3 章，我会和你继续深入探讨数据和客观世界背后的规律。

小结

小到个人投资和回报，大到整个宇宙中星体之间的分布，我们都可以通过散点图来找到数据背后隐藏的规律。

要制作一个准确的散点图，我们需要注意三点。

- 确定两个坐标轴的变量。

- 坐标轴的起始值和颗粒度要合适。
- 找到合适的趋势线和趋势模型进行描述。

接着我分享了几个在使用散点图时容易犯的错误。

- 利用散点图做深入的数据分析时不要轻易下结论（比如，人的身高和体重在生长期是成正比的，成年后它们自然也就不再成正比了）。
- 不能由现有结果给出趋势判断（做事情无论成功还是失败，都不要用上天的安排来麻痹自己），你需要了解形成规律的原因和背后的场景。
- 不要用片面的数据来证明你的规律（不要片面地看待问题，别人家的孩子并不一定比我们小时候强多少）。

你不妨试试用最近 48 个月投资股票和基金的累计回报数据来绘制一个散点图。看看这个散点图到底是正相关、负相关、不相关还是呈指数增长趋势。结合前面学习的大数定律，这个散点图会揭示你目前处于投资经验的哪个阶段。

你要根据自己的业务领域知识以及后面讲到的算法模型找到接近事实的最优解，这样才能够更准确地预测这个世界，而不是错误地应用模型，最终导致决策失误。

思考

在过去的经验里，还有哪些是利用散点图发现的规律？哪些是错误利用散点图而得到的教训？你生活中最常见的散点图是什么？欢迎分享出来，我们一起学习。

2.4 | 标准差："靠不靠谱"其实看标准差

前面讲过单一的平均值不能够完全代表整体水平，也讲过大数定律、散点图等知识。接下来我们讨论一个常见的问题：**如何快速看清一组数据的大致情况？**

对于这个问题，我们不必用非常复杂的散点图或文字来进行描述，这时就轮到标准差登场了。结合标准差、数据分布和平均值，我们可以很方便地描述一组数据的大致情况。

标准差还有一个孪生兄弟——标准误差，这两兄弟确实很像，我们也经常听人说“这个问题在误差允许的范围内”。似乎一旦说了这句话，结果就显得很靠谱了，但真的是这样的吗？下面就展开讲讲标准差和标准误差。

2.4.1 标准差

标准差的概念比较简单，它代表一组数值和平均值相比分散的程度。也就是说，标准差大代表大部分的数值和平均值之间的差异比较大，标准差小代表这组数值比较接近平均值。

标准差的计算公式见附录 C，虽然看上去有些复杂，但实质上就是计算每一个数据和平均值之间的差值。我们经常听说某市平均薪资是 ××× 万元，你可能纳闷自己和周围人的薪资似乎没那么高。我们可以看看下面这个例子，假设两组人的月薪如下，单位是“万元”。

第一组：[1.72，1.70，1.68，1.71，1.69]

第二组：[1.70，5.20，0.60，0.2，0.8]

简单计算后，就会发现这两组人的平均月薪都是 1.70 万元。但很明显，第二组的薪酬差异要比第一组大得多。第一组的薪资都是 1.70 万元左右，差异不大。很不巧你在第二组，月薪 6000 元，身边都是月薪 2000 元、8000 元的人，但实际上，这一组还有月薪高达 5 万元的人，只是你不认识。

通过公式或 Excel 函数（随书视频会教你如何方便地计算），你能得出第一组标准差是 0.014，第二组标准差是 1.818，差异能有一百多倍。如果只给你某地区或某部门的平均薪酬，但是不告诉你这个地区或部门的标准差，你难免会感到困惑，“不患寡而患不均”用在这里依旧很合适。

所以在查看薪资时，**你不仅需要知道平均值，也需要知道标准差**，唯有如此你才能知道整体薪资水平、你自己的薪资水平，以及你未来的薪资上限。

但是只有这个概念还不够，假设对于第一组的薪资，将单位“万元”换算成“百元”甚至“元”，标准差就会是 1.414 甚至 141.4。这时候再与第二组比较，感觉标准差的离散度更高，但实际数据并非如此。

所以一般我们在做数据分析时，常用另外一个指标来规避这种问题，即离散系数（Coefficient of Variation，CV）。它的计算公式很简单，就是用标准差除以平均值（**离散系数 = 标准差 / 平均值**），这样就规避了由单位或其他因素造成的差异。通过离散系数，我们就能知道这两组数据之间的离散程度和差异。

下次你再向人力资源部门询问平均薪酬时，可以多问一句：“这个部门的离散系数是多少？”这样你大概就会知道可以得到的最高薪酬，以及你将来的涨薪空间。

2.4.2 标准差的具体使用

除了衡量一个群体中具体数值之间的差异，如薪酬、身高、体重等，标准差还有什么其他用处呢？

标准差也可以衡量一个人或团队的稳定性。比如在 NBA（美国职业篮球联赛），我们常用平均数据来衡量一个球员的战斗力，比如场均得分，如图 2-18 所示。

类似地，我们在评估一个团队销售业绩的整体情况时，也会使用平均值。但是，如果我们要了解一段时间内团队成员的稳定收入情况和能力，就需要查看其最近成单的标准差。

对应到管理工作，比如我作为 CTO 管理程序员时，会留意大家提交代码的节奏。有的人倾向于将所有事情拖到最后一天才完成，而有的人有条不紊，偏好在每个时间段都有提交。

排名	赛季	球员	球队	上场次数	两分球	三分球	罚球	总得分	场均得分
1	1961-1962	威尔特·张伯伦	费城勇士	80	1597	—	835	4029	**50.4**
2	1962-1963	威尔特·张伯伦	旧金山勇士	80	1463	—	660	3586	**44.8**
3	1960-1961	威尔特·张伯伦	费城勇士	79	1251	—	531	3033	**38.4**
4	1961-1962	埃尔金·贝勒	洛杉矶湖人	48	680	—	476	1836	**38.3**
5	1959-1960	威尔特·张伯伦	费城勇士	72	1065	—	577	2707	**37.6**
6	1986-1987	迈克尔·乔丹	芝加哥公牛	82	1098	12	833	3041	**37.1**
7	1963-1964	威尔特·张伯伦	旧金山勇士	80	1024	—	540	2948	**36.9**
8	2018-2019	詹姆斯·哈登	休斯敦火箭	76	822	368	737	2749	**36.2**
9	1966-1967	里克·巴里	旧金山勇士	78	1011	—	753	2775	**35.6**
10	2005-2006	科比·布莱恩特	洛杉矶湖人	80	978	180	696	2832	**35.4**
11	1987-1988	迈克尔·乔丹	芝加哥公牛	82	1069	7	723	2868	**35.0**
12	1971-1972	卡里姆·阿卜杜勒-贾巴尔	密尔沃基雄鹿	81	1159	—	504	2822	**34.8**

图 2-18

从标准差的角度看，你会发现有些人的**标准差非常大，属于突击型选手**；而有些人的**标准差很小，属于细水长流型选手**。对于标准差比较大的人，他们的风险也比较高，因为他们可能在最后关头圆满完成任务，也可能无法完成，影响整体平均值；而按部就班的人的标准差比较小，优势是比较稳定，但是突破能力可能不足。学习到这里，你也可以试着评估一下自己的工作节奏，看看自己属于哪一类选手。

在投资领域，标准差也是一个重要的风险 / 收益衡量指标。银行储蓄的存款利率波动很小，相应的标准差就很小；股票的波动性较大，收益的标准差也会比较大。

标准差其实反映着一个行业内的波动情况。在面对一个不理解的理财产品时，你可以查看这个理财产品的历史标准差，并与你常买的理财产品比对一下，心里就有数了。像黄金这种通常很稳定的理财产品，标准差通常较小。比如 2013 年 4 月 16 日黄金价格大跌时，路透社分析师约翰 • 肯普（John Kemp）感叹黄金的波动率超过 6 个标准差，觉得不可思议。

像黄金这种波动性小的资产出现这么大的波动，如达到 6 个标准差的波动（本来稳定的标准差发生了巨大改变），我们称这类事件为“**黑天鹅事件**”。这次事件后来也被称为“黄金黑天鹅事件”，所以当你下次再听到黑天鹅事件时，要知道这个概念是从标准差衍生出来的。

2.4.3 标准误差

讨论完标准差，我们再探讨一下它的孪生兄弟——标准误差。我们在生活和工作中经常听到“误差”这个词，比如“这在我们的误差范围内可以接受”。那么这句话中提到的“误差范围”究竟指的是什么？它和标准差有何关系？

这两个概念经常被混淆，甚至很多统计模型中提到的标准差实际指的是标准误差。这两个概念之间的最大差别在于，标准差是针对已发生事件的统计结果，反映的是在一次统计中个体之间的离散程度。也可以说，**标准差是针对具体实例的描述性统计**。

而**标准误差代表一种推论估计**，反映的是多次抽样中样本均值之间的离散程度，也就是反映这次抽样的样本均值对于总体期望均值的代表性，主要在进行整体情况预测和推算时使用。如果这样解释你仍然感到困惑的话，可以用以下两个公式来区分它们。

标准差（standard deviation）= 一次统计中个体分数间的离散程度，反映个体对样本整体均值的代表性，属于描述统计。

标准误差（standard error）= 多次抽样中样本均值间的离散程度，反映样本均值对总体期望均值的代表性，属于推论统计。

2.4.4 标准误差的具体使用

标准误差经常被用于基于一部分样品来判断整个产品线的产品质量，或者判断一件事情是否属于常见范围。

比如我们常说的六希格玛（6σ），它是指所有产品质量问题都需要控制在6个标准误差以内。当我们说产品质量或运维故障要控制在“3个9”或“5

个 9”时，说的也是误差范围。“5 个 9”的意思就是 99.99966% 的产品没有品质问题。

这个 99.99966% 是如何计算出来的呢？这就涉及正态分布的知识，你如果有些模糊，可以复习一下。

比如将图 2-19 用于质量控制，这些数值就是标准误差的范围。例如，我们常说的在 1 个标准误差范围内，大概就是图 2-19 中的 68.27% 范围；2 个标准误差范围也就是距离均值（标准件）的 95.45% 范围；3 个标准误差范围就是 99.73% 范围；6 个标准误差（也就是 6σ）则代表在所生产的产品中，有 99.99966% 的产品是没有品质问题的（每 100 万件产品中只有 3.4 件有缺陷）。

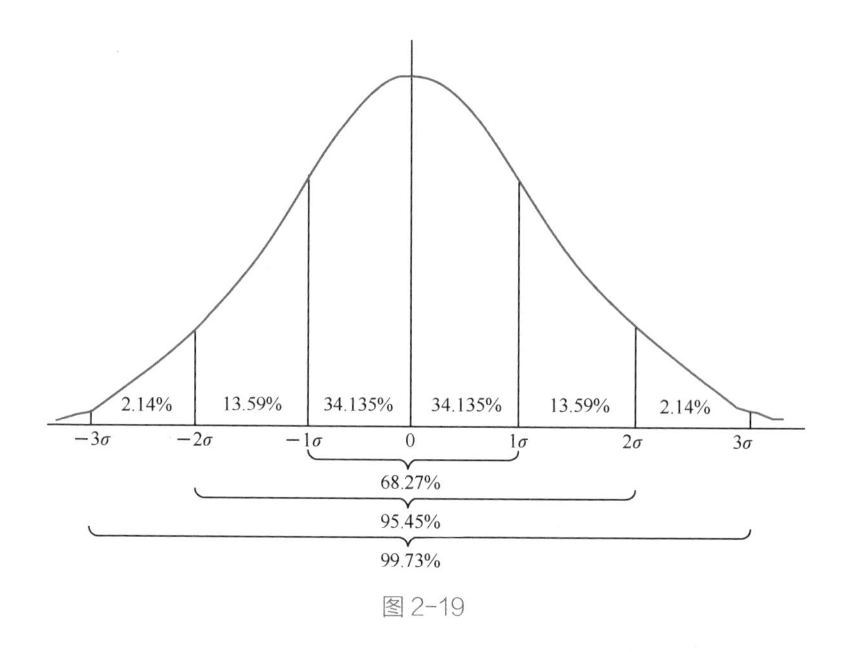

图 2-19

所以，从标准误差来看，系统的稳定性要保证“5 个 9”“6 个 9”，或者代码的质量控制是 6σ 时，这个质量标准就非常高了。为了让你更直观地理解，我再给你做个比喻。

帅哥和美女在日常生活中并不常见，毕竟我们绝大部分人是普通人。我们先假设美丽和帅的程度随机分布（不考虑整容因素），那么见到美女（帅哥）的频率可以用标准误差来衡量。

- 1 个标准误差的美女约为 3 天一遇；
- 2 个标准误差的美女约为 22 天一遇；
- 3 个标准误差的美女约为 370 天一遇；
- 4 个标准误差的美女约为 43 年一遇；
- 5 个标准误差的美女约为 4779 年一遇；
- 6 个标准误差的美女约为 139 万年一遇；
- 7 个标准误差的美女约为 10 亿年一遇。

这样看，你就知道 6 个标准误差有多么严格了。下次你遇到一个特别美丽的女孩子，觉得她是万年一遇的美女时，你可以幽默地和她说："啊，你是 6 个标准误差一遇的美女啊！"

小结

本节主要讲了两个概念：标准差和标准误差。

标准差针对已经发生的事情，它是平均值的一个补充。而标准误差是多次抽样中对样本离散程度的描述，主要用在推论中。在后续的内容中，我们还会利用这"两兄弟"来评估和衡量算法的稳定性以及实现结果的好坏。

判断一个人、一个企业、一个理财产品的可靠性，除了要看某人办事情的成功率、企业收入平均值和产品的盈利率，还要考虑标准差的大小。如果一个人所谓的"成功"只发生过一次，其他时候都失败了，说明此人的标准差很大，他的成功更多依赖于运气。有些人比较推崇"中庸"之道，从标准差的视角来看，就是自己做事、做人的标准差要小。

对于标准误差，可以用成语"严于律己，宽以待人"来概括。前半句是指我们在工作和生活中要尽量少出错，甚至不犯错，这种不断追求卓越的精神会一直推着我们向前跑。你可以试试将六西格玛的管理理念用在工作和生活中，对自己高标准、严要求，相信你会获得更大的进步。后半句则是说，我们可以用 6 个标准误差来要求自己，但是也要允许别人有 1 个标准误差的自由。

总的来说，希望你尽量减小自己做人、做事的标准差，提高对自己标准差的预期。

思考

你过去遇到过什么黑天鹅事件吗？从你的角度看，它是几个标准误差的范围呢？欢迎你将自己的想法说出来，让我们一起提高。

2.5 | 数据抽样：大数据来了还需要抽样吗

无论是小数据还是大数据时代，数据抽样都是常见的数据分析手段。人口普查、调查问卷、人工智能训练的过采样等都采用了抽样的方式。我们之前学过的随机对照分布、直方图、散点图等，也都是基于抽样数据形成的。

用好数据抽样，就不用大费周章地收集每一个人的数据了，实现“四两拨千斤”，在复杂的数据环境中找到合适的数据结论。所以我把数据抽样称作数据分析方法的“涡轮加速器”，用好它，你就可以快速地收集到你想要的数据，从而更好地指导你的工作和生活。

2.5.1 小数据抽样

数据抽样可以分为小数据抽样和大数据抽样，我们先从最常见的小数据抽样入手。小数据抽样有 4 种比较常见的方式，分别是简单随机抽样、系统抽样、分层抽样和整群抽样。为了便于你理解，我把这 4 种抽样放在一个大情景下进行讲解。

假设 A 国的新冠病毒感染很严重，我们想知道 A 国新冠病毒感染发病率大概是多少。我们该怎么做呢？让所有 A 国人都做一遍新冠检测是不现实的，我们只能选取其中一小部分人来做检测。具体选哪部分人，我们有 4 种不同的方式。

简单随机抽样：假设 A 国总人口为 N，我们可以在 A 国大街上随机地选取 m 个访问对象做检测（m 的数值可以根据前面的算法模型来确定）。最后根据这 m 个对象的检测结果，再根据前面的算法模型推算出 A 国整体发病率。

简单随机抽样就是从总体 N 中随机地抽取 m 个单位作为样本，使得每一个样本被抽中的概率相同。这种抽样的特点在于每个样本被抽中的概率相同，每个样本完全独立，彼此间没有关联性和排斥性。

但是简单随机抽样存在一些执行层面的问题。比如在具体执行时，调查人员为了方便，仅仅在某几个街区做调查。这几个街区可能恰好不具有全局代表性，数据偏差的问题也就随之出现了。

一种抽样方法改善了简单随机抽样中执行步骤的规则，它就是系统抽样。

系统抽样：为了避免调查人员集中在某几个街区做抽样，我们可以制定规则，让每一个街区只能有 10 个人进行调查，并且街区之间的距离不得小于 10 千米。这样在执行上就会更加容易，也能够更好地确保数据的随机性。

进一步抽象，**系统抽样就是依据一定的抽样距离，从整体中抽取样本**。这样做的好处是比较简单且不容易出错，组装工厂对手机质量进行抽样检测就会用到这个方法。

系统抽样解决了简单随机抽样执行过程中的随机性问题。但是这个方法依然有缺点，比如即使在每个街区进行抽样，也可能发现在 A 国外出的男性比较多，孩子、老人和妇女可能在家中，这样的随机抽样结果也不能完全代表所有 A 国人的患病比例。

为了保证我们得到的是全 A 国人的患病比例，我们可以使用分层抽样来确保整体样本是均匀分布的。

分层抽样：我们在系统抽样的结果之上可以再根据年龄、性别、地区将抽样单位划分成不同的层，然后从每一个细分的层中再随机地抽取样本进行检测。这样的结果会更接近事实，但是执行的复杂性也更高了。

分层抽样就是将抽样单位按某种特征或规则划分为不同的层，然后从不同的层中独立、随机地抽取样本，从而保证样本的结构接近于总体的结构，提高估计的精度。

这里需要特别说明的是，为了避开“辛普森悖论”，我们通常对不同维度的人群进行抽样。

使用分层抽样后，统计精度的确更高了，但是问题也来了：分层抽样的可执行性太差了，根本无法在A国当地细分出这么多层，然后再让调查人员根据不同年龄段、不同地区、不同性别分别统计。

整群抽样：针对在A国无法细分这么多层的情况，我们可以将这些层合并起来形成一些大组，然后对这些大组进行抽样。这种方法称为整群抽样，企业在进行人力调查反馈时经常会用到整群抽样。

整群抽样就是将总体中若干抽样单位合并为组（称为群），抽样时直接抽取群，然后对所选群中的所有抽样单位实施调查。整群抽样只需要群的抽样框，可以简化工作量。你有没有觉得分层抽样和整群抽样不太好区分？告诉你一个小技巧：分层抽样是先分层再从各层中抽样，整群抽样则是先分群，再对一个群实施调查。

整群抽样也有很明显的缺点，那就是精度较差，很可能出现偏差。所以，如果你发现员工调查问卷里被贴了一些不切实际的标签，不用感到特别奇怪——因为整群抽样的精确度有限。

这4种抽样方式各有优劣，我们在日常使用过程中应该如何选择呢？

- 如果要抽样的样本总量比较小，你对人群比较了解，人群构成也比较单一，则可以直接使用简单随机抽样进行统计。
- 如果针对某一场景下的特定人群且这些人群你接触的概率基本相同，则可以用系统抽样进行统计。例如，在大街上做问卷调查的人，基本上是在针对逛街一族或上班一族做系统抽样统计。

- 如果想要得到比较精确的统计结果，同时你能够动用的资源也比较多，则可以使用分层抽样，这样得到的结果会比较科学。
- 如果资源不够，你可以通过各种方式把一些分层或者一些组织机构合并成群，针对群来抽样，当然代价就是降低了整体的准确度。

2.5.2 大数据时代是否还要抽样

讲完了小数据抽样后，我们现在把目光转向大数据抽样。大数据抽样是科技界的热门话题，不知道你有没有读过维克托·迈尔·舍恩伯格的《大数据时代》，如果没有，我建议你读一读。

舍恩伯格提出了大数据时代的三种思维变革：要全体不要抽样、要效率不要绝对精确、要相关不要因果。这三种思维变革已被广泛接受，大数据也被很多人冠以“数据抽样终结者”的称号。

这种观点与我的大数据时代下如何进行数据抽样的讨论并不相符，所以我需要先解释为什么大数据时代还需要抽样，主要有以下三个原因。

首先，从数据分析目标上讲，大数据之所以被称为大数据，是因为它可以分析每个人的行为，从而进行计算和推荐。如果我们针对的是千人千面的个性化推荐，那么必须将每个人的数据分别进行存储和计算，否则就失去了大数据的意义。而针对数据的统计分析和 BI（Business Intelligence，商务智能）分析指标，仍然可以沿用原先的数据分析方法和抽样原则。因为大数据也没有逃脱数学法则，**在允许一定误差的情况下，抽样可以大幅缩减参与计算的数据量**，这和舍恩伯格提到的“要效率不要绝对精确”是一致的。**所以大数据时代下的统计分析也可以沿用小数据抽样算法，这是有理论基础的。**

其次，在做数据分析时，对数据质量的要求远高于对数据量的要求，所以数据并不是越多越好。而**抽样过程能帮助我们控制有效数据的比重**，我们可以用各种各样的规则做数据处理，而不是不假思索地将所有数据纳入其中，否则一个看似从大数据中找到的规律可能存在计算口径或数据质量问题。**因此在大数

据时代下也要了解数据的构成，并进行合理的抽样。

最后，从数据量级来看，每年的数据量都以指数级增长，特别是在 IoT（Internet of Things，物联网）数据时代来临后数据量更是呈爆炸式增长。数据的迅猛增长对于普通公司甚至大型公司来说并不全是好事，以大数据全量计算一些需要实时反馈结果的数据分析任务也是不划算的。毕竟每一次全量计算动辄 1 小时，长则 1 天，这会严重影响数据分析师的分析效率。我们期待的数据分析是可以在数秒内反馈的，**合理的抽样方法可以有效提升计算效率。**

当遇到舍恩伯格时，我问了他类似的问题。他给我的回答是："大数据并不否定统计学，大数据是一个综合了统计学、工程学、人工智能等的综合学科，扩展了这些学科的边界。"我想这也是他对这个问题的正式回应，**大数据并不否定原有的统计学原理，而是用工程能力扩展了统计学和数学。**

回到舍恩伯格的"要全体不要抽样"的观点，舍恩伯格其实说的是因为大数据采用了更强的计算能力，所以可以对每个个体进行分析和统计，然后采取相关行动（例如你在抖音里看到的每个短视频都是针对你个人的推荐）。大数据针对每个个体都有特殊的解决方案，而不是仅仅抽样几个人就把针对这几个人的解决方案施加给全体人员。

对于过去统计学涉及的整体统计指标、趋势分析、分布分析等，我们依然可以使用抽样方式来解决整体人群的趋势问题。所以，舍恩伯格的观点没错，我说的也没有问题，这只是针对大数据的两个不同的分析场景而已。

2.5.3 大数据环境下的抽样算法

在大数据分析中，我们经常会用到统计学的抽样方法。但在大数据环境下，抽样统计会有什么不同呢？我列举 3 个在大数据环境下常用的抽样算法进行讲解。

1. 蓄水池算法

蓄水池算法非常著名，它甚至被写入全球领先的大数据公司 Cloudera 数据平台的 Cloudera ML 中，成为常用函数。同时，它也是美国硅谷公司面试数据工程师时最流行的面试题之一。

蓄水池算法解决的问题是：给你一个长度很大或者长度未知的数据流，并且你只能访问一次该数据流的数据，请编写一个随机选择算法，使得所选数据流中每个数据被选中的概率都相等。

我用大白话再给你解释一下。还是以 A 国的新冠病毒感染为例，假设 A 国人口众多，没人知道 A 国有多少人口，也不知道 A 国的整体情况，我们想要通过抽样调查来统计 A 国的感染率，只能遇到一个人就统计一个人，然后还得依靠某个算法来判断是否抽中这个人做检测。但是如何让每个人被抽中的概率相等呢？

这时就用到了蓄水池算法。我简单分析一下它的算法思路。我们需要把抽中做统计的 A 国人都放到一个游泳池（蓄水池）里。假设目标是只抽 n 个人，这就有一个能容纳 n 个人的游泳池，被抽中的人都站在这个游泳池里。当游泳池站满人后，再往里加人，就有一定的概率会把游泳池里面的人给挤出来，也有一定的概率是新加的人根本挤不进去（想象一下上班高峰期的地铁）。

这样无论一共有多少人进来，每个人都有一定概率被挤进游泳池或者被挤出去，游泳池里最后留下来的人，就是我们想要的随机的 n 个人，这就是我们的抽样结果。我们最后统计这些人的病毒感染情况时，就可以说我们是随机抽样的，而不用管 A 国一共有多少人口了。

这就是大数据环境下的蓄水池算法，详细的推导见附录 D，如果你感兴趣，可以选择进一步学习。通过这个美国硅谷最热门的面试算法题，你就知道了：进行大数据计算时也是经常会使用抽样的。

2. 过采样和欠采样

在大数据环境下数据非常多，往往出现某一类数据远多于另一类数据的情况。如果将这些数据都直接提供给人工智能算法，可能造出来的人工智能会出现偏差，因为人工智能就像一个小孩子，你教给它什么，它就学什么。

所以除了蓄水池算法，我们还经常使用如下两种抽样方法：**过采样和欠采样**。过采样就是在一个池子里反复抽样，本来应该抽样 10 个人，我们反复抽样，变成抽样 50 个人。欠采样就是在一个池子里本来应该抽样 100 个人，现在只抽样 10 个人。

以训练人工智能来分辨次品为例。这件事情挺难的，因为次品样本不多。在这种情况下，我们就会采用“过采样”方法，将次品的数据复制为多个以供人工智能学习；而对于大量合格品的数据，我们就可以采用“欠采样”方法，以保持两者数据量的平衡。这样人工智能就更容易分辨次品了，如图 2-20 所示。

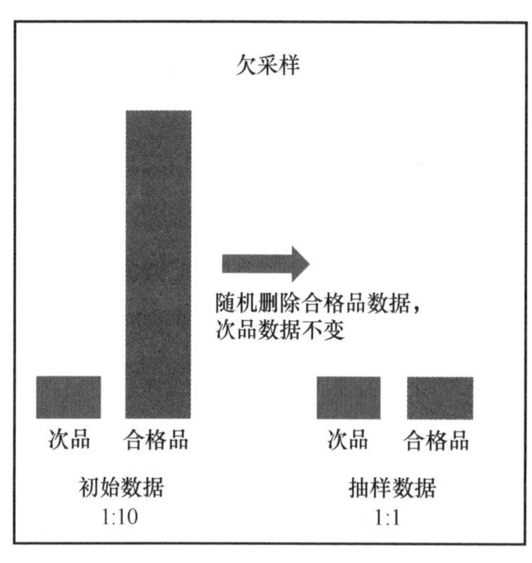

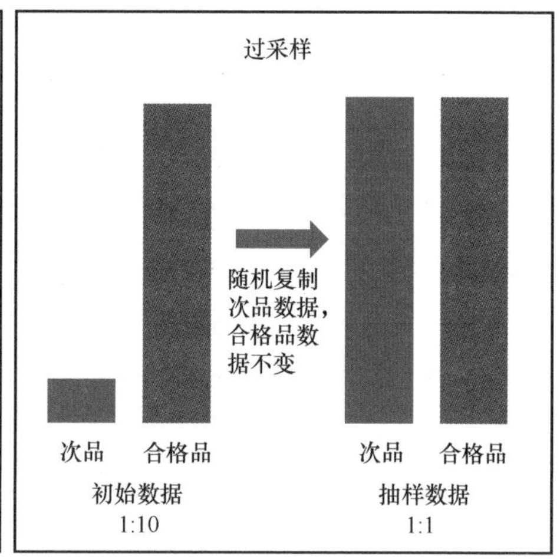

图 2-20

所以，在大数据计算中抽样是普遍存在的，尤其是一些大数据计算高手或者数据科学家，都会娴熟地利用各种抽样方法，事半功倍地解决大数据分析问题。

小结

本节首先介绍了数据抽样的概念，并通过一个统计 A 国新冠病毒感染率的例子，讲解了小数据抽样中最常见的 4 种方法：简单随机抽样、系统抽样、分层抽样和整群抽样。

接着我们讨论了“大数据时代是否需要抽样”这个问题，我给出的答案是“需要”，主要原因如下。

- 大数据时代下的统计分析也可以沿用小数据抽样算法，这是有理论基础的；
- 大数据时代下也要了解数据的构成，并进行合理的抽样；
- 从数据量级看，合理的抽样方法可以有效提升计算效率。

最后我们讨论了大数据环境下的抽样算法：蓄水池算法、过采样、欠采样。通过本节内容，我想让你明白：**大数据其实不是数据抽样的终结者，无论是大数据还是小数据，都无法逃离统计学、数学、集合论、数据结构等基础理论的约束**。所以，我之前讲解的数据分析原理同样适用于大数据环境。

如果你能把数据抽样这个“涡轮加速器”运用到工作和生活中，你就可以事半功倍，通过观察一小部分人和事情来洞察事物的整体情况。正如古人所说“窥一斑而知全豹”，**合适的数据抽样算法能够让我们从局部看到事物的全貌**。

思考

你在日常生活中运用过抽样方法吗？你具体是如何运用抽样方法来解决工作与生活中的问题的？欢迎你分享出来，让大家开拓一下眼界！

2.6 | 卡方检验和 *P* 值：不吃晚餐可不可以减肥

前面介绍过如何通过随机对照试验来验证一个理论的真实性，但是很多时候由于条件限制，我们其实是无法开展随机对照试验的。比如，我们可能想知道不吃晚餐可不可以减肥、汽车尾气和雾霾到底有没有关系、孩子的智商与妈妈的智商有没有关联。

又或者在工作中我们想了解品牌究竟有没有给公司的产品带来溢价、是不是使用苹果手机的用户更愿意付费、城市的级别对购买线上知识付费产品是否有影响。这些问题是否有共性？如果有，是否有共同的解决方案呢？

当然，要解决这些问题，我们需要掌握一个新工具：**卡方检验**。

2.6.1 什么是卡方检验

卡方检验的基本思想就是先做一个无效假设（H0），即我们提出的这个因素与最终结果没有关系，也就是说最终结果与数学中的期望值是一样的（期望值的计算方法就是对可能出现的结果的概率做加权平均）。此外，还有一个与无效假设相反的备择假设（H1）。

我们先假设 H0 成立，计算观察值和理论值之间的偏离程度。当这个偏离程度很大时，我们就认为假设无效，即假设 H0 是不成立的。也就是说，否定原假设，接受备择假设，因素与结果显著相关，两者不独立。

用一句话来说，卡方检验的思想就是通过计算观察值和理论值之间的偏离程度来判断我们所做的原假设是否成立。

2.6.2 如何进行卡方检验

我们还是以抛硬币为例来看如何进行卡方检验。假设我们拿到了一枚硬币，想知道它是不是“老千硬币”。正常来讲，随机抛一枚硬币，50% 的概率正面朝上，50% 的概率反面朝上，即正面和反面朝上的概率一样大；而老千硬币则可能正面或反面朝上的次数偏多。

根据大数定律我们知道，仅观察几十次甚至几百次的抛出结果是不够的：比如我们抛了 10 次，结果不一定是 5 次正面朝上、5 次反面朝上，哪怕是一枚普通硬币也是如此。但如果我们拿到的结果是 7 次正面朝上、3 次反面朝上，看上去正面朝上比反面朝上的次数多了 4 次，我们如何知道这枚硬币有没有被做过手脚呢？这就可以使用卡方检验。

在这个例子中，我们有以下两个设定。

- H0：手中硬币是普通硬币。

- H1：手中硬币是老千硬币（正面比反面朝上的次数多，反面可能更重）。

刚才的 10 次测试就变成下面这样的结果。

	观测值	期望值
正面朝上的次数	7	5
反面朝上的次数	3	5

我们用 O 表示观测值，用 E 表示期望值，代入如下卡方公式：

$$x^2=\sum_{i=1}^{n}\frac{(O_i-E_i)^2}{E_i}$$

得到：卡方值 $=(7-5)^2/5+(3-5)^2/5=1.6$。

得到卡方值 1.6 以后，到图 2-21 所示的 P 值（P 值就是当 H0 成立时却拒绝 H0 的概率）对照表中查看，由于计算出来的数字 1.6 小于 1.642，因此对应的 P 值应该大于 0.2。我们假设置信度（可以理解成靠谱程度）在 95% 以上才能下结论说这是一枚普通硬币，也就是犯错误去拒绝 H0（错误地说自己手中不是普通硬币）的概率是 5%，换算成小数就是 0.05。而 0.2 这个数字比 0.05 大很多，这代表我们错误地拒绝 H0 的概率大很多（超过预设的 0.05，置信度肯定小于 95%）。因此，我们不能拒绝 H0，H0 是成立的——这是一枚普通硬币。

	P										
DF	0.995	0.975	0.20	0.10	0.05	0.025	0.02	0.01	0.005	0.002	0.001
1	0.0000393	0.000982	1.642	2.706	3.841	5.024	5.412	6.635	7.879	9.550	10.828
2	0.0100	0.0506	3.219	4.605	5.991	7.378	7.824	9.210	10.597	12.429	13.816
3	0.0717	0.216	4.642	6.251	7.815	9.348	9.837	11.345	12.838	14.796	16.266
4	0.207	0.484	5.989	7.779	9.488	11.143	11.668	13.277	14.860	16.924	18.467
5	0.412	0.831	7.289	9.236	11.070	12.833	13.388	15.086	16.750	18.907	20.515
6	0.676	1.237	8.558	10.645	12.592	14.449	15.033	16.812	18.548	20.791	22.458
7	0.989	1.690	9.803	12.017	14.067	16.013	16.622	18.475	20.278	22.601	24.322
8	1.344	2.180	11.030	13.362	15.507	17.535	18.168	20.090	21.955	24.352	26.124
9	1.735	2.700	12.242	14.684	16.919	19.023	19.679	21.666	23.589	26.056	27.877
10	2.156	3.247	13.442	15.987	18.307	20.483	21.161	23.209	25.188	27.722	29.588
11	2.603	3.816	14.631	17.275	19.675	21.920	22.618	24.725	26.757	29.354	31.264
12	3.074	4.404	15.812	18.549	21.026	23.337	24.054	26.217	28.300	30.957	32.909
13	3.565	5.009	16.985	19.812	22.362	24.736	25.472	27.688	29.819	32.535	34.528
14	4.075	5.629	18.151	21.064	23.685	26.119	26.873	29.141	31.319	34.091	36.123
15	4.601	6.262	19.311	22.307	24.996	27.488	28.259	30.578	32.801	35.628	37.697
16	5.142	6.908	20.465	23.542	26.296	28.845	29.633	32.000	34.267	37.146	39.252
17	5.697	7.564	21.615	24.769	27.587	30.191	30.995	33.409	35.718	38.648	40.790
18	6.265	8.231	22.760	25.989	28.869	31.526	32.346	34.805	37.156	40.136	42.312
19	6.844	8.907	23.900	27.204	30.144	32.852	33.687	36.191	38.582	41.610	43.820
20	7.434	9.591	25.038	28.412	31.410	34.170	35.020	37.566	39.997	43.072	45.315
21	8.034	10.283	26.171	29.615	32.671	35.479	36.343	38.932	41.401	44.522	46.797

图 2-21

如果我们多做几次实验，例如 100 次，上面的数字都乘以 10——30 次反面朝上，70 次正面朝上，那么再次计算卡方值将得到完全不同的结论，计算的卡方值为 16，P 值会小于 0.001，那么错误拒绝 H0 成立的概率很小，因此 H0 不成立，也就是说，我们手中的硬币 99.9% 是老千硬币。

卡方分布是指，若 k 个随机变量 Z_1、…、Z_k 相互独立，且数学期望为 0、方差为 1（即服从标准正态分布），则这 k 个随机变量的平方和组成的随机变量 X 符合卡方分布，此时这个 k 就是自由度（Degree of Freedom，DF）。抛硬币除了正面朝上就是反面朝上，每次只能有一种情况，自由度是 1。换句话说，有几种情况，自由度就等于几。

P 值是用来判断 H0 假设是否成立的依据。期望值是基于 H0 假设得出的，观测值与期望值越一致，就说明检验现象与零假设越接近，我们越没有理由拒绝零假设（P 值就越大）。观测值与期望值越偏离，则说明零假设越站不住脚，我们越有理由拒绝零假设，从而推断备择假设成立（P 值就越小）。

如果你不是数据分析专家，**你只需要记住进行卡方检验后，对照出来的 P 值越小越好**。例如，你的数据分析师或者某个数据科学家可能会告诉你：他们用品牌这个因素和产品价格做了卡方检验，P 值超过 5%，所以他们认为品牌因素对整体定价没什么影响。通俗地说，就是用不用品牌，对产品整体的定价没什么影响，所以品牌和我们的产品价格没有直接关系（可能和竞争对手的定价关系比较大）。这样你做品牌的预算就可以减少一些了。

2.6.3 最常见的卡方检验套路

回到本节最初的那个问题——不吃晚饭究竟能不能减肥呢？我自己做了一个实验，一周不吃晚饭，另外一周吃晚饭，我有了这样的结果（也就是观测值）：

	吃晚饭	不吃晚饭	总计
不长胖	2	6	8
长胖	5	1	6
合计	7	7	14

根据以上数据可知平均有 57%（8/14=57%）的时候是不长胖的，其他 43% 的时候是长胖的，如果吃不吃晚饭和长胖没关系的话（也就是期望值），那么结果应该如下：

	吃晚饭	不吃晚饭	总计
不长胖	7×57%=3.99	3.99	7.98
长胖	7×43%=3.01	3.01	6.02
合计	7	7	14

代入卡方公式：

$(2-3.99)^2/3.99+(6-3.99)^2/3.99+(5-3.01)^2/3.01+(1-3.01)^2/3.01 \approx 4.6629$

这种情况下只有吃和不吃晚饭两种选择，自由度还是 1[我们在一些复杂情况下也可以用 (行数 -1) × (列数 -1) 来计算]。

查一下 P 值对照表，我发现这个实验的结果 4.6 在 3.841 和 5.024 之间，对应的 P 值在 0.05 和 0.025 之间，不吃晚饭可以减肥的置信度超过 95%，这说明不吃晚饭是可以减肥的。

这个例子可以直接套用到安卓和苹果手机的用户是否更愿意付费的问题上，只要把吃不吃晚饭替换成安卓和苹果手机，把是否减肥替换成是否付费，使用同样的公式就可以计算出来。这是不是很简单？复杂一点的，如城市级别和是否购买产品的问题也一样可以用类似的方法，只不过自由度更大一些。

卡方检验还可以用于其他方面。

- 检验某个连续变量的分布是否与某种理论分布一致（例如是否服从正态分布）。
- 检验某个分类变量各类别的出现频率是否符合预期概率（例如抛硬币、轮盘赌游戏）。
- 检验某两个分类变量是否相互独立（例如吸烟是否与呼吸道疾病有关）。

- 检验在控制某种或某几种分类因素的作用以后，另外两个分类变量是否相互独立（例如在控制性别、年龄等因素的影响以后，检验吸烟是否和呼吸道疾病有关）。
- 检验某两种方法的结果是否一致（例如使用两种数据挖掘算法对客户进行价值分类预测，判断预测结果是否一致）。

卡方检验就像“万能药”，已被数据分析人员、数据挖掘算法人员和数据科学家广泛应用于各种各样的数据测试中。

2.6.4 卡方检验不适用的场景

实际上，卡方检验并不是万能的。反思刚才我自己做的卡方检验，结论真的正确吗？不吃晚饭真的可以减肥吗？其实这中间还涉及许多其他因素，例如不吃晚饭时我中午吃得更多，或者吃了晚饭后我会去运动，这都会影响实验结果。所以，仅凭不吃晚饭来判断可不可以减肥，是很难通过卡方检验得出正确结论的。此外，卡方检验在很多场景下也不太适用。

（1）**与数据量和频次相关的检验：**比如午饭或晚饭吃了多少是否影响减肥的效果；或者在选择文本特征时，利用卡方检验来验证如果出现了某个词，是否这篇文章就属于某一类文章，比如出现了“足球”二字，是否就是体育类的文章。卡方检验无法统计文档中的词频，这会导致对低频词汇有所偏袒，即文本挖掘中经常出现的“低词频缺陷”，此时需要结合其他算法综合考虑。

（2）**只能检验已知因素，而不能发现潜在因素：**大家看到的检验都是基于已知的一个或几个因素，然后验证这一个或几个因素对最终结果是否有影响。但是当我们面对大量变量，且不知道哪个变量有关联性时，将无法使用卡方检验。

（3）**无法针对时间序列进行分析：**我们看到的卡方检验主要针对离散值进行分析（例如是 / 否、正面 / 反面、某几类城市等），而无法对连续的有时间维度的数值进行分析和预测。对于这类数据，我们通常采用回归分析进行预测。

（4）**卡方检验针对的是整体结果和某单一因素的关系：**只要针对整体数据进行分析，我们在采用某单一因素来代表它时，就会出现我们在讨论平均值时提到的问题——辛普森悖论。可能这个单一因素看上去对最终结果产生了影响，但其实我们忽略了整体中其他分组的情况，从而造成简单的错误。比如我们用两名不同 NBA 球员的身高和最后得分做卡方检验，可能会得到身高较矮的投篮命中率反而高的结论。但实际上我们忽略了投篮命中率需要分别计算 2 分球和 3 分球。关注整体而忽略组成部分，这是使用卡方检验时常见的问题。

（5）**因果倒置：**这是我们在寻找数据规律时经常遇到的问题。例如我是因为长胖了才吃晚饭，还是因为吃了晚饭才长胖？这也是一个值得深思的问题。

小结

本节介绍了数据分析中最常用的卡方检验，标志着我们从数据分析的基本概念过渡到了寻找数据规律的阶段。相较于数据分析的基本概念，本节内容侧重于应用，但我们不会针对每一个数据规律和方法深入讲解公式和算法，因为这些内容在其他专门的图书和在线课程里已有讲解，大家想深入了解的话可以自行查找学习。

我希望大家掌握的是知道有这么多的方法可供选择，并且每个方法都有特定的使用范围及优劣势。将来大家遇到问题或者与别人交流时，知道如何选择适合的方法来解决问题。

卡方检验其实也给了我们一些启示，在互联网创业或竞技比赛中，第二名的选手经常要保持与第一名选手类似的动作。这背后的逻辑与卡方检验一样，即保证都在做一模一样的动作 H0，而在细节上有一个微调动作 H1，并迅速检验新的动作能不能带来新的收益，验证之后，再逐步发展自己独特的策略。

2.7 | 精确率与置信区间：两种预测，究竟应该相信哪一个

很多人会觉得算法神秘、复杂、“高大上”……那么，究竟什么是算法呢？

学术界将算法定义为一个计算过程，在这个过程中，输入一个值或一组值，最终会产生一个值或一组值作为输出。简单来说，你可以将算法想象成一个具有科学依据的“算命箱子”，输入你的面相、体重和生辰八字，最终它会根据你的需求给出一个可能的结果。这个箱子就是一个算法，箱子里面装的核心机制就是算法模型。

这种感觉是不是似曾相识？前面我们讲了很多统计分布，假如我们知道收入和投资是正相关的，是不是就可以预测未来在进行一定投资的情况下收入有多少？之前我们介绍的统计分布是不是算法模型呢？

是的，我们之前介绍的各种分布就是算法模型的一种。数据算法模型分为很多大类，简单来说可以分为统计分析、数据挖掘和人工智能三大类，以及聚类、分析、关联、神经网络等多种算法。我们有这么多的算法模型，到底哪个算得更准呢？本节将介绍几个衡量这些算法模型的重要指标：准确率、精确率、召回率和置信区间。

2.7.1 准确率、精确率和召回率

要衡量一个算法模型准不准，我们的第一感觉是看这个算法模型的准确率。顾名思义，**准确率就是看整体预测准确的概率**。

准确率 = 预测正确的样本数量 / 总的样本数量

这个公式看似简单直接，但是用它来评估一个算法模型是有问题的。假设我设计了一个算法模型来辨别鹿的照片。在 100 张照片中有 1 张是鹿的照片，剩下 99 张是马的照片。现在，我要用算法模型来识别这些照片里到底是鹿还是马。

假如这个算法模型很准确地将一只鹿识别出来了，我们看看这个准确率是多少。利用以上公式很容易得出是 1/100，也就是只有 1% 的准确率。这明显与我们的预期不符。

如何才能更好地衡量这个算法模型呢？我们引入了一个新的概念，即精确率，又称 *P* 值、查准率。这个概念稍微复杂一些。继续使用刚才预测鹿和

马的例子，我们先把几种预测结果列出来，整体上就是 4 种：预测马，的确是马；本来是鹿，预测成马；本来是马，预测成鹿；本来是鹿，预测对了就是鹿。你可以参考图 2-22，这更为直观一些。

	预测是马	预测是鹿
实际是马	指马为马 TP(True Positive)	指马为鹿 FN(False Negative)
实际是鹿	指鹿为马 FP(False Positive)	指鹿为鹿 TN(True Negative)

图 2-22

精确率是指预测正确的正样本（TP）在**所有预测为正样本的样本**中出现的概率，即分类正确的正样本个数占分类器判定为正样本的样本个数的比例。

精确率 =TP/(TP+FP)

比如，现在有马和鹿的照片共 100 张，其中有 40 张鹿的照片、60 张马的照片。预测出来的结果如图 2-23 所示。

	预测是马	预测是鹿
实际是马	指马为马：40 TP(True Positive)	指马为鹿：20 FN(False Negative)
实际是鹿	指鹿为马：10 FP(False Positive)	指鹿为鹿：30 TN(True Negative)

图 2-23

此时算法模型的精确率就是 40/(40+10)=80%。

仅有精确率还不够，如果我们现在下达一个指令，要求将那些“指鹿为马”的算法模型都给排除掉，这样就可以把精确率直接提升至 100%（“指鹿为马”变成 0）。

这样做看似提高了精确度，却会导致很多马被错误识别，因为算法模型在面对很多长得像鹿的马时，完全不敢识别成马，宁愿将其识别为鹿。

怎样才能避免出现这种情况呢？此时就要用到另外一个指标——召回率（也称查全率）。召回率是指**预测正确的正样本（TP）在原始的所有正样本中**

出现的概率，即分类正确的正样本个数占真正的正样本个数的比例。

召回率 =TP/(TP+FN)

此时算法模型的召回率就是 40/(40+20)=66.7%。

简单来说，召回率就是看查得全不全，目标则是避免太过于严查指马为鹿，出现算法模型即使看到真的马也不敢识别是马的情况。

我们现在把精确率和召回率放在一起看，精确率（查准率）为 80%，召回率（查全率）为 66.7%。这说明什么呢？说明算法模型怕把马认错了，宁可指马为鹿，也不指鹿为马。在这样的结论下，接下来我们可以适当优化算法模型，以找到一个最优解。

精确率和召回率是一对“孪生兄弟”，它们通常是成对出现的，用来衡量一个算法模型到底好不好。**单个指标高并没有意义，既避免“指鹿为马”，也避免“指马为鹿”，才是最好的算法模型。**

2.7.2 置信区间

仅凭精确率和召回率就可以衡量一个算法模型到底好不好吗？其实不然，现实中很多时候不是分类，而是要预测一些连续的数字。举个例子，高考结束后，你找算命先生（这里我们将算法比喻成算命先生）帮你预测一下高考成绩。有一个算命先生告诉你，他有 100% 的把握，你考的分数在 0 分和 750 分之间。另一个算命先生说，他有 95% 的把握，你考的分数在 600 分和 630 分之间。

这两个算命先生，孰强孰弱，一眼就看出来了，对吧？为了解释每个算命先生（即算法）的识别能力范围，我们引入一个新的衡量指标——置信区间。

置信区间估计是参数估算的一种，它用一个区间来估计参数值，置信区间也就是一定信心下的区间。这个“信心”可以用前面提到的准确率来衡量，这时准确率就有了一个新名字——置信度。刚刚提到的 95%、100% 就是置信度，[0，750] 和 [600，630] 就是置信区间。

一般来讲，置信度和置信区间是同向的，也就是说，置信度和置信区间一般具有相同趋势。即置信度越高，置信区间越大；当置信区间越大时，置信度也会越高。不过置信度越高，并不意味着算法模型越有用。如果一个算命先生告诉你，他有 100% 的把握你的寿命是在 1 岁和 200 岁之间，虽然置信度高，但显然是一句废话。所以**置信度和置信区间是一组参数，用来告诉你算法模型的误差范围。**

附录 E 提供了一个置信区间计算的例子，你要是感兴趣，可以进一步学习。

2.7.3 取舍的艺术

精确率、召回率和置信区间是衡量一个数据算法的核心指标，算命先生既要算得准、算得全，也不能给出过于宽泛的范围。但在现实中想要达到这样的效果，其实是很难的。

以“自动驾驶遇到行人自动刹车”这个算法为例，精确率代表识别行人的准确度（不要指鹿为马），召回率代表算法不会将行人误判为其他事物（不要指马为鹿），置信区间代表着高置信度下能识别多少种物体（人行道、红绿灯、卡车、广告牌上的人像涵盖不涵盖等，以及置信度是多少）。

自动驾驶技术的挑战就在于对现在的算法来说，这几个指标很难同时达到最高。这时，我们就要学会取舍。

如果精确率过低，就意味着算法会将非行人物体误判为人，然后刹车，导致汽车经常出现莫名其妙的刹车情况。召回率过低，就意味着算法没有把行人识别出来，汽车直接撞上去了。置信区间代表着能识别出多少物体，如广告牌上的人像要不要考虑？如果考虑了，会不会影响召回率和精确率？

如果只能选择一个参数作为最关键的核心调优指标，你会选择哪一个参数呢？如果是我，我会优先选择召回率，这样即便算法性能不佳，至多也就和新手一样，宁可频繁刹车也不要撞到行人。毕竟在驾驶领域，安全最重要。

所以在实际应用中，**我们要结合具体情况来设置这些参数，并结合业务场景来选择最合适的算法**。如果数据科学家对你说某个算法的精确率特别高，你可以进一步询问：召回率如何？置信区间如何？

当然，在数据挖掘和人工智能领域还有很多复杂的方法可以用来衡量一个算法的性能，如 AUC 曲线、F1 分数、PR 曲线、增益和提升图等。

小结

本节主要介绍了准确率、精确率、召回率、置信区间和置信度，这些是在衡量算法性能时最常用的几个指标：

- 准确率衡量整体预测的准确程度；
- 精确率规避指鹿为马；
- 召回率保证所有目标类别都能被识别出来，避免指马为鹿；
- 置信区间表示识别出来的范围，置信度表示你对结果的信心程度。

其实在具体场景下，没有十全十美的算法，总要做一些取舍。这时候我们就更有必要理解这些指标背后的含义，做到“断舍离”，根据实际的业务场景选择最优的算法。

在生活和工作中做决策也是如此，现实世界中很少有“两全其美”的选择，大部分情况是“两害相权取其轻”。究竟哪个害处更大和不可接受，我们要自己衡量。这样才可以逐步优化生活、工作中的决策算法，提高精确率、召回率，优化置信区间。

思考

当你在工作中遇到需要在算法和业务场景之间做取舍时，对于精确率、召回率和置信区间，你的选择是什么？另外，你觉得在生活中什么时候可以应用到这些指标？欢迎你分享出来，让我们一起提高！

第3章 深入浅出大数据算法

3

通过前两章的学习，相信你已经学会如何利用基本的统计学知识来分析客观数据，从而做出正确的决策了。在本章，我将深入浅出地带领你进入更高深的“算法”世界，让你也可以理解看似高深莫测的算法背后的逻辑，从而能够在未来的生活和工作中选择合适的算法来解决复杂的数据难题。

本章不会涉及复杂的数学公式和算法逻辑，读完本章内容，你将能够与算法科学家一起探讨选择何种算法来解决你的问题。

3.1 | 趋势分析与回归：怎样才能培育出天才的下一代

在 2.3 节中，我们留下了一个问题：找一条趋势线以显示散点图的趋势，那么如何找到趋势线呢？最常见的做法就是用我们本节介绍的回归算法。

“回归”这个概念是由英国生物学家弗朗西斯 • 高尔顿（Francis Galton）提出来的。简单来讲，回归就是研究一个变量和另外一个变量的变化关系。其中一个变量叫作因变量，另外一个变量叫作自变量。多元回归研究的是一个因变量和多个自变量之间的关系。

一般来说，当我们已经知道某一种情况或现象，想要了解这个结果和前面哪些因素有关联（例如体重和年龄的关系），或者想验证某些数据与结果无关时，就可以用回归分析及其相关算法。而当我们知道了过去的一些数据情况，想根据以前的经验，预测将来可能出现的结果时，也可以用回归分析及其相关算法。

3.1.1 回归的种类与使用

根据使用场景的不同，我们可以把回归分为线性回归、逻辑回归、多项式回归、逐步回归、岭回归和套索回归等。这些回归方法的整体逻辑类似，下面重点介绍最常用的三类回归。

第一类是线性回归。线性回归中最简单的形式就是一元线性回归，它涉及两个变量，一个叫作因变量（Y），另一个叫作自变量（X）。我们可以用 $Y=a+bX$ 这个公式来拟合一元线性回归方程，如图 3-1 所示。

例如计算体重和年龄之间的回归关系，年龄就是自变量 X，体重就是因变量 Y。

需要注意的是，我们判断两个变量是不是线性关系是从业务角度判断的。如果从业务上看是多元回归的话，我们的目标就是使用最少的自变量，也就是找到影响结果最核心的几个因素来生成模型，抓住影响一个事物的关键点。

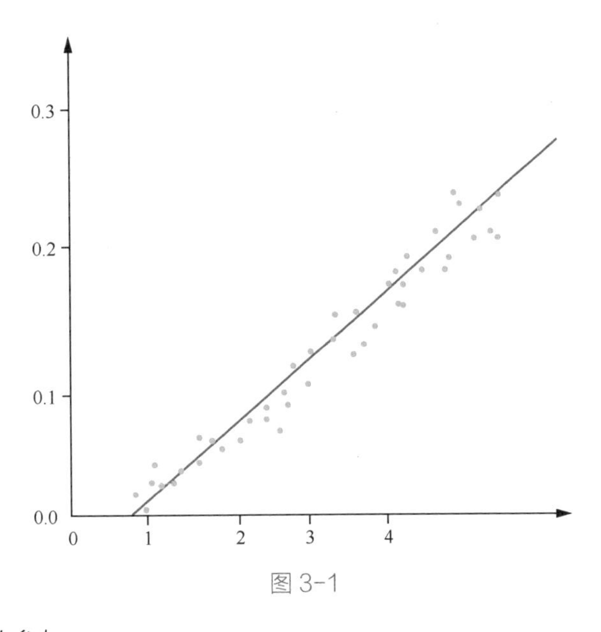

图 3-1

线性回归对异常值非常敏感，一个异常值可能会显著影响预测结果。所以我们在做分析时，经常先通过聚类分析，再结合其他算法剔除这些异常点。当然，很多时候你并不确定这些异常点到底是异常值还是数据的实际规律，这就需要非常有经验的数据分析师和算法专家的参与。

你会发现，数据挖掘难的不是算法，而是怎么准确剔除异常点，以及找到影响因子等执行算法之前的数据准备工作。

第二类是逻辑回归。逻辑回归被广泛用于解决分类问题，也就是把“成功 / 失败”“哪一种颜色”这类问题变成线性回归的形式。逻辑回归的基本逻辑就是把离散的因变量 *Y* 变成一个连续值，然后再做回归分析。

如何将离散的因变量 *Y* 变成一个连续值呢？将事件 *Y* 发生的概率除以事件 *Y* 不发生的概率，再取对数值，这样就把一个非连续的数据变成连续数据了，具体公式如下。

logit(*Y*)=log(事件 *Y* 发生的概率 / 事件 *Y* 不发生的概率)

这个变化也叫 logit 变化，再通过各种各样的线性回归或分类算法，我们就可以找到对应的关系了，如图 3-2 所示。

第三类是多项式回归。顾名思义，多项式回归可能涉及多个指数项，其最佳拟合线不是直线，而很可能是一条曲线。比如预测身高增长速度和年龄的关系，最终得到的回归曲线方程可能由多次项组成，就像图 3-3 那样是一条抛物线（婴儿时期身高增长最快，随后年龄越大，身高增长越慢）。

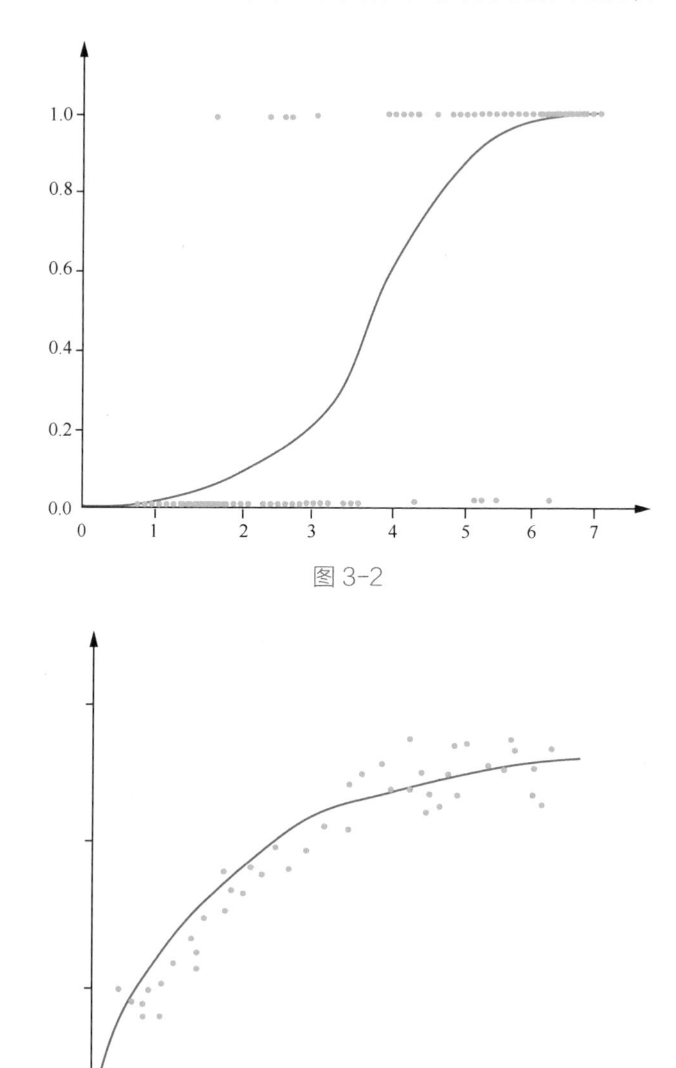

图 3-2

图 3-3

在使用多项式回归时，最常见的问题就是**过拟合**和**欠拟合**。它们在我们后续讨论任何预测算法时都可能出现。

这两个概念是什么意思呢？假设我们找到一些数据并绘制在散点图上，拟合的曲线就像个对勾（见图 3-4），这代表了实际数据背后的真实规律（我们称这个公式为算法模型）。

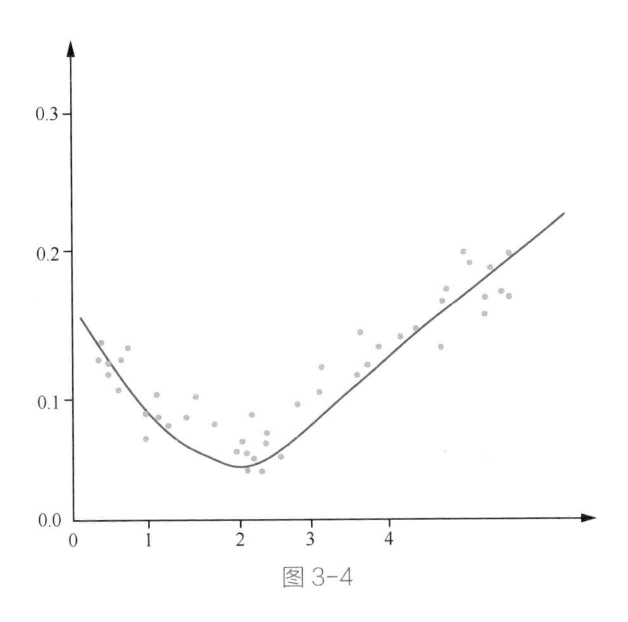

图 3-4

欠拟合就是绘制这条曲线（也就是推算这个公式）时，我们把很多细节给忽略了，直接绘制成了一条直线，很多趋势没有很好地反馈出来，如图 3-5 所示。因为丢失的细节实在太多了，所以称之为欠拟合，这意味着需要更复杂的多项式回归，才可以更准确地描述背后的数据规律。

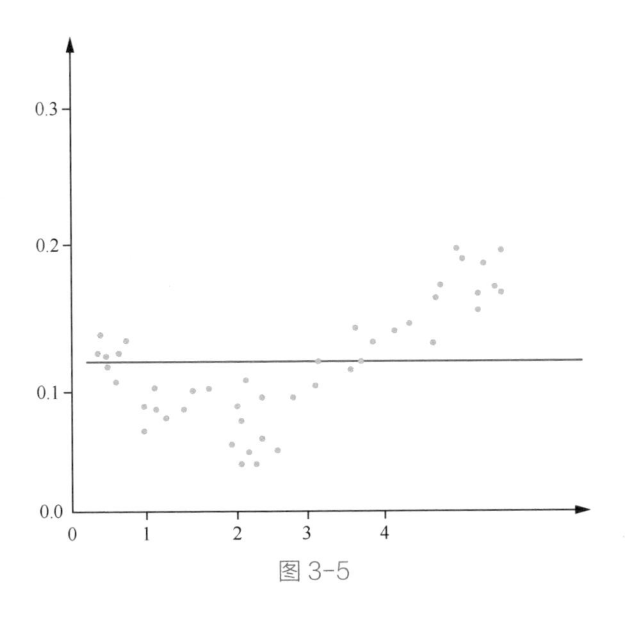

图 3-5

而过拟合是指我们过分关注细节，以至于这个算法模型计算出来的曲线变得特别曲折（本来应该是一个相对光滑的对勾），如图 3-6 所示。这样的算法模型适配性很差，换句话说，它的查全率不高，用它做预测很可能就会“指鹿不为鹿”了。这就是过拟合的结果。

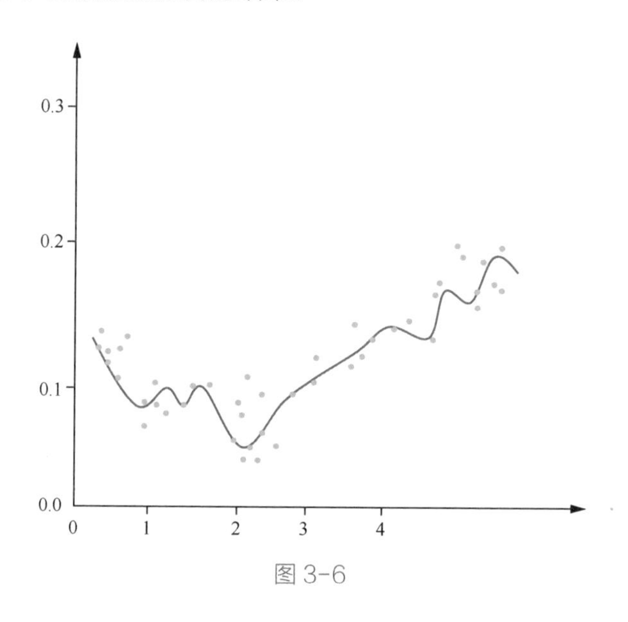

图 3-6

选择过拟合还是欠拟合，需要根据实际业务情况做选择，而不是光看数据就可以解决的。

有了这个回归公式后，是不是就意味着因变量的变化就是由自变量引起的呢？换句话说，自变量和因变量是不是存在因果关系？回顾 1.6 节，其实我们还不能做出这样的定论。

通过这个算法模型，我们只能够推断出一个变量对另一个变量有依赖关系，但并不代表它们之间就有因果关系，因果关系的确立必须有来自统计之外的一些业务依据。记住，**两个变量之间有回归逻辑，并不代表这两个变量之间有因果逻辑。**

3.1.2 均值回归

在通过各种计算得到了回归模型之后，我们就可以在工作和生活中利用这个模型很好地预测出未来吗？答案是不一定，**现实生活不一定有我们在算法中预测得那么好**。这就是我们接下来要讨论的话题：均值回归。

以我们非常熟悉的身高为例。根据达尔文进化论，子代会越来越基于父代进行进化。也就是说，理论上父母越高，孩子也会越来越高。而一般高个子的女孩子只会找比自己身高更高的男孩子结婚，生的孩子也应该更高。

以此类推，经过千百年的进化，人类应该分成巨人族和矮人族才对。但我们都知道现实情况不是这样的，高尔顿在实验中也发现了这一点。

高尔顿找到了 100 个家庭并测量了每个家庭中父母和孩子的身高，通过一元线性回归分析建立了一个公式来预测孩子身高和父母平均身高的关系，如图 3-7 所示。

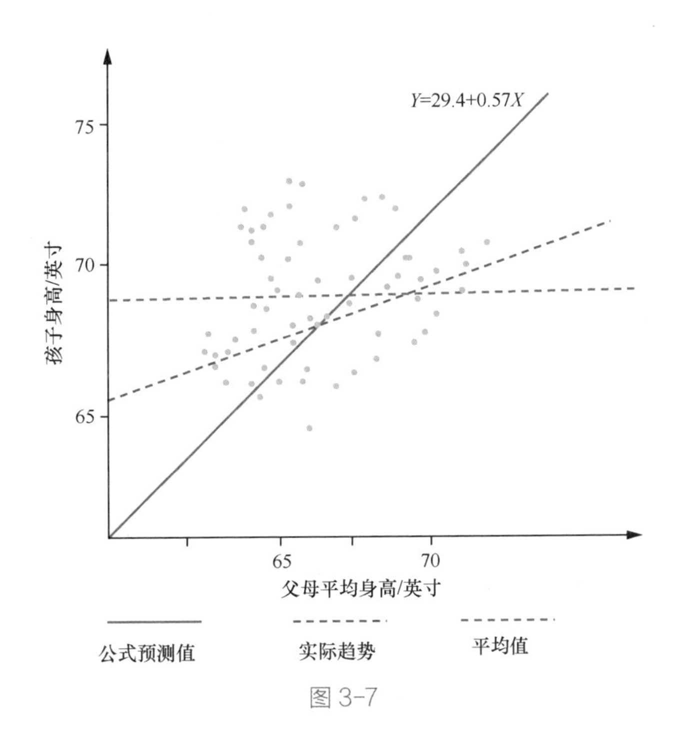

图 3-7

从图 3-7 中可以很明显地看出，通过公式计算出来的预测值和孩子实际身高不一样，孩子的身高其实趋向于平均身高。身材高大的父母的孩子不一定高；身材矮小的父母的孩子也不一定矮。

高尔顿将这个现象称为“回归平凡”，后来的统计学家则称之为“均值回归”，意思就是**实际发生的数据比理论上的预测更接近平均值，整体趋势是慢慢向一个平均值发展**。一个比较流行的例子就是某大学教授的吐槽。

这位教授在 6 岁时就能背诵整本新华字典，本科毕业于北京大学，并在哥伦比亚大学获得教育学博士学位，他的妻子同样毕业于北京大学。这位教授与妻子都是学霸，按理说他们的孩子也应该是学霸，但是他们的女儿几乎完美规避了父母所有的学霸基因。这就是均值回归的一个典型例子。

还有一个著名的例子就是美国《体育画报》的“封面诅咒”。《体育画报》是美国非常著名的一个体育杂志，但似乎每次杂志封面报道了哪支队伍大胜，后面一定会有一场大败等着这支队伍。

比如有一年俄克拉何马队连续赢得 47 场大学橄榄球比赛，《体育画报》刊登了“俄克拉何马为何战无不胜”的封面故事。紧接着在下一场比赛中，俄克拉何马队就以 21：28 输给了圣母大学队，类似的事情发生了好几次。

其实这也是一种均值回归，对任何优秀的人和团队来说，很多时候其实是运气、能力和时机等多种因素共同造就了成功。好的没你想的那么好，差的也没你想的那么差，最终还是会回到平均水平。我接触过很多精英人士，发现普通人和最优秀的人之间在智商和情商上也没有那么大的差距，但是人家一直在努力，再加上天时、地利与人和，所以他们成功了。

实际上，我们每天都会遇到均值回归的情况。我们不应过分夸大优秀者的能力，也不要因为几次失败就一蹶不振，过度低估自己。**只要你不懈努力，即使你现在处于人生低谷，最终也能回归甚至超越平均水平。**

小结

本节主要讲了回归分析，回归分析旨在研究一个变量和另一个变量的变化关系。回归分很多种，我着重讲了线性回归、逻辑回归和多项式回归这三类比较常见的回归。

紧接着，我介绍了过拟合和欠拟合这两个在数据挖掘和人工智能领域十分常见的概念。我们既不要过于纠结细节而陷入过拟合，也不应错过太多细节以致欠拟合。我最后还讲了均值回归的概念，万物最终都要回归自然平均。

在生活和工作中，我们可以通过回归分析发现很多简单的规律，它们能够帮助我们预测一些常见的数据问题。但是在真正使用时，我们不能盲目相信算法模型推导出来的结果，因为现实比我们预测出来的结果更加贴近于平庸：好的没有我们预测的那么好，差的也没有我们预测的那么差。

所以在工作和生活中，我们要保持一颗平常心，不断提高自己的平均水平，这才是正确选择。人和人之间的差距并非不可逾越，不迷信“优生学”或“龙生龙凤生凤，老鼠的儿子会打洞”这类宿命论的说法。

思考

你在工作和生活中遇到过“均值回归”的现象吗？你从中学到了什么？欢迎你分享出来，让我们共同提高！

3.2 | 初识聚类算法：物以类聚，让复杂事物简单化

“物以类聚”这个成语我们肯定不陌生。我们会自然地将相似的事物归为一类，给出一个统一的定义。因为我们的大脑空间有限，无法容纳太多零碎的信息。

比如我们会把动物按照门、纲、目、科、属、种来进行归类：对于一只小狗来说，无论它是白毛还是黑毛，是秋田犬还是藏獒，我们都能识别它是一只狗。这其实就是我们面对复杂世界时采用的一种算法。

数据也是如此，如果大量的数据没有经过有效的算法进行整理，那么我们可能就无法理解这些数据。如何将大数据分门别类，让人容易理解？这就要使用本节介绍的聚类算法。

3.2.1 聚类问题与场景

花卉对你来说肯定很熟悉，我们在生活中会看到形形色色的花朵。无论是梅花、菊花，还是鸢尾花，我们都会把它们归为花的类别，而不是称作叶子。因为它们身上具有类似的特征，与叶子有比较大的区别。

简单来说，不同的花朵之间有一些共同的特性：它们都有花瓣且有花蕊，颜色通常比较鲜艳。我们把这种现象叫作**内聚**。而与花朵相比，叶子在大多数情况下形状不会特别复杂，并且大多是绿色的，所以花朵和叶子之间的差异很大。我们把这种现象叫作**分离**。

聚类就是通过一些算法，把这些事物自动聚集起来，让这些聚集的类别（如花类和叶子类）达到“内聚”和“分离”的特性。你从图 3-8 中可以更直观地看到，一个好的聚类算法可以把相似的事物全都聚集到一起，并将不相似的事物全都区分开。

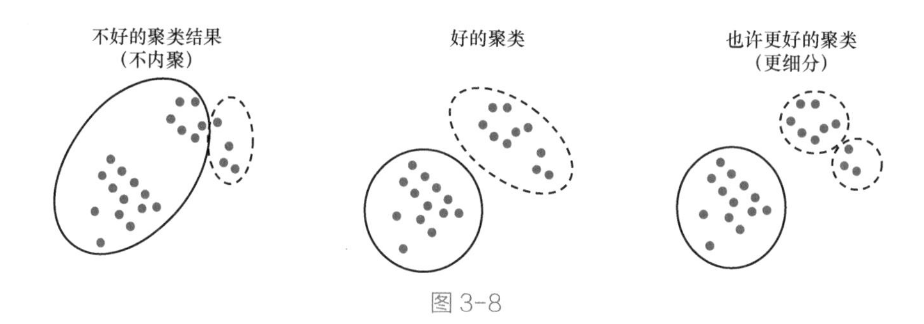

图 3-8

进行人群分析时，我们可以采用聚类的方式，把未知的用户先分成几个类别，然后再分析每个类别的特性。如果直接分析每一个用户的特性，则无法得出有意义的结果。先聚类再分析，这样我们就不会“一叶障目，不见森林”了。

在投资领域，我们经常根据一些特征值（如利润、收入等财务数据）对股票进行归类，再进行一些风险评估。股市中经常听到的“蓝筹股”“白马股”，就是通过类似聚类的方法总结出来的。

所以当你面对一堆数据，担心其中特性差异过大时，就可以先使用聚类算法把不同的小类聚集出来，再通过其他统计手段，对每一个类别中的数据进行描述。

在这个过程中，因为我们是让数据自己聚集出类别，所以聚类算法也叫作无监督学习算法。顾名思义，就是没有人告诉你最终的正确答案是什么，你需要自己决定如何把它们分成比较合适的类别。组内的相似性越大，组间差别越大，聚类效果就越好。所以当你面对很多数据，想要探查其中的规律时，先使用聚类算法再进行深入分析，就可以达到事半功倍的效果。

总而言之，聚类算法的输入就是一堆杂乱无章的数据，输出是若干小组，并且这些小组会把数据分门别类地存放。组内对象相互之间是相似的（内聚），不同组的对象是不同的（分离）。

3.2.2 聚类算法初探

人类天生具备归纳和总结的能力，能够把相似的事物归为一类，尽管它们之间有细微差别，但是在我们心里有一个“差异距离”。只要在这个差异范围内，它们仍然属于一类事物，而一旦超过这个“差异距离”，我们就会将它们视为不同类别。例如，对于图 3-9 中的点，我们可能一眼就能看出这些点可以分成两堆。但计算机是如何学会把这些点分成两堆的呢？

这里我将介绍一个最常见的聚类算法——k 均值算法，我将具体实现方法称为“选大哥”算法。

第 1 步，随意挑选两个点，作为初始“大哥”，如图 3-10 所示。

第 2 步，根据距离“拉帮结派”。计算每一个点与“大哥”的距离，这些点中谁离哪个“大哥”更近，我们就将它归到这个“大哥”的团伙里，如图 3-11 所示。

第 3 步，开“帮派大会”重新选“大哥”。每个“大哥”团伙里的小弟都计算一下团伙的中心点（也就是 x 坐标和 y 坐标的平均值），离中心点最近的那个点成为“新大哥”，如图 3-12 所示。

图 3-9

第1步，任选两个点作为初始“大哥”

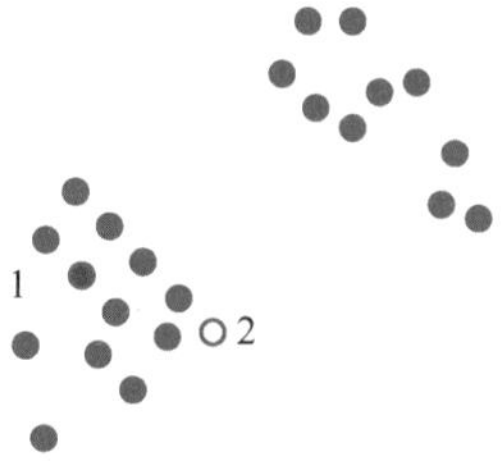

图 3-10

第2步，根据距离“拉帮结派”

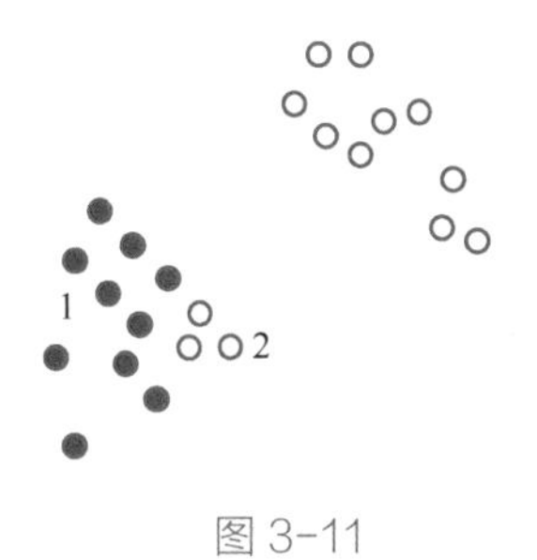

图 3-11

第3步，开“帮派大会”重新选“大哥”

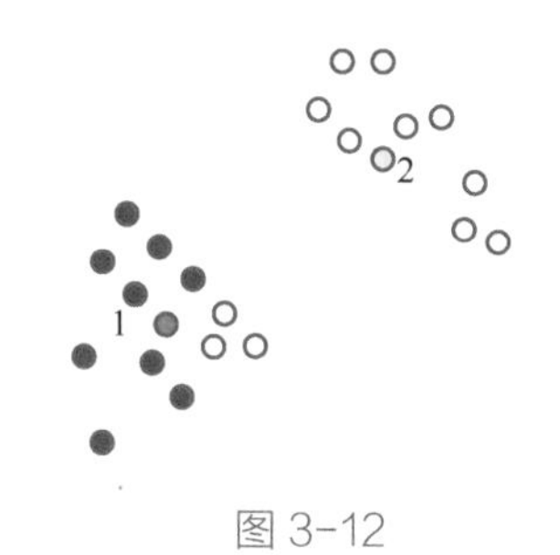

图 3-12

第 4 步，回到第 2 步，根据选出来的“新大哥”再次“拉帮结派”。如图 3-13 所示。

重复下去，直到最后“帮派”稳定下来，我们就能看到这些点到底应该怎样划分了。

第4步，回到第2步，再次“拉帮结派”

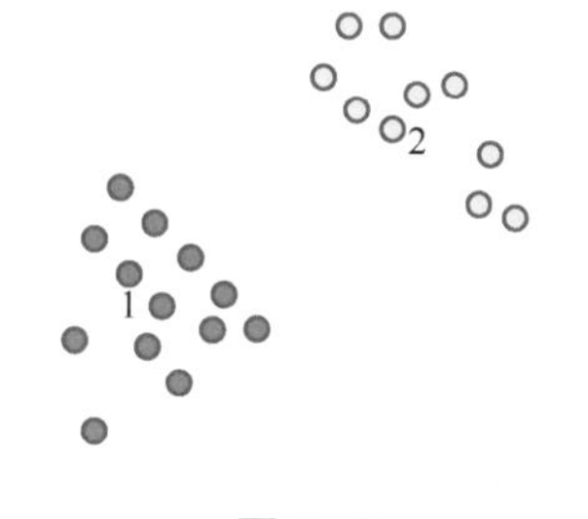

图 3-13

总结一下用 *k* 均值算法“选大哥”的过程，就是先把一群点分成 *k* 类，再根据每个点到 *k* 类中心点的距离来判断这个点到底属于哪一个聚类。最终当聚类稳定下来时，聚类也就完成了。

可能你会问，在这个例子中，我们如何知道一开始这些点应该分成两类呢？这通常需要依赖业务专家和个人的经验。当你拿到这些数据时，背后的业务逻辑可能会提示你大概率要分为几类。或者你可以多尝试几次，看看分为几类更容易解释你的业务。

可能你还会问，从第 4 步回到第 2 步的过程中，我们会不会陷入死循环，一直在第 2 步和第 3 步中选大哥、找小弟，永远选不出来最后的结果？放心，数学上证明这种方法一定会收敛出结果。

还有一个问题，实际工作过程中很多事情很难表示成点和点之间的距离，例如用户群的划分，这怎么计算呢？简单来讲，在算法的世界里，我们可以用各种方法把人和人之间的属性及行为的差异数字化，然后把它们换算为“欧几里得距离”或“余弦相似度”，你现在只需要理解，**最终任何事物的特征属性都可以转化为类似距离的度量来计算**就可以了。

除了 *k* 均值算法，常见的聚类算法还有 KNN 算法、DBSCAN 算法、EM 算法等，所有这些聚类算法其实都可以与 *k* 均值算法一样简化成三种问题：

- “选大哥”，找聚类中心的问题；
- “找小弟”，解决距离表示的问题；
- “帮派会议”，聚类收敛方法的问题。

注意，使用聚类算法时需要先把一些异常点尽量剔除，或者单独将它们聚为一类，否则一些异常数据会影响聚类算法最终的准确性。

3.2.3 应用场景的展望

聚类已经逐步由过去的只针对数据，扩展为现在可以实现图片、声音和视频的聚类了。比如，手机相册现在可以对人脸照片进行聚类，之后再让你贴上标签。如图 3-14 所示，每个人都是一类，背后都有各自的很多照片。

手机会先帮你计算出来，你再统一进行标注，这样就节省了逐个标注照片的时间，并且将来也能让你很容易地找到所需要的照片。

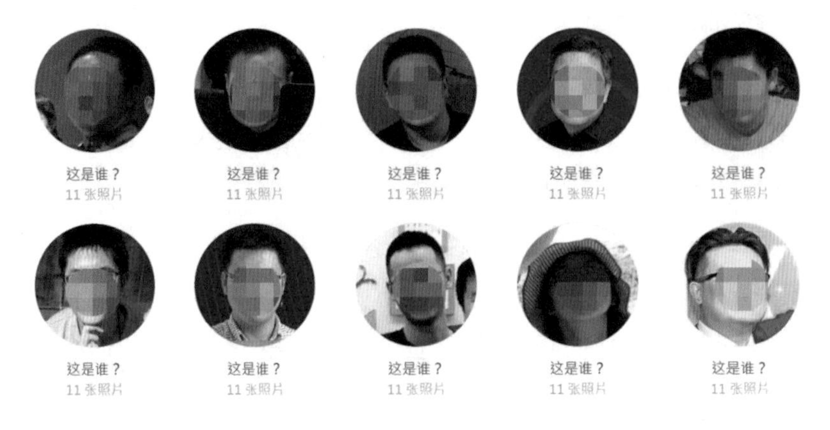

图 3-14

我们在做用户画像时，也会利用聚类算法将一个人最常见的行为属性进行聚集。图 3-15 是我自己的用户画像，它来自通过大数据聚类算法建立的一套大数据用户画像系统。你能看到我喜欢住威斯汀和希尔顿酒店，喜欢吃韩悦烤肉，还喜欢看安妮・海瑟薇和尼古拉斯・凯奇的电影，这些都是从我日常琐碎行为中聚集出来的一些行为特征。

图 3-15

在线下的行为轨迹分析中，也可以用聚类方法识别人群最密集的区域，比如图 3-16 揭示了在万达广场做过的一个聚类实验。我们可以用聚类算法推测出到底哪些地方人群最密集（用深色表示）。这样我们就可以有针对性地放置广告牌或者举办一些活动，有效地避免广告牌位置或活动地点不合适的问题。

聚类在很多领域都非常有用，例如辅助医疗科研、辅助医疗管理、辅助医生做临床诊断、辅助生物学中的蛋白质表达等。**聚类算法是最基础的数据挖掘算法，也是经久不衰的算法之一。**

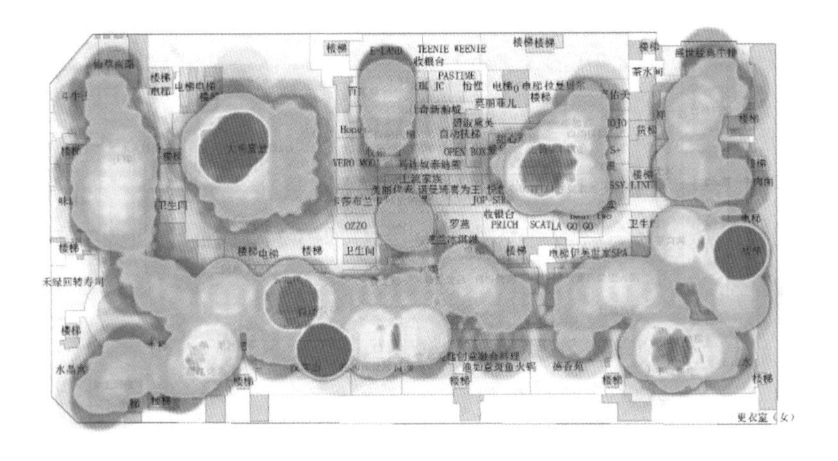

图 3-16

小结

本节介绍了聚类算法，物以类聚是我们天生就有的一种思维方式。

聚类算法可以帮助我们在复杂的数据环境里快速聚集一些类别，从而揭示这些数据的特征。它不仅能帮助我们避免因直接使用平均值而导致的辛普森悖论，还能防止我们因过度深入细节而看不到事物的全貌。图像、基因、医疗等领域都有聚类算法的身影。聚类算法的原理很简单，本节主要介绍了 *k* 均值算法，也就是“选大哥”算法。

你可能有这样一种感觉：每天总是很忙碌，但一天下来，却不知道自己到底在忙些什么。

试试用聚类算法的思路，将纷扰的小事统一归到一个篮子里，集中时间处理，说不定会有奇效。因为**采用聚类算法的方式思考，可以使你的思维更加结构化，帮助你更快理清琐碎的生活。**

思考

在工作或生活中，你遇到哪些复杂问题可以用聚类算法或聚类思想来解决？欢迎你分享出来，让我们一起提高！

3.3 | 初识分类算法：分而治之，不断进化

我们经常通过聚类把一些复杂的事物进行简化处理。但是，不一定所有事物在一开始都要进行聚类。有时我们一开始就知道一些正确事例和错误事例，比如我们能够区分好人和坏人，然后引导孩子慢慢明白两者的差异，让孩子学会鉴别。

再比如，有这么一个段子：你去倒垃圾时，一个阿姨会在那里，看到你就问“这是什么垃圾”，如果你把垃圾分类做错了，她会告诉你榴莲壳属于干垃圾，瓜子壳属于湿垃圾。下次如果你还做不好垃圾分类，她会继续纠正你，直到你学会为止。这两个例子其实就和本节的主角——分类算法密切相关。

3.3.1 分类算法的定义与使用场景

与聚类算法不同，分类算法是有训练数据集的，也就是说，我们一开始就拥有一系列正确的数据和分类结果。分类算法的任务是经过不断学习，找到其中的规律，并做一些测试，最后在生产环境中帮助你判断一些新数据的分类。

这其实就像我们教孩子做算术题，先告诉他计算正确的一些例子，让他领悟其中的一些规则，然后让他继续做一些算术题来加强练习，最后通过考试检验学习成果。

所以分类算法和聚类算法不同，分类算法会不停地告诉你这个分类是哪种，直到你学会为止，最后才让你自己单独进行区分。所以分类算法也叫**有监督学习算法**，也就是得有人看着你做题。

比如你想知道哪些客户可能会流失到竞争对手那里。这时可以用名为“客户流失预警”的分类算法来解决这个问题，也就是在你的客户流失之前，该算法会给你预警。

具体是怎么做到的呢？我们先输入很多过去流失的客户的信息，让这个算法学习流失的客户大概会有哪些特征，当这个算法学会了分辨哪些客户会流失后，你再拿一个客户的信息给它，它就会告诉你这个客户流失的概率有多大。

这样你可以针对这些要流失的客户进行营销活动，以挽留他们。

停车场的车牌自动识别功能也是用分类算法实现的。将各种各样的车牌图像输入算法，告诉它这幅图像是 1，那幅图像是 A，等等。经过不断训练和学习，它就会自动识别你的车牌。

其实我们自己的身体也是一个非常精妙的分类器，它能够处理非常复杂、抽象的输入（图像、文字、触觉、味觉等），并根据当时的情况进行合理输出（躲闪、愤怒、皱眉或者情感上的喜怒哀乐）。所以从某种意义上讲，我们作为一个精密的分类器，其实就是在根据世界的不同情况做出分类决策，最终形成我们各自的生活。

概括来说，分类算法即有监督学习算法，我们先拿一些正确或错误的案例给分类算法进行学习，再给它一些新的输入，它就会根据自己前面学习到的结果，对这些新的输入进行分类。

3.3.2 分类算法初探

如果已知一些条件和实验的结果，如何让计算机像人一样发现其中的逻辑呢？我将分享一个最常见的分类算法——C4.5 决策树算法。

我们可以把一个分类器抽象成一棵倒着生长的树，其中不同的条件导致不同的分支，最后到达叶子得出一个分类结果。比如要设计一个分类器来区分鸡、鸭、鹿和马，我们可以用图 3-17 所示的树进行表示。

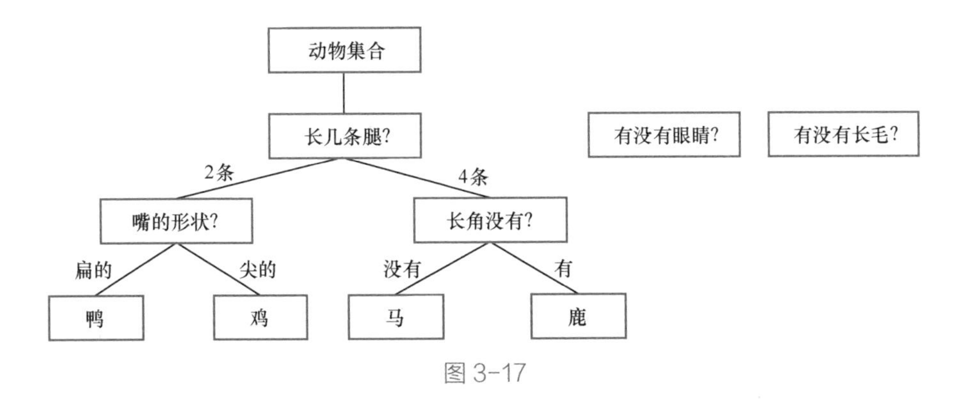

图 3-17

任何一个人或机器看到这棵树，都可以根据规则将这些动物区分开，我们把这棵树叫作决策树。顾名思义，根据这棵树我们就可以做出决策了。这棵树就是分类算法最核心的部分。

但是我们如何让计算机生成这棵树呢？关键就在于**我们应该选择什么条件来判断这棵树的分支节点。**

哪些属性是有用的，哪些属性是没用的？究竟应该选择哪个条件作为最初的判断条件呢？C4.5 决策树算法提供了这些问题的答案。

C4.5 决策树算法也称为“逐级找领导”算法。这个分类算法的整体逻辑很简单，最开始计算机也不知道用哪个条件区分出来的结果最好，于是干脆把每个属性都当“领导”试一遍，能够做出最明显区分的就作为当前层的领导，然后逐级“找领导”，最后“剪枝”。具体步骤如下。

第 1 步，把每个属性都当“领导”试一下，参考图 3-18 会更直观一些，也就是把各种属性都测试一遍。

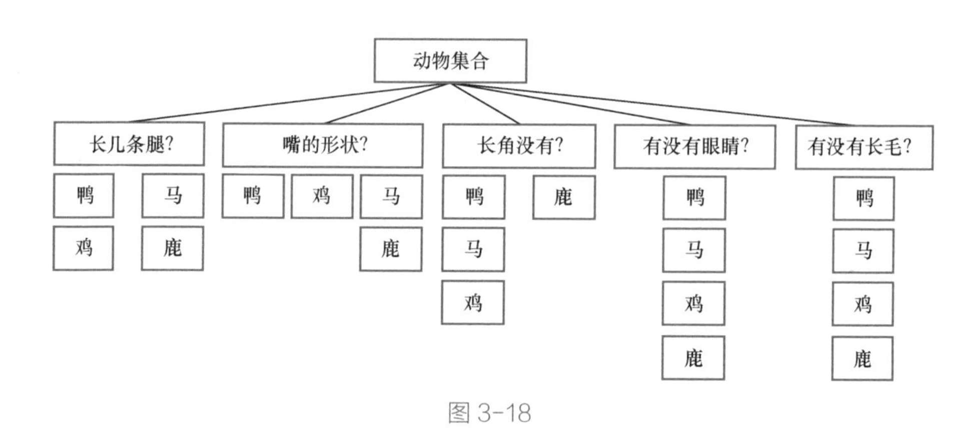

图 3-18

第 2 步，通过一个叫信息熵的指标计算分群的差异性。“信息熵”这个词在算法里会经常用到，它表示每个消息所包含信息的平均量。简单来说，言简意赅的人所说的每个字的信息熵较大，废话连篇的人所说的每个字的信息熵就较小。在这里，我们希望根据每个“领导”给出的决策逐步减小下一步的整体信息熵，这样后续的“小领导”更好干活，直至最终做出接近事实的分类。

第 3 步，对比这几个“领导”做完决策之后各自信息熵的大小。我们发现这些动物全都长毛也全都有眼睛，用这两个属性来当“领导”做决策完全没用。这两个属性我们就不会选入决策树。同时，“长几条腿”这个“领导”的信息熵最小，我们就把它放在第 1 个节点，即“大领导”的位置上。

第 4 步，“大领导”有了，现在我们需要一些“小领导”。重复前面的步骤，你就有可能画出如图 3-19 所示的决策树。

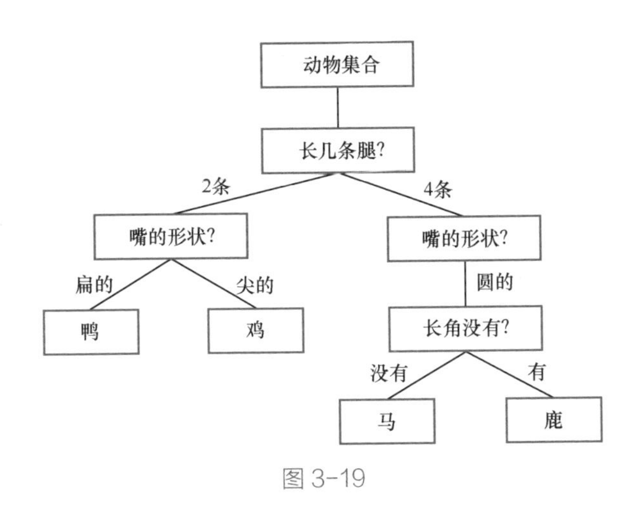

图 3-19

第 5 步，精简“领导班子”。图 3-19 所示的决策树看上去还是有些冗余，怎么办呢？决策树算法里还有一个操作叫作“剪枝”，就是把一些没有用的节点去掉。经过剪枝之后，就得到了我们最终想要的决策树，如图 3-20 所示。

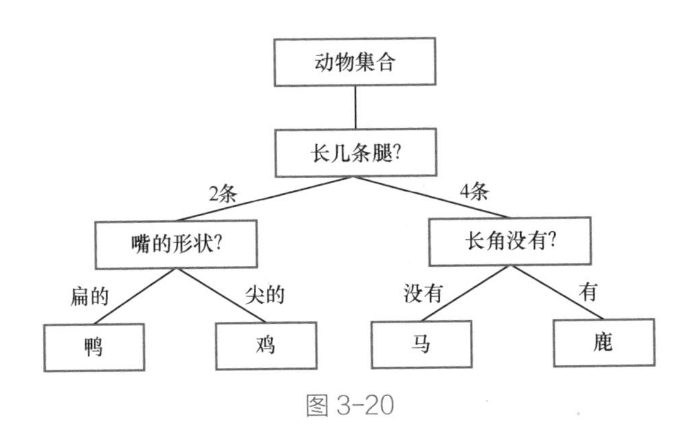

图 3-20

最后，我们可以使用一组测试数据来验证一下这棵树的分类效果，衡量的标准就是精确率和召回率。这棵树到底应该有多少个特征和属性呢？这就是前面讲过的过拟合和欠拟合问题，你需要结合业务具体问题具体分析。关于精简“领导班子”，我们要把“领导”减少到恰到好处，以更好地适应现实状况。

除了 C4.5 决策树算法（现在已经有 C5.0 了），还有很多其他分类算法，如朴素贝叶斯、支持向量机、随机森林，以及我们之前讲过的逻辑回归等。简单来说，所有的分类算法主要是为了解决两个问题：一个是用哪个属性来做分类（也就是“选领导”），另一个是怎么计算不同属性的信息价值（信息熵，也就是判断“领导管不管用”）。其实只要解决了这两个问题，分类问题也就解决了。

3.3.3 应用场景的展望

分类算法已被广泛应用在人工智能图像识别等场景中，如图 3-21 所示，自动驾驶中针对人、路的识别，用的都是分类算法。我们要通过大量的训练模型告诉汽车什么是人、什么是车、什么是路，再告诉它每一个场景应该怎样处理，这其实就是一个复杂的分类算法。

图 3-21

现在依靠最新技术也可以通过识别一张图片里的场景，来实现一些自动问答。例如给一张长城图片，分类算法能告诉你这就是长城；给一张故宫图片，分类算法能告诉你这就是故宫；分类算法还会给你讲述各种各样有关长城和故宫的知识，如图 3-22 所示。实现这些动作的基础其实都是分类算法，只不过不仅要识别图片中的物体，还要识别图片中的场景。

Prompt:
这是什么？*回答：*
What is this? *Answer:*

Generated Text:
长城。长城是中国古代劳动人民智慧的结晶，是中华民族精神的象征，是世界文明的标志。它不仅仅是一种建筑形式，更是一个国家、一个民族的精神象征。
The Great Wall. The Great Wall reflects the great talent of Chinese people, and it is an important representation of the spirt of Chinese, and it is also a logo of human civilization. It is not only a form of architecture, and it is even a spiritual representation of a country and a people.

Prompt:
这是什么？*回答：*
What is this? *Answer:*

Generated Text:
故宫博物院，位于北京市中心，是中国明清两代的皇家宫殿，也是世界上现存规模最大，保存最为完整的木质结构古建筑之一。
The Forbidden City. The Museum of the Forbidden City is located at the center of Beijing, and it is the palace of the Ming and Qing Dynasty. It is one of the largest and the most well-preserved wooden ancient buildings.

图 3-22

现在还有通过分类训练让机器模拟小狗鼻子的。例如，美国麻省理工学院就做了一个 AI 嗅觉探测器，让它模拟小狗去判断癌症患者得了哪种癌症，如图 3-23 所示。现在这种“嗅癌犬”已经达到 70% 左右的判断准确率，灵敏度比狗鼻子还高 200 倍，这也是通过分类算法实现的。

时间	犬种	诊断癌症
1989年	边境牧羊犬	恶性黑色素瘤
2001年	拉布拉多犬	基地细胞癌
2004年	雪纳瑞和金毛	黑色素瘤
2006年	5只家养狗	肺癌、乳腺癌
2008年	未知	卵巢癌
2011年	拉布拉多犬	直肠癌
2012年	未知	肺癌
2015年	德国牧羊犬	前列腺癌
2017年	研究人员使用嗅觉线索区分大泌尿道移行细胞癌的可行性	
2017年	研究人员调查了犬从人类呼吸中检测肝细胞癌的情况，结果准确率为78%	

图 3-23

更先进的分类算法支持用脑机接口加上深度学习的方式去训练脑电波，让我们实现用意念来控制两只机械臂独立完成类似吃蛋糕这样的复杂任务，帮助四肢瘫痪的人重获自由，如图 3-24 所示。

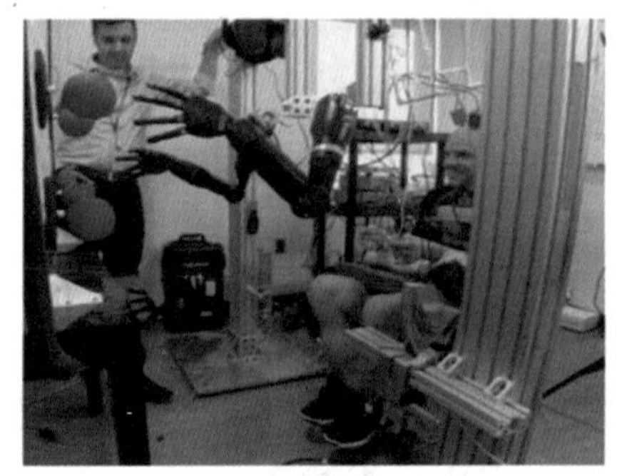

图 3-24

所以与聚类算法不同，分类算法结合人工智能可以有大量更深层次的应用，最终可能会造出一种类似人类的智能模型。

小结

回顾一下，分类算法就是让机器模拟人类学习的过程，通过各种各样的案例帮助计算机学习，最终形成一个类似人类做单独决策的过程。

分类算法的核心在于不断积累经验，迭代规则，从而得到最好的答案。而在工作和生活中，我们接触的场景和得到的反馈结果要比分类算法复杂得多。但我们是否像分类算法一样，把这些场景和反馈结果进行分类整理，并在下次遇到类似情况时进行优化呢？大多数人应该没有。

所以很多人在经历了很多事情后依然未取得进步。我们不仅需要让大脑这个超级分类器去接收好结果、差结果，也要在结果之外寻找背后的原因以不断优化自己的算法。而那些成功的人，就是通过不断思考、学习和优化自己的思维，最终让他们的大脑进化成为超级分类器中的佼佼者，能够透过现象看到本质。

通过本节内容，我希望你从分类算法的视角去看待“**复盘**”这件事。只有不断思考、不断积累，才能不断进步，否则我们真的有可能被人工智能进化出来的某个分类器所超越。

数据给了你一双看透本质的眼睛，我们要持续迭代自己的分类规则，持续进步！

思考

关于 C4.5 决策树算法的这种分层找领导，分而治之，最终得到优秀结果的方式，你是否在生活和工作中有过类似的体验？欢迎你分享出来，让我们一起提高！

3.4 | 关联规则：为什么啤酒和尿布要放在一起卖

世间万物都有一定的联系，你应该听过这样一个说法：一只南美洲热带雨林的蝴蝶扇动了几下翅膀，两周后美国得克萨斯州就形成了一场龙卷风。

我们持续搜索一家上市公司的情况，很可能会影响这家公司的股价；你不经意间打了一个喷嚏，第二天发现彩票中奖了；你今天起床时右眼皮跳了跳，结果今天的牌局连连失利。

每天都会发生各种各样的事情，我们如何发现其中的关联性，进而描述一些事物出现的规律和模式呢？这需要用到本节介绍的关联规则算法。

3.4.1 关联规则的定义和使用场景

关联规则经常出现在各种各样的数据场景中，用于挖掘数据之间的潜在关系。最早也是最著名的案例就是“啤酒和尿布”的故事。

这个故事是这样的，当你去美国沃尔玛超市购物时，会发现一个非常有趣的现象：**啤酒和尿布经常被摆放在一起售卖**。这两个看上去完全不相关的商品为什么要放在一起卖呢？

Teradata 公司对顾客的交易清单进行关联挖掘，发现啤酒和尿布经常同时出现在一次交易清单中。沃尔玛的管理者在这件事情上也非常不解，后来经过调研发现，妈妈们经常嘱咐她们的老公在下班后给孩子买一点尿布回来。而男人们在买完尿布的同时，大多会顺手给自己买一瓶啤酒。

Teradata 公司通过进行一年多原始交易的关联规则挖掘，发现了这个神奇的组合，于是建议沃尔玛将啤酒和尿布摆放到一起销售。结果这两个商品放在一起后，啤酒和尿布的销量都大幅增长了，这一摆放组合也就延续至今。你现在去超市也经常能看到很多商品不是按照类别摆放的，例如方便面旁边可能会摆放一些泡椒鸡爪、火腿肠、榨菜等。这些现象的背后都是关联规则在起作用。

当然，很多人认为这个故事是杜撰的，因为那时数据分类不可能那么精确，数据量也不够大。且不论这个故事的真伪，它的意义在于通过进行关联规则挖掘，能够让我们发现一些意想不到的知识。

当然，这个故事只是一个起点，现在关联规则挖掘已经被广泛应用在各行各业中。例如在金融行业，它可以预测银行客户的需求：某个高信用额度的客户更换了住址，可能表示他近期购买了一栋更大的豪宅，因此他可能需要更多的信用额度或者需要住房贷款，这些信息可以帮助银行做二次营销。

同样，在股票分析中，美国高盛公司以及其他量化交易公司会经常监测人们在 Twitter 和 Facebook 上发布的一些消息，根据这些消息动态调整股票的售卖策略。

互联网领域的案例就更多了，在亚马逊平台，你能看到“浏览此商品的顾客也同时浏览”的推荐，这背后其实就是根据一本书和其他书之间的关联关系，想要促进你购买更多类似的图书。

3.4.2 关联规则算法初探

如何发现这些强关联之间的数据逻辑呢？先给你介绍 3 个比较简单的概念。

支持度：某个商品组合出现的次数与总次数之间的比例，也就是这个商品组合整体发生的概率。

- 5 次购买，4 次买了啤酒，啤酒的支持度为 4/5=0.8。

- 5 次购买，3 次买了啤酒 + 尿布，啤酒 + 尿布的支持度为 3/5=0.6。

置信度：购买了商品 A 后有多大概率购买商品 B，也就是在 A 发生的情况下 B 发生的概率。

- 买了 5 次啤酒，其中 2 次买了尿布，(尿布→啤酒) 的置信度为 2/5=0.4。
- 买了 4 次尿布，其中 2 次买了啤酒，(啤酒→尿布) 的置信度为 2/4=0.5。

提升度：衡量商品 A 的出现对商品 B 出现概率的提升程度，A 对 B 的提升度为 (A → B)= 置信度 (A → B)/ 支持度 (B)。

- 提升度大于 1，证明 A 和 B 的相关性很强，A 会带动 B 的售卖。
- 提升度等于 1，证明 A 和 B 无相关性，它们相互不影响。
- 提升度小于 1，证明 A 对 B 负相关，也就是说，这两个商品有排斥作用，顾客买了 A 就不会买 B。

如果支持度很小，则代表大多数人不会购买这一商品组合。如果置信度低，则代表即使这两个商品销量都不错，它们之间也没有什么关联。**我们的目标是找到置信度高且支持度大的场景。**

举个例子，在图 3-25 所示的表格里，每个商品下方出现的 1 代表购买，0 代表没有购买。

交易流水	啤酒	尿布	牛奶	矿泉水
1	1	1	1	0
2	1	1	0	0
3	1	0	0	0
4	1	0	1	0
5	0	1	1	1
6	1	1	0	0

图 3-25

根据前面的定义，交易 1、2、3、4、6 购买了啤酒，交易 1、2、6 同时购买了啤酒和尿布。我们可以计算出支持度为 0.5，置信度为 0.6。如果我们把支持度和置信度定义成 0.5 的话，则可以认为啤酒→尿布是一个有关联性的规则。

根据关联规则的定义，有一种特别原始且粗暴的方法可以找到关联规则：找出所有组合并加以计算，然后根据每一种组合的支持度和置信度去提取整体符合要求的规则。但这种方法的计算强度呈指数上升，这个致命的问题使得我们很难通过暴力计算来获取关联规则。

Apriori 算法可以解决这个问题。它的基本逻辑其实也不复杂，我把它称作“**连坐算法**”。我们的目标是去掉过多的组合，如果逐个统计有价值的组合，那么所有组合中有关联性的组合会有如下逻辑。

- 如果一个组合是频繁的，则它所有的非空子集也是频繁的——连坐，一家子都是明星组合，因此跳出来的任何两个人也都是明星组合。
- 如果一个非空组合是非频繁的，则它所有的父集也是非频繁的——连坐，一个人不是明星，这个人和任何人组合也都不会是明星组合。

例如，如果 123 是频繁组合，则 12、13、23 也是频繁组合；若 12 是非频繁组合，则 123 也是非频繁组合，即其他数据集里只要包含 12，就可直接判定为非频繁组合。**这种方法能够帮助我们去掉很多没有必要测试的组合。**这样我们再分析余下组合的支持度和置信度，就可以得到最终想要的规则了。

Apriori 算法的优点是可以产生相对较小的候选集，缺点是需要重复扫描数据库，且扫描的次数由最大频繁项目集中的项目数决定，因此 Apriori 算法适用于最大频繁项目集相对较小的数据集。后续的 FP-Growth 算法修正了这些问题。当然用于关联规则挖掘的算法还有很多，如 SETM 算法、Eclat 算法等，要是你感兴趣，可以进一步了解这些算法。

目前关联规则的挖掘过程大致可以分为两步。

（1）找出所有频繁组合。

（2）由频繁组合产生规则，从中提取置信度高的规则。

当然关联规则也有一些局限性，我们需要有足够的数据才能发现这些规则，而现实世界中想要获取这些足够的数据并不容易。如果获取的数据出现偏差，则使用关联规则容易得到错误的结果，且可能生成太多无用的规则。

所以在使用关联规则算法之前一定要梳理业务，规避掉有偏差的脏数据，再选择真正对业务有用的规则。

当然，我们也反复强调，关联规则挖掘出来的结果只代表这两件事情有很强的相关性，并不代表有因果关系，确定因果关系还须结合实际的业务经验。

3.4.3 应用场景的展望

关联规则已经不仅仅出现在交易数据分析中，随着物联网和人工智能算法的发展，它越来越多地出现在一些有趣的场景中。

例如，图 3-26 是我通过统计每一个商场会员在不同商店停留的情况，分析出的一个关联规则图。其中，两个商店之间连线的颜色越深，代表它们之间的关联性越强；颜色越浅，代表它们之间的关联性越弱。

你会惊奇地发现原来喜欢去星巴克的人也喜欢去必胜客，而且这些人经常逛 H&M。同时你也会发现，经常去麦当劳的人不一定去必胜客，也不怎么去星巴克。这些都是一些有意思的发现，如果要做促销，我们就可以给星巴克的客户发一些必胜客的优惠券，这样就可以相互引流，帮助门店创造更多收入。

同样，医学领域也有很多关联规则的应用案例。我们知道中医领域的针灸非常神秘，这些针灸的穴位之间到底有什么关系呢？现在很多人想要通过针灸药方挖掘来寻找一些针灸的规律。例如，图 3-27 就是针灸穴位之间的关联图。如果这些数据积累到一定程度，是不是我们就可以用一位人工智能老中医来给我们开药和针灸呢？我觉得随着科技的发展，这一定可以实现。

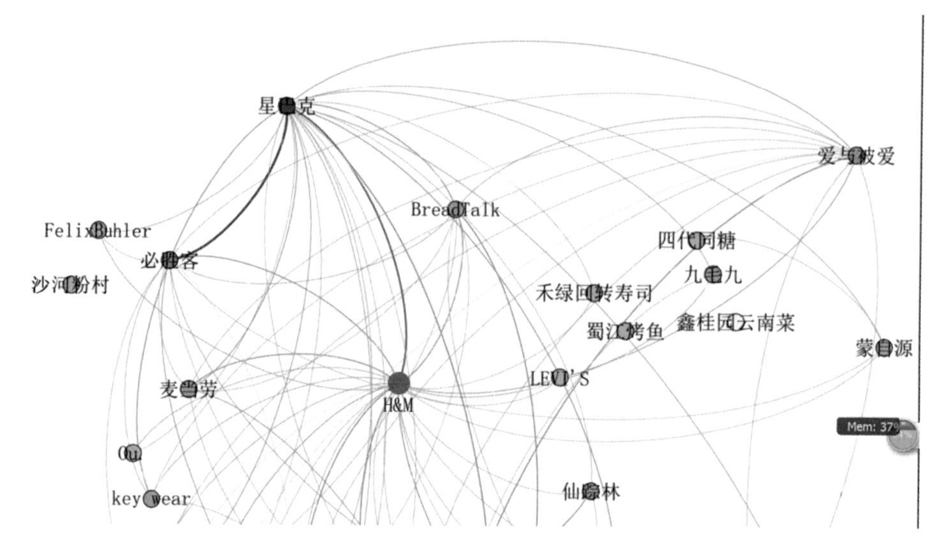
BreadTalk
FelixBuhler
麦当劳
H&M
九毛九
仙踪林

图 3-26

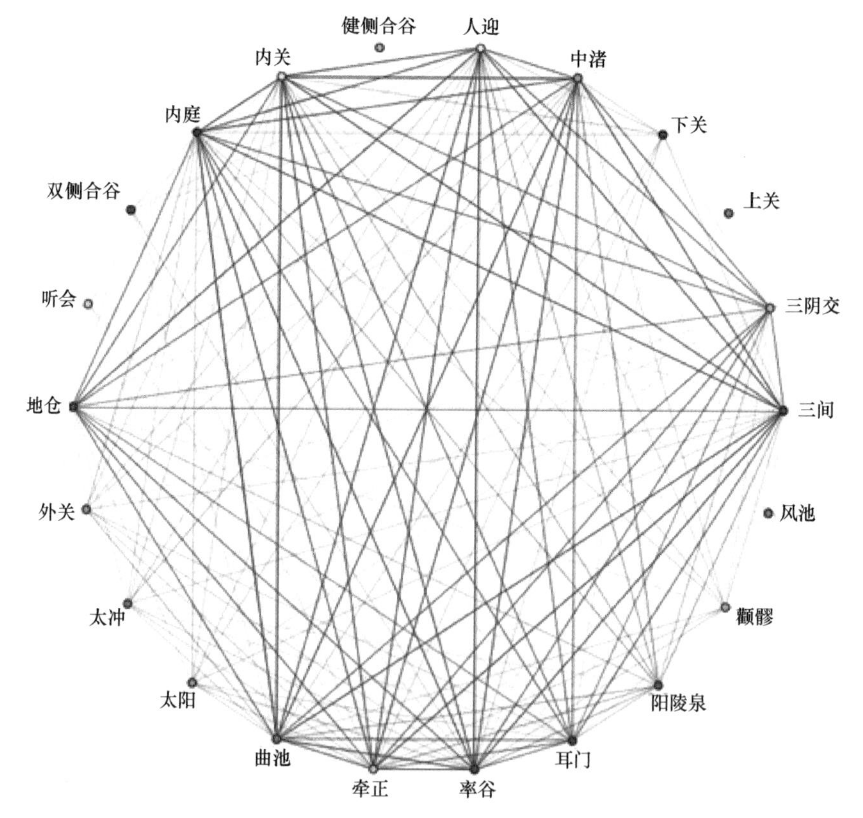
健侧合谷
人迎
内关
中渚
内庭
下关
双侧合谷
上关
听会
三阴交
地仓
三间
外关
风池
太冲
颧髎
太阳
阳陵泉
曲池
耳门
牵正
率谷

图 3-27

至于衣服搭配，简直比让我去做一个关联规则算法还要难。现在简单了，很多门店会有类似图 3-28 所示的“魔镜”来协助你进行衣服的穿搭。你穿上一件衣服，镜子就会自动生成配套的搭配，如果满意，直接单击就可以在店里购买衣服，这对于我来说简直太方便了。

这背后其实是通过百万级购买记录找到这些衣服之间搭配的规则，然后推荐给个人的。这样就可以给你提供更加个性化的优质穿衣搭配方案，从而提高门店所有商品的销量。

图 3-28

小结

本节介绍了关联规则的定义，也分享了挖掘事物之间关联规则的算法（Apriori 算法），还展望了一下未来，与你分享了关联规则的最新应用场景。

利用关联规则挖掘，我们可以找到复杂事物中强相关的一些组合，对这些组合进行分析，就可以提高整体销量或者进行有效的关联促销。利用关联规则挖掘，我们还可以做一些深度的科学计算，发现事物之间隐藏的规律。

关联规则算法其实对我们很有启发。人的一生很短暂，我们会经历很多事情，感觉很多事情虽有关联但又不怎么关联，就像本节开头提到的，眼皮跳真的和运气关联性很强吗？

我们要和关联规则算法一样，把握住与自己关联性最强的那些事情，而把关联性不强的事情舍弃掉。你可以尝试用关联规则算法的思想，审视你手中的资源，看能不能用“连坐”算法对整体无关的事务、人脉进行“断舍离”，集中精力把与你关联最强的事情做好。

如果你分不清什么事情与你关联最强，什么事情对你无关紧要，你的生活可能会变得一团糟，不知道从哪儿下工夫，就算发力也有可能只忙活一些不痛不痒的小事。人生中重要的事情和重要的人脉可能并不多，但这些正是成功的关键。

数据给了你一双看透本质的眼睛，利用好关联规则，找到自己生命中置信度最高、支持度最大的频繁集，规划好自己的人生。

思考

你在工作和生活中遇到过像“啤酒和尿布”这种看似没有道理，但是通过数据算法却发现它们有很强关联性的故事吗？欢迎你分享出来，让我们共同提高！

3.5 | 蒙特卡洛算法与拉斯维加斯算法：有限时间内如何获得最优解

前面介绍了回归、分类、聚类和关联等基础算法，如果拥有足够的时间和计算资源，我们完全可以通过这些基础算法进行精确的预测和分析。

但在实际工作和生活中，我们并没有那么多的资源和时间以获得最佳结果。那么，在有限时间内，如何获得比较好的计算结果呢？或者有没有办法让我们能够在比较短的时间内找到正确的答案呢？本节就向你介绍两种具有代表性的算法：蒙特卡洛算法和拉斯维加斯算法。

3.5.1 算法定义和使用场景

这两个算法的目标都是利用随机方法简化算法流程，解决一些看似没有办法通过正常算法解决的实际问题。

蒙特卡洛算法起源于 20 世纪 40 年代，由 S.M. 乌拉姆和约翰·冯·诺依曼首次提出。

这个名字的由来颇具趣味。当时正值第二次世界大战，乌拉姆和冯·诺依曼都是“曼哈顿计划”（美国原子弹计划）的成员，而第一台电子计算机ENIAC在发明后也被用于“曼哈顿计划”。在参与该计划的过程中，乌拉姆想在强大计算能力的帮助下，通过重复模拟核实验数百次的方式对核裂变的各种概率变量进行演算，而不用实际进行那么多次实验。

冯·诺依曼立即认识到这个想法的重要性并给予乌拉姆充分的支持，乌拉姆将这种统计方法应用于计算核裂变的连锁反应，大大加快了项目进度。由于乌拉姆常说自己的叔叔在摩纳哥的赌城Monte Carlo（蒙特卡洛）输钱，他的同事便戏称该方法为“蒙特卡洛”，这个名字也就沿用至今。

蒙特卡洛算法的原理很简单，就是每次计算都尽量尝试寻找更好的结果路径，但不保证是最好的结果路径。这样能够确保无论何时都会有结果出来，而且给的时间越多、尝试越多，得到的结果就越近似最优解。

举个例子，我们要用蒙特卡洛算法在一个装有500个苹果的筐里找到最大的苹果。通常来讲，我们从筐中拿出一个苹果A，然后再随机从筐中拿出另一个苹果B，如果B比A大的话，就把A扔到另一个筐里，手里只拿着B。这样如果我们重复500次，最后留在手里的一定是最大的苹果。

但如果时间和资源不够我们拿500次苹果呢？此时我们就可以采用蒙特卡洛算法，无论我们拿多少次，每次都保留比较大的苹果，直到时间和资源不够时，留在手里的苹果也是我们力所能及拿到的最大苹果。也就是说，**我们持续保留较好的答案，一直执行*N*次（*N*<500），最终拿到的一定近似正确解**。*N*越接近500，我们手里的苹果越接近最大的那个。其实蒙特卡洛算法的理论基础就是我们前面讲过的大数定律。根据大数定律，当随机事件发生的次数足够多时，其发生的频率就会趋近于预期的概率。

与蒙特卡洛算法截然相反的另一种算法就是拉斯维加斯算法。拉斯维加斯算法是1979年拉斯洛·巴贝（László Babai）在解决图同构问题时，针对蒙特卡洛算法的弊端提出来的。拉斯维加斯算法的原理也很简单，就是**每次计算都尝试找到最好的答案，但不保证这次计算就能找到最好的答案，尝试的次数越多，就越有机会找到最优解**。

举个例子，有一把锁，给你 100 把钥匙，其中只有 1 把钥匙可以开锁。你每次随机拿 1 把钥匙去试，打不开就换 1 把钥匙。你尝试的次数越多，打开锁的机会就越大。但在打开锁之前，那些尝试都是无效的。这种挨个尝试换钥匙开锁的算法就是拉斯维加斯算法。

严格来讲，蒙特卡洛算法和拉斯维加斯算法并不是两种具体算法，而是两类算法的总称。

蒙特卡洛算法的基本思想是精益迭代，进行多次求解，从而让最后的结果成为正确结果的可能性变大。而拉斯维加斯算法的基本思想是不断进行尝试，直至某次尝试结果让我们满意，尽管这个过程中会一直产生无法让人满意的随机值。

所以拉斯维加斯算法的效率通常低于蒙特卡洛算法，但是它最终得到的解一定是问题的正确解，当然也有可能无法得到问题的解。拉斯维加斯算法和蒙特卡洛算法可以通过图 3-29 所示的表格来加以区分。

	结果正确性	运行时间
拉斯维加斯算法	肯定正确	不确定，时间越长越有可能有解
蒙特卡洛算法	相对正确，但不一定准确	确定，时间越长结果越准

图 3-29

3.5.2 蒙特卡洛算法与拉斯维加斯算法举例

刚刚从概念上了解了蒙特卡洛算法和拉斯维加斯算法，下面通过两个具体的例子来看看它们的进一步运用。

第一个例子是利用蒙特卡洛算法计算圆周率。圆周率是通过多边形周长推导计算出来的（可以参考附录 F），不过通过蒙特卡洛算法，也可以把圆周率计算出来。

首先，构造一个正方形，并在里面套一个内切圆。然后，在这个正方形的内部随机打上 1 万个点，如图 3-30 所示。

最后，根据其中一个点到中心点的距离来判断这个点是否落在圆的内部。这个点落在圆内的概率与这个圆和正方形的面积有一个比例关系。假设这个点落在圆内的概率为 P，则 P= 圆面积 / 正方形面积。$P=(\pi \times R \times R)/(2R \times 2R)=\pi/4$，也就是 $\pi=4P$。

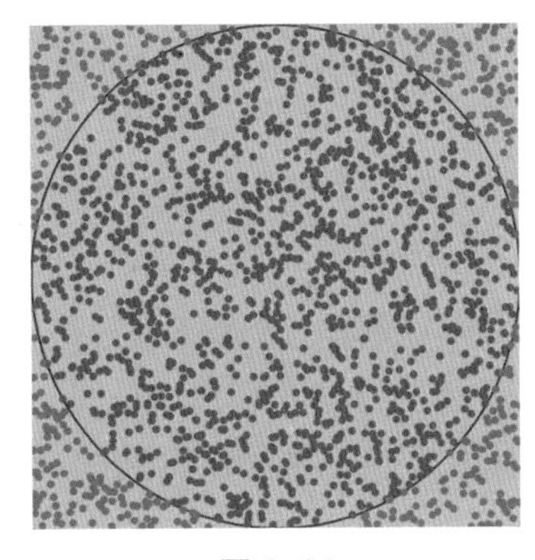

图 3-30

如果这些点是足够均匀分布的，那么圆内的点应该占到整个正方形里面点的 $\pi/4$，从而只要把概率 P 乘以 4，就可以得到 π 的值。

具体步骤如下。

（1）将圆心设在原点，以 R 为半径画圆，则第一象限的 1/4 圆面积为 $\pi R^2/4$。

（2）画该 1/4 圆的外接正方形，坐标为 (0，0)、(0，R)、(R，0)、(R，R)，则该正方形的面积为 R^2。

（3）随机取点 (X，Y)，使得 $0 \leqslant X \leqslant R$ 且 $0 \leqslant Y \leqslant R$，即点在正方形内。

（4）通过公式（X^2+Y^2）$<R^2$ 判断点是否在圆内。

（5）我们一共模拟 N 次实验，如果有 M 个点在圆内，$P=M/N$，于是 $\pi=4M/N$。

N 越大，得到的结果越接近 π 的真实值，但是你设置任意一个时刻停下来都会有一个接近正确答案的值。我发现如果 N 是 10 000 的话，得到的结果是 3.1424。是不是很神奇？我们不是通过数学推导的方式，而是通过一个随机变量的方式计算出了结果。如果想要提高精确度，你可以增加更多的点，得到的结果将会越来越接近 π 的真实值。

而拉斯维加斯算法就不一样了，它会针对一个确定的答案不断地进行随机尝试。我再列举一个国际象棋中“摆皇后”的例子。

图 3-31

我们的目标是在一个 $N \times N$ 的国际象棋棋盘中摆下 N 个皇后，让其相互不会被吃掉。例如，在图 3-31 中，我们在标准的 8×8 国际象棋棋盘中摆了 8 个皇后，此时这 8 个皇后可以和平共处、不相互伤害。

这是怎么摆出来的呢？一般解法是：先在最左边的位置（1,1）处摆上第 1 个皇后，然后把第 2 个皇后摆放到第一个不被吃的位置（2,3），接下来把第 3 个皇后摆放到不被吃的位置，以此类推，直至无论下一个皇后摆放在哪儿都会被吃掉，证明前面几个皇后摆放的位置不对。此时就需要挪上一个皇后的位置，如果还不行，就得再挪上上一个皇后的位置，然后继续摆放下一个皇后。

这样不停地尝试，才能把 N 个皇后都摆放进 $N \times N$ 的格子中。不难想象，这个算法的代价很大，经过数学推理，找到最终解决方案的尝试次数的数量级为 N 的 N 次方。这样当皇后超过 15 个时，就需要尝试 437 893 830 380 853 000 次——以现有普通计算机的计算能力短时间内根本就计算不出来。

如何解决这个问题呢？我们首先借鉴小规模的 8×8、10×10 的棋盘中皇后摆放的正确位置，其实并没有什么规律可言，像是随机放在棋盘中的。如果用拉斯维加斯算法把皇后随机地摆放在棋盘中，然后用传统算法进行调整，是不是就会比一个一个摆放的速度要快呢？也就是说，**先利用拉斯维加斯算法在前面若干行随机摆放皇后，后面再利用传统算法去完成皇后的摆放。**实际结果证明这样做可以节约很多时间和资源。

一旦用拉斯维加斯算法找到解，这个解就一定是正确解。虽然有时用拉斯维加斯算法找不到解，但找到正确解的概率随着它所用计算时间的增加而提高。因此对于某个难题，使用拉斯维加斯算法反复尝试足够多的次数，可使求解失败的概率降至任意小，最终获得正确解。

3.5.3 应用场景的展望

蒙特卡洛算法和拉斯维加斯算法在金融、工业和人工智能领域都有很广泛的应用。特别是蒙特卡洛算法，在充满不确定性的当今社会，它给我们提供了很多解决方案。

金融市场本身充满了确定性和不确定性，这非常符合蒙特卡洛算法面对数字化变量的确定性和随机性特征。通过尽可能多的模型采样，蒙特卡洛算法可以寻求近似最优解。所以在金融领域，蒙特卡洛算法得到了非常广泛的应用。

- 计算风险价值（Value at Risk，VaR）：VaR 试图以一个明确的数值来对投资组合进行风险评估。在计算风险价值时，就会用到蒙特卡洛算法来模拟各种各样的市场变化，从而得到近似最优的风险价值。
- 自动化交易：在进行股票和期货交易时，利用蒙特卡洛算法的双均线系统模拟各种买进、卖出及其他操作，最终得出一个近似最好的执行方案。经过测试，这种方法的自动化程度比正常的双均线系统高出 10% ~ 30%。
- 衍生品定价：针对市场的各种情况，对衍生品的价格进行模拟，最终计算出特别复杂的衍生品的价格。

在人工智能领域，蒙特卡洛算法也必不可少。为了简化复杂计算，产生了一个很重要的算法，即蒙特卡洛树。以 AI 下棋算法为例，基本思路是在每一步中判断下一步。因为机器的运算时间和内存空间有限，而且不能保证找到最优解，所以 AlphaGo 这样的 AI 下棋算法一定会利用蒙特卡洛算法来简化步骤，获得相对最优的下棋策略。毫无疑问，蒙特卡洛算法是这个场景下的核心算法之一。

至于如何选择这两类随机算法，需要根据具体问题进行分析。如果要求在有限时间和尝试次数内必须给出一个解，但不要求是最优解，那就用蒙特卡洛算法。反之，如果要求必须给出最优解，但对时间和尝试次数没有限制，那么拉斯维加斯算法更适用。

在工作和生活中，拉斯维加斯算法适用于那些需要精益求精，无论花多少时间都要求将事情做细致、做准确的场合，因为稍有疏漏，后果会非常严重。有些场合则需要使用蒙特卡洛算法，尤其在有比较清晰的方案但需要快速决策的场景中，拖延可能会导致更糟糕的结果。

以“精益”创业为例，其核心思想与蒙特卡洛算法类似：在有限的时间和资源情况下，不要一直思考或者规划找到“最优解”，而是通过快速迭代原型产品，并根据用户的反馈不断修正产品方案，以期在有限的条件下得到较为不错的结果。虽然这个结果不一定是最优的，但相比拉斯维加斯算法那种闭门造车寻找最优解，直到耗尽资源和时间要好。

小结

本节主要介绍蒙特卡洛算法和拉斯维加斯算法。

蒙特卡洛算法鼓励你持续努力，直到自己满意了就可以停下来；拉斯维加斯算法也鼓励持续努力，但找不到最佳答案就誓不罢休。这两种算法其实是两类随机算法的集合，代表着两种不同的处理事情的思路。

我们要根据自己的资源和时间限制，灵活选择是使用蒙特卡洛算法还是拉斯维加斯算法来处理事情，毕竟我们的时间和精力都是有限的。

因此，面对各种各样的问题时，你需要思考哪些事情是不达目的誓不罢休的（拉斯维加斯算法），哪些事情需要精益的方法和思路，经过多次迭代和修正，适时收手（蒙特卡洛算法）。

对企业管理而言，我们要从更高维度进行思考，不要把有限的时间和精力浪费在不必要的事情上，整体的做事思路是抓大放小。重要的事情要用拉斯维加斯算法，任何细节都不要放过，确保决策的正确性。一次次决策决定了企业的成败。同样，一次次决策也决定了个人别具特色的人生。

思考

你在工作和生活中使用过蒙特卡洛算法和拉斯维加斯算法的思路来解决问题吗？欢迎你分享出来，我们可以相互启发。

3.6 | 马尔可夫链：你的未来只取决于你当下做了什么

拉斯维加斯算法和蒙特卡洛算法，以及前面介绍的基础算法，虽然能够解决某个时间点的问题，但没有解决与时间先后次序相关的预测问题。

现实生活中充满了很多与事情顺序相关的过程。也就是说，一件事情发生后会影响另一件事情的结果，而这些事情往往是按照某个规律先后发生的。本节我们将探讨与时间序列预测相关的算法：马尔可夫链。

马尔可夫链专门研究现实生活中的一系列事件，**找到它们的内部运行规律，从而预测当这一系列事件达到平衡时，当前状态的下一步最有可能发生的情况**。这样我们就可以知道，在一件事情发生后，未来有多大可能会发生另一件事情。

3.6.1 算法定义与使用场景

马尔可夫链因俄国数学家安德烈·马尔可夫得名，它定义为状态空间中经过从一个状态到另一个状态的转换的随机过程。该过程要求具备“无记忆”的性质，也就说，下一个状态的概率分布只能由当前状态决定，与时间序列中前面的事件无关。

我用一个简单的例子给你解释一下。天气就是一个状态，比如昨天是阴天，今天是晴天。如果今天的天气只与昨天的天气有关（也就是与昨天之前的任何一天的天气都没有关系），那么天气系统就是一个符合马尔可夫链的完备系统，我们可以通过今天的天气来预测明天的天气，甚至预测未来 1 个月、

1 年的天气。

马尔可夫最开始建立马尔可夫链时，最著名的应用就是从一份俄罗斯诗歌作品中统计几千个两字符对，用这些两字符对计算每个字符出现的概率。也就是给定这份诗歌里的一个字符，就能预测紧跟着的下一个字符。

通过这种方法，马尔可夫可以模拟诗歌中的任意一个长字符序列，这就是马尔可夫链的原理。如果这个概率很准确，那么在诗歌中只要看到前面的一句话，就能大概率知道下一句会使用什么样的词汇。我们甚至可以让计算机自己创造作品，例如让计算机学习巴赫的作品，然后生成一首巴赫风格的曲子。

许多著名的算法都使用了马尔可夫链。比如谷歌创始人拉里・佩奇和谢尔盖・布林在 1998 年提出的谷歌搜索最核心的网页排序算法 PageRank 就是基于马尔可夫链定义的，而正是这个算法造就了谷歌在搜索引擎领域的霸主地位。

再如詹姆斯・汉密尔顿在 1989 年用马尔可夫链对高 GDP 增长速度时期与低 GDP 增长速度时期（也就是经济扩张与紧缩）的转换进行建模，帮助美国在经济萧条中对 GDP 的恢复情况进行预测。直到今天，马尔可夫链依然是经济学中预测一个国家 GDP 的重要方法之一。

3.6.2　马尔可夫链举例

我们再具体地探讨一下马尔可夫链的原理及其应用方法。

假设你居住在一个包含卫生间、卧室和厨房的一居室里，你统计了从一个房间到另一个房间的概率。例如你现在在卫生间，你有 75% 的概率留在卫生间，10% 的概率走到卧室，5% 的概率走到厨房。你统计了从每一个房间到另一个房间的转移概率，就形成了一个马尔可夫链，如图 3-32 所示。

图 3-32 中的箭头和连线旁边的数字表示从一个状态转移到另一个状态的概率。例如，从卧室到厨房的概率是 5%，从卧室到卫生间的概率也是

5%。我们可以通过大量的统计分析或者算法预测来完善马尔可夫链中的概率。最终你会发现，你要去哪一个房间与你最开始在哪个房间并没有关系，而只与你所处的上一个房间有关，这时就可以通过马尔可夫链来计算你的个人行为的长期趋势了。

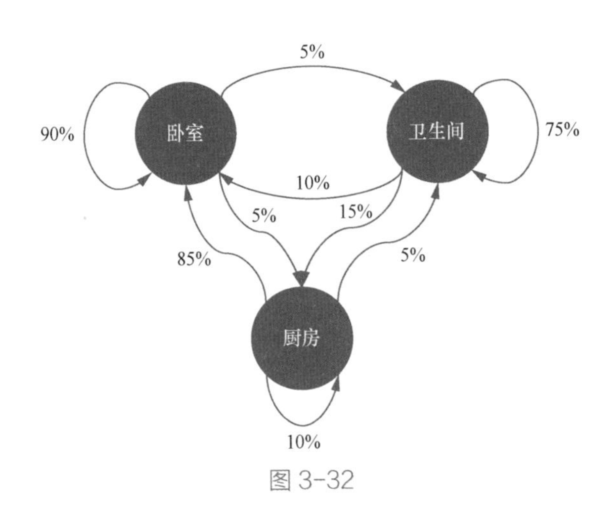

图 3-32

比如，假设我最初待在卧室、卫生间和厨房的概率分别是 70%、10% 和 20%，那么我可以预测自己移动三次后去每个房间的概率，如图 3-33 所示。这个图也叫“转移矩阵”，通过它，我就可以对自己在房间里的行为有一个规律性的判断。例如，根据前面的规律和初始概率，从图 3-33 所示的推算中可以发现，我在卫生间待的时间越来越长。

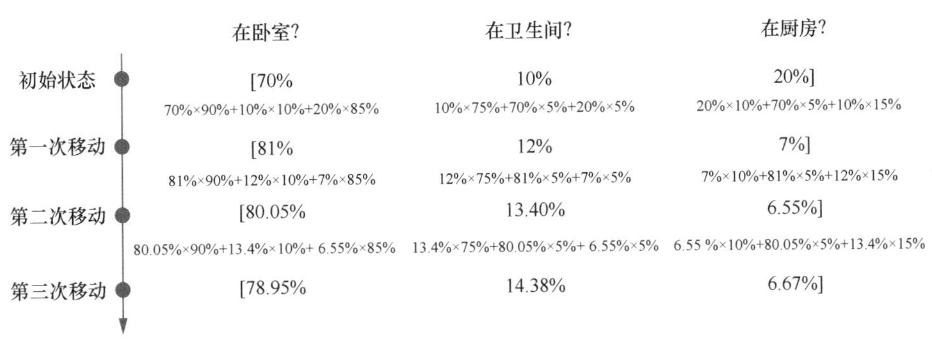

图 3-33

这时候，你可能会问：“预测这件事情没有什么实际意义啊？”那什么才更有实际意义呢？我们可以把上面的三个房间替换成股市的三个状态，分别是牛市、熊市和横盘，得到图 3-34。

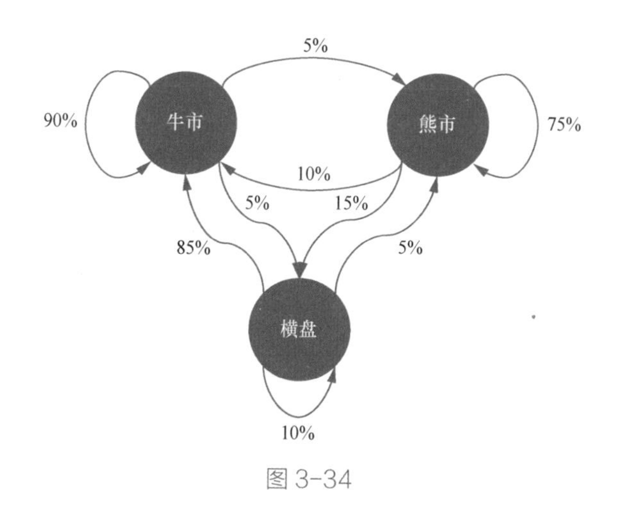

图 3-34

计算一下股市的“转移矩阵”，得到图 3-35。

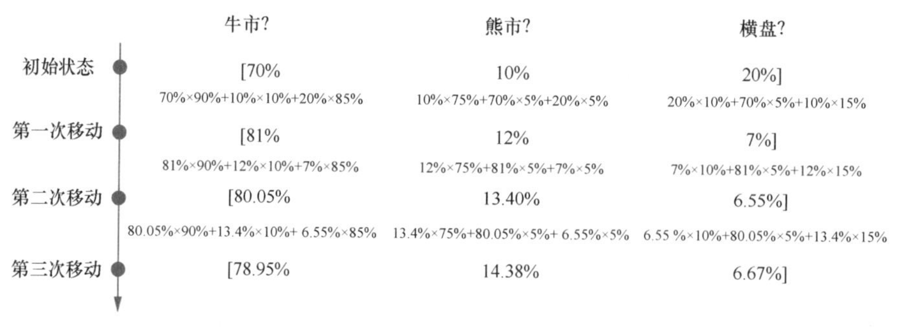

图 3-35

这时我们是不是就可以根据当前股市的状态，预测将来是熊市还是牛市了呢？在金融行业，这是马尔可夫链最典型的一个应用案例。只不过在股市里，每个状态转换的概率要复杂得多。于是，结合前面我们所讲的蒙特卡洛算法，就有了大名鼎鼎的**马尔可夫链蒙特卡洛（Markov Chain Monte Carlo，MCMC）算法**。

MCMC 算法由梅特罗波利斯于 1953 年在美国洛斯阿拉莫斯实验室提出，本质上是将马尔可夫链应用于蒙特卡洛算法的计算过程中。美国洛斯阿拉莫斯是当时少数几个拥有大规模计算机的城市，梅特罗波利斯利用这种计算优势，在蒙特卡洛算法的基础上引入马尔可夫链，用于模拟某种液体在汽化之后的平衡状态。

1984 年，斯图尔特·杰曼（Stuart Geman）和唐纳德·杰曼（Donald Geman）两兄弟对吉布斯采样进行了描述，形成了我们今天所熟悉的版本，这些算法在自动化交易和临床医学方面有很多应用，比如在测试数量趋于无穷时，MCMC 算法可以将病人症状与方剂药效持续配对，直至最后完全逼近出一个虚拟的人体模型作为状态观测器，并总结出按照输入输出关系模型反馈给药的规律。

在互联网领域，当需要做一些推荐时，也会用到马尔可夫链的一些算法。我们浏览购物网站时，无外乎就是浏览、购买、收藏商品。这些行为也可以转化为与上述移动房间类似的马尔可夫链形式，这样我们就可以根据用户每一个不同的行为状态来预测用户下一步可能会做什么，从而给用户提供行为指导，促进用户购买。

这也是你在淘宝上看到的“猜你喜欢”和首页推荐列表使用的一个核心算法。我们可以根据用户的“特征喜好状态转移矩阵”，得出用户可能在下个时刻的操作列表，然后把它做成推荐列表。最后对多个推荐列表进行其他算法的加权融合，得出最终的列表结果。

3.6.3 应用场景的展望

马尔可夫链的应用非常广泛，如天气预测、食品销售的预测、GDP 的涨幅预测、企业人员的变动预测等，都可以通过马尔可夫链来解决。当这些复杂系统的某些条件发生变化时，马尔可夫链就可以根据前面的转移矩阵预先推算未来最可能的状态，从而对政府和企业的决策产生重大影响。

在人工智能领域，Siri 中的自然语言识别就经常会用到马尔可夫链。因为我们所说内容的上一句和下一句、上一个词和下一个词，基本上也遵循马尔可夫链的规律。所以**我们会通过马尔可夫链来修正计算机识别的一些问题。**

比如使用马尔可夫链根据前一个单词识别出下一个单词，就比单独识别某个单词的准确率高得多。

再比如，在自动驾驶中识别前方路况时，到底是道路、天空还是学校？通常做法是使用颜色和项数据标记，但这时可能会存在各种各样复杂的变量和因素，如果不考虑上下文（即马尔可夫链），决策就会出现问题，例如在天空中识别出一段公路或者把前面的卡车当成天空。

在图像识别中，时间上相近的像素通常来自同一个物体，这时我们可以把前后时间相近、特征相邻的像素识别为相同物体，减少识别错误，避免在空旷的马路上错误停车，或者将卡车当作天空而发生碰撞。

也有人把马尔可夫链用于分析生物的 DNA 序列，还有人用马尔可夫链预测彩票，甚至用马尔可夫链作曲等。

总之，在与序列相关的反馈机制预测问题上，马尔可夫链对我们非常有帮助。不过，**马尔可夫链预测结果的好坏依赖于我们刚才提到的概率转移矩阵的准确性，而概率转移矩阵的准确性最后又依赖于算法估算方法的合理性**。因此马尔可夫链的预测结果的准确性，建立在前面我们提到的基础算法（回归、分类、聚类、关联等）预测概率的准确性上。

除了受到其他基础算法的限制，马尔可夫链本身也有局限性。马尔可夫链假设后一个状态只与前一个状态相关，而与更靠前的状态无关。这个假设在某些情况下是不太符合实际的。例如我购买某个品牌的衣服，发现质量特别差，可能未来买 100 次衣服我都不会考虑这个品牌了。所以**虽然马尔可夫链应用十分广泛，但是否要用马尔可夫链，还须结合具体业务场景来定**。

小结

本节主要介绍马尔可夫链，这是一种非常有名的有序状态相关算法，可以帮助我们从一系列事件中找到内部运行规律，从而预测未来。从 Google 搜索引擎到预测股市，从语音识别到自动驾驶，甚至自动作曲和作画、预测国家 GDP 的增长，都可以使用马尔可夫链。

日常工作和生活中也有很多“马尔可夫链”：你现在的状态其实很大程度上由你的上一个状态决定，没有人会一直失败，也没有人能幸运到一直成功。

真正的失败很多时候是个人遭遇失败后一蹶不振，陷入失败的状态而无法自拔。“没有迈不过去的坎”这句话从马尔可夫链的视角来看，那就是你现在的状态只与你上一个状态相关，与整体无关。所以吸取教训后，请调整心态，用现在去影响你的未来。

我特别喜欢电影《飘》的结尾中郝思嘉的那句台词，它完美诠释了“马尔可夫链”在生活哲学中的真谛：Tomorrow is another day。**你的未来只取决于你当下做了什么，而不是过去你曾经做过什么，毕竟“明天又是新的一天”**。

思考

你曾经遇到过哪些事情是只由你的上一个状态（而不是你过去所有的状态）来决定你的下一个状态的？最后你又是否收获了自己想要的结果？它能总结成一个马尔可夫链吗？欢迎你分享出来，让我们一起探讨。

3.7 | 协同过滤：你看到的短视频都是集体智慧的结晶

在实际算法的应用过程中，还存在一种通过集体智慧构成的复合算法，这种算法可以从大量人群的整体行为中找到规律，实现从个体上无法达到的算法效果。这种算法中最著名的一个就是协同过滤算法。

3.7.1 算法定义与使用场景

顾名思义，协同过滤是指用户可以齐心协力，通过不断地与算法互动，在多如牛毛的选择中过滤掉自己不感兴趣的选择，而保留自己感兴趣的选择。

协同过滤算法在 1992 年被施乐公司提出，并用于个性化推送的邮件系统。用户可以从几十种主题中选择 3 ～ 5 种自己感兴趣的主题，然后通过协同过滤算法，实现根据不同的主题来筛选人群发送邮件，最终达到个性化邮件的目的。

1994 年，协同过滤算法开始引入集体智慧的理念，也就是通过更多的人群和数据获取相关知识。它允许用户提交自己的行为和反馈，从而创造出一种比任何个人和组织都更强大的机制，自动给用户发送喜欢的文章。

基于这个思路，施乐公司推出了著名的 GroupLens 系统。在这个系统中，用户每读完一条新闻就会进行评分，系统会根据评分来确定这些新闻还可以推送给谁。其实施乐公司早在 1994 年就实现了“今日头条”的做法。

尽管当时协同过滤算法还没有那么精准，但这个系统完全颠覆了过去只能通过编辑人工规则推送文章的机制，它基于用户的每次反馈自动找到与该用户类似的人，再发送新闻邮件。GroupLens 系统大获成功之后，协同过滤算法迅速占领了推荐系统的市场。因为**推荐系统需要具备快速响应和高准确度两个特点（需要在用户打开网站几秒钟后就推荐其所感兴趣的内容或物品），而协同过滤算法正好满足了这两点要求，这也是该算法经久不衰的原因。**

使用协同过滤算法最著名的网站就是亚马逊网络书店，你选择一本书时，马上就会看到有关“浏览此商品的顾客也同时浏览”的推荐，如图 3-36 所示。

图 3-36

又比如我们逛 B 站，B 站会根据你的资料和类似的人浏览的视频，来帮助你找到可能感兴趣的视频。如果你喜欢二次元文化，看到的推荐大部分会是二次元视频；对于技术宅男，B 站推荐的就是各种技术类型的视频，如图 3-37 所示。

图 3-37

协同过滤算法的应用已从单一系统内的邮件过滤扩展到跨系统的新闻电影推荐，再到我们看到的短视频。虽然它们推荐的内容不同，但给我们的体验都是类似的：你总是能看到自己喜欢的产品、感兴趣的服务、喜欢的视频、想读的文章等。

3.7.2 协同过滤算法初探

协同过滤算法是如何了解你的爱好的？下面介绍三种十分常见的协同过滤，它们分别是**基于用户的协同过滤**（User-based Collaborative Filtering）、**基于物品的协同过滤**（Item-based Collaborative Filtering）和**基于模型的协同过滤**（Model-based Collaborative Filtering）。

1. 基于用户的协同过滤

基于用户的协同过滤就是基于用户之间的相似性，给你推荐你喜欢的内容，而过滤掉你可能不喜欢的。

假设你喜欢《海贼王》，与你相似度很高的一个用户喜欢《火影忍者》。

应该把《火影忍者》推荐给你吗？系统还不能确定。因为只有一个与你类似的人喜欢《火影忍者》，不代表你也喜欢《火影忍者》。但如果与你相似的 N 个人都喜欢《火影忍者》，使用协同过滤算法的系统就会把《火影忍者》推荐给你们。就像图 3-38，系统首先得找到与你有类似喜好的用户，然后根据你喜欢的内容和这类用户都喜欢的内容来给你做推荐。

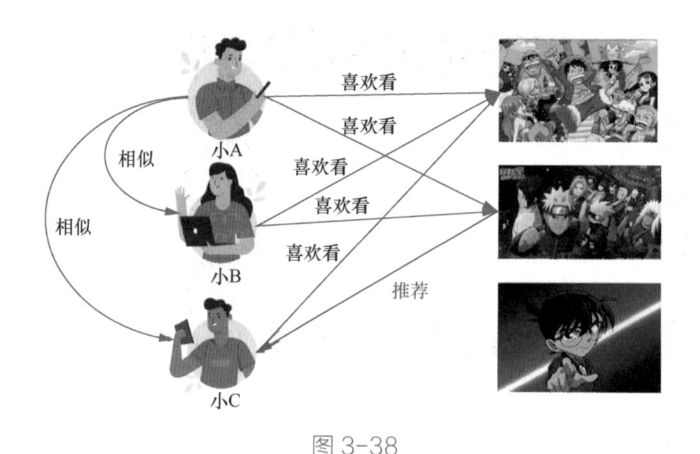

图 3-38

如图 3-38 所示，小 A、小 B 和小 C 都喜欢《海贼王》，根据基于用户的协同过滤算法，可以判断小 A、小 B 和小 C 的相似距离小于阈值；而小 A 和小 B 都喜欢《火影忍者》，系统便把《火影忍者》也推荐给小 C，因为系统认为小 C 也喜欢《火影忍者》。

在实际使用中为了提高效率，基于用户的协同过滤还会用到一些倒排算法、数据特征选取算法（例如选取冷门商品而非热门商品，大家都买高考习题集锦并不一定代表着用户相关性，而喜欢看“宅舞”的用户相似度应该很高）、特征权重算法等。

基于用户的协同过滤的优点如下。

- 基于用户的协同过滤可以找到用户之间的相似程度，所以能够反映一些物品在小群体范围内的热门程度。
- 能够给用户带来一些惊喜。因为是根据类似用户的喜好做的推荐，用户会发现自己对一些未知事物也是感兴趣的。

- 对一些新的有意思的商品比较友好。一旦有新的商品被某个群体的用户购买了，马上就可以将它们推荐给这个群体的其他用户。

基于用户的协同过滤的缺点如下。

- 如果你是一个新用户，你可能无法马上找到与你类似的人，所以无法马上获得准确的推荐。
- 系统推荐虽然会给你带来惊喜，但它们不太具有解释性；系统不知道推荐给你的是什么，只知道你的朋友都在用。
- 对于用户群比较大的公司，计算用户之间的相似度会耗费大量计算资源。

2. 基于物品的协同过滤

基于物品的协同过滤就是根据用户群对物品的购买或者评价，发现物品之间的相似程度，然后根据具体某个用户历史使用的类似物品给该用户推荐物品。举个例子。华为手机和华为手机壳经常被一起购买，这两个物品之间就存在比较强的相关性。那么当一个用户新购买一部华为手机时，我们就会给他推荐一个华为手机壳。整体的推荐逻辑和算法如图 3-39 所示。

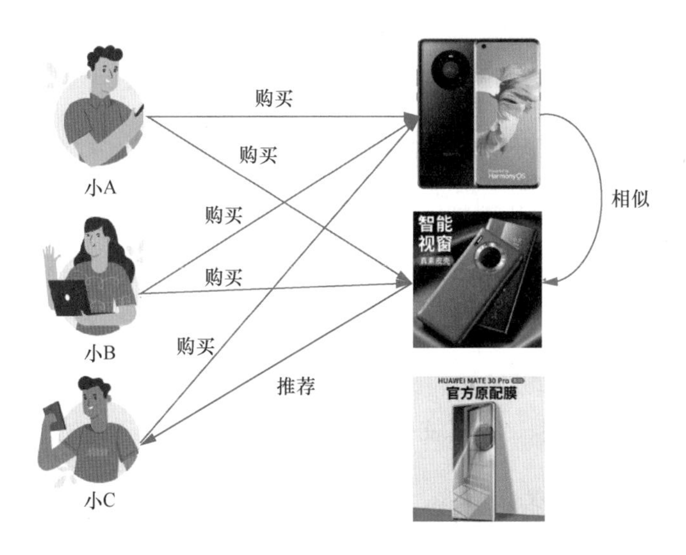

图 3-39

在这个例子中，小 A 和小 B 在购买华为手机时都购买了华为手机壳，而根据基于物品的协同过滤算法，可以判断出华为手机和华为手机壳的相似距离小于阈值。那么当小 C 购买华为手机时，系统就会把华为手机壳也推荐给小 C，因为系统认为小 C 也可能购买华为手机壳。

基于物品的协同过滤需要计算物品之间的相似程度，并且也要用到一些倒排算法、物品特征选取算法以及噪声过滤算法。基于物品的协同过滤的优点如下。

- 推荐更加针对用户自身，反映了每个用户自己的决策，系统根据用户购买的一个商品来做推荐。
- 实时性比较强，用户每次点赞和购买商品都可以对其他有意购买此商品的用户起到推荐作用。
- 推荐的结果很好解释，因为它们都是类似的或关联度很高的商品，推荐效果显而易见。

基于物品的协同过滤的缺点如下。

- 对新加入的商品反馈速度比较慢，因为没有人购买和互动，所以可能会有一些很好的商品没有被很好地推荐；进而又因为推荐的人少，它们被推荐给用户的可能性更低，出现“产品死角”。
- 不会给用户带来惊喜。大部分物品的关联度比较高，惊喜程度不高。
- 对于商品或物品更新比较快的领域不适用，比如新闻。因为等到你推荐给别人看，可能这个新闻就过时了。

在具体生产环节，一般对小型推荐系统来说，基于物品的协同过滤是主流。因为基于物品的协同过滤算法的计算量比较小，上手比较快。随着用户变得更多，用户的期待也更高了，系统一般会过渡到采用基于用户的协同过滤算法。

3. 基于模型的协同过滤

不一定非要通过协同过滤算法来计算用户之间的距离，完全可以利用前面所学的算法，先做出模型，再进行相关的协同过滤。

例如，用关联规则算法做物品之间的相似度评估，然后根据置信度、支持度、提升度或者其他评分规则将物品推荐给用户。也可以利用聚类算法找到用户之间的关联程度，计算用户之间的距离，然后把相似度比较高的用户所购买的商品推荐给同样聚类比较清楚的用户。类似地，还可以利用分类算法和回归算法，比如用神经网络、图模型、隐语义模型等做协同过滤。

所以协同过滤是一种利用“集体智慧”的复合算法思想，你可以用前面介绍的类似算法，找到物品以及用户之间的关联来做协同过滤。

3.7.3 协同过滤算法的应用与缺陷

协同过滤算法已经被应用到互联网的方方面面，基于协同过滤算法做推荐（见图 3-40），阿里巴巴平台取得了 20% 的销售增长；YouTube 上 70% 的用户时长都是协同过滤算法贡献的；Netflix 上 75% 的播放量也来自推荐系统，可以帮助 Netflix 每年节省 10 亿美元的广告费，可见协同过滤算法有多么强大！

图 3-40

同样，你在网易云音乐听到的私人 FM 也是通过协同过滤算法实现的，如图 3-41 所示，系统会给你推荐不认识的歌手，但这位歌手的音乐你也可能喜欢。

图 3-41

不过，协同过滤算法并不是万能的。协同过滤算法基于集体智慧给你带来新鲜的推荐和你感兴趣的内容，因此它对具体某一个体的实际需求并没有做太多的考量。

例如，你在电商网站上浏览并购买了一部手机，但是接下来几周，电商网站还是会持续给你推荐手机，这是因为协同过滤算法不是针对你一个人进行的推荐。同时，因为基于集体智慧，所以对于一些很冷门的商品，最初的用户流量是需要引导的，否则会导致一些很不错的商品一直放在角落里无人问津。协同过滤算法对一些优秀但冷门的产品不是特别友好。

同样因为协同过滤算法只考虑物品和用户之间的关系，而没有考虑用户所处的场景，所以推荐的内容可能不太有效。例如在上班时间给你推荐一些餐厅；你带着孩子出去游玩，开车的路上不停给你推荐一些课程，这其实都是因为只考虑了用户和物品之间的关系，没有考虑到场景。这就需要数据分析师、算法科学家结合具体的业务场景和数据，对算法进行特殊的优化，以提高协同过滤算法的适用性。

协同过滤算法最大的弊端在于，**它像一个溺爱的母亲，总是会给你想要的东西，它并没有价值观，你会被“惯”得越来越没有节制，把时间全都浪费在各种各样的短视频、小文章，以及你钟爱的小圈子上，而忽视了更广泛的学习和成长。**

对于这方面的缺陷，许多科学家正在尝试通过深度学习方法来模拟价值观和人类思考，以期对协同过滤算法进行改进。

小结

本节主要讲了基于集体智慧的协同过滤算法。它最大的价值就是颠覆了过去我们常见的一个规则——帕累托法则（即二八法则）：20% 的大品牌占据 80% 的市场，而小品牌只占据剩下 20% 的市场。

协同过滤算法让每个人的品牌偏好得到充分传播，让长尾品牌“聚沙成塔”。它帮助与主流有所不同的一些小众品牌，逐渐让喜好它们的人群接触到。例如，抖音、今日头条等平台将一些小众但有特色的视频和新闻推送给了最需要它们的人，这打破了我们过去看到的以主流流量为主导的新闻体系，将长尾效应发挥到了极致，改变了原来市场上的规则。这就是抖音和今日头条在新浪、网易、搜狐等巨头垄断的情况下还可以发展壮大的原因。

协同过滤算法也给我们带来很多启示。首先，你的心态应该更加开放，不要盲目追求主流，毕竟主流和大众的不一定是最适合自己的，个人圈子中应该有个性化的元素。

其次，你的价值观也应该更加开放，而不能沉浸在自己的小圈子里。因为协同过滤算法给你的都是你喜欢的，你应该以开放的心态去接受和尝试各种新的、主流或非主流的事物，并根据自己的经验做判断。

最后，请不要沉浸在某些短视频 App 或网站根据你的兴趣推荐的碎片化文章里。因为这给我们带来的不是推荐，而是束缚、固化，让我们成为“井底之蛙”。我们需要主导自己的人生，而不是被算法主导。

思考

协同过滤算法是一个“人人为我，我为人人”的集体智慧算法，在你的生活中，你观察到哪些事情和协同过滤算法比较类似吗？欢迎你分享出来，让我们一起提高！

3.8 | 人工智能算法初探：阿尔法狗是怎样的一只“狗”

前面讲了各种各样的算法，包括分类算法、聚类算法、关联规则算法、蒙特卡洛算法、协同过滤算法和马尔可夫链等，本节将讨论到目前为止人工智能领域的终极算法——深度学习算法。

提到人工智能算法，人们常常联想到深度学习算法，但从严格意义上讲，人工智能算法涵盖了前面我们所讲的所有算法。也就是说，前面探讨的所有算法都是人工智能算法。人工智能算法、机器学习算法和深度学习算法之间的关系如图 3-42 所示。

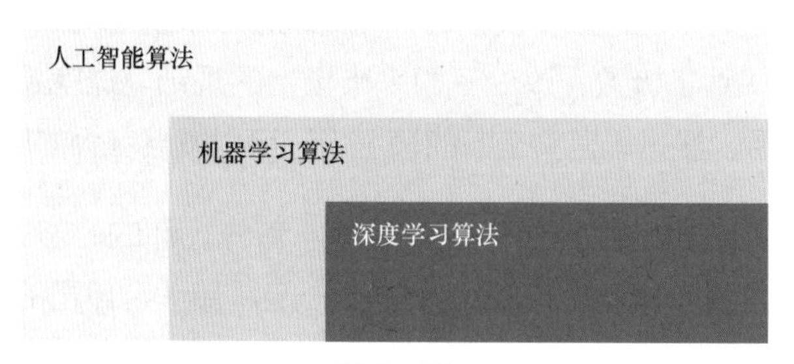

图 3-42

3.8.1 人工智能算法历史与深度学习算法

谈及人工智能，人类对这种智慧的追求已有700多年的历史了。1308年，加特罗尼亚诗人、神学家雷蒙·卢尔在《最终的综合艺术》中提到，要用机械的方法从一系列概念组合中创造新的知识，这是有确切记载的类似人工智能思想的最早记录。

1726年，英国小说家乔纳森·斯威夫特在《格列佛游记》中提到一台叫作Engine的机器，这台机器可以执行实际而机械的操作，改善人的思维和认知。只要适当支付点学费，再付出一点体力，即便很普通的人，也可以写出关于哲学、诗歌、政治、法律、数学和神学的书籍。

1914年，西班牙工程师莱昂纳多·托里斯克维多展示了世界上第一台可以自动下国际象棋的机器。1921年，捷克作家卡雷尔·恰佩克在他的作品*Rossum's Universal Robots*中第一次使用了Robot这个词，机器人开始进入人类的视野。

由此可见，人类一直在寻求一套能够替代人类自身的机制。

1950年，图灵发表了论文“Computing Machinery and Intelligence”，其中提到了仿真游戏，这就是广为人知的图灵测试。图灵测试是指如果有一台机器能够与人类展开对话，且不能被辨别出来是机器，则称这台机器具有智能。

1956年，在由马文·明斯基、约翰·麦卡锡和资深科学家克劳德·香农、纳撒尼尔·罗切斯特组织的达特茅斯会议上，人工智能被正式提出，自此AI（Artificial Intelligence，人工智能）的名称和任务得以确定。

在此后的几十年里，人工智能得到了飞速发展。1970年，日本早稻田大学开发了一个可以控制肢体视觉和绘画系统的机器人WABOT-1，如图3-43的左图所示。

1979年，在没有人干预的情况下，美国斯坦福大学的Stanford Cart可以在房间内规避障碍物自动行驶，这相当于当时的无人驾驶系统。同年，日本早稻田大学发明了WABOT-2，它可以和人做简单沟通，阅读乐谱，甚至可以简单地演奏普通电子琴（见图3-43的右图）。

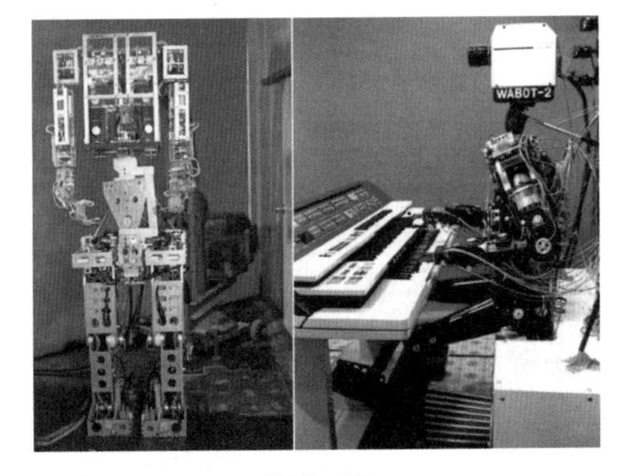

图3-43

1997 年，IBM 公司研发的“深蓝”击败了人类象棋冠军卡斯帕罗夫。2011 年，IBM 研发的“沃森”在《危险边缘》节目中击败了两名前人类冠军。同年，苹果公司发布了 Siri，它可以给用户导航、播报天气，还可以和用户进行简单的聊天。

2014 年 6 月 8 日，图灵测试终于被计算机“尤金·古斯特曼”通过。现场有超过 30% 的人认为它是一个 13 岁的男孩。

2016 年，谷歌 Deep Mind 团队研发的阿尔法狗（AlphaGo）击败了人类围棋冠军李世石。同年年底，阿尔法狗以“master”为名横扫了各大围棋网站，取得 60 局连胜。与此同时，无人驾驶汽车纷纷上路。以美国加州为例，政府开始发放无人驾驶汽车牌照，允许具备一定技术能力的无人驾驶汽车厂商将无人驾驶汽车投入道路使用。700 多年来，人类在追寻人工智能的道路上从未停歇，如图 3-44 所示。

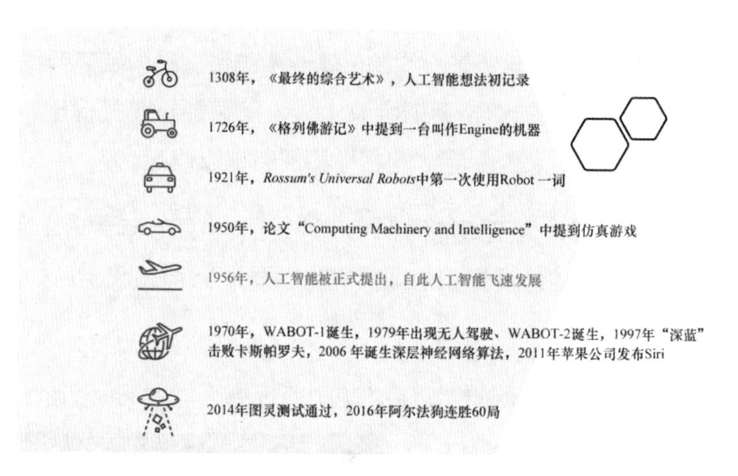

图 3-44

近 10 年来出现可以打败人类对手的算法，得益于 2006 年加拿大多伦多大学教授、机器学习领域泰斗、神经网络之父杰弗里·辛顿（Geoffrey Hinton）和他的学生拉斯·萨拉克赫迪诺弗（Ruslan Salakhutdinov）在顶级学术刊物《科学》上发表的一篇文章，这篇文章提出了深层神经网络算法，并在 2012 年通过 CNN 的应用（见 3.8.2 节）碾压了过去数年的分类算法等机器学习算法，AlexNet 取得第一名，掀起了人工智能的新一轮热潮。

3.8.2 CNN 和 RNN

简单来说，深度学习算法就是模拟人的脑神经网络（见图 3-45）来制造一个高度接近人类的分类器。它可以识别我们所说的话，还可以识别视频中的图像内容，进而应对各种各样的情况。

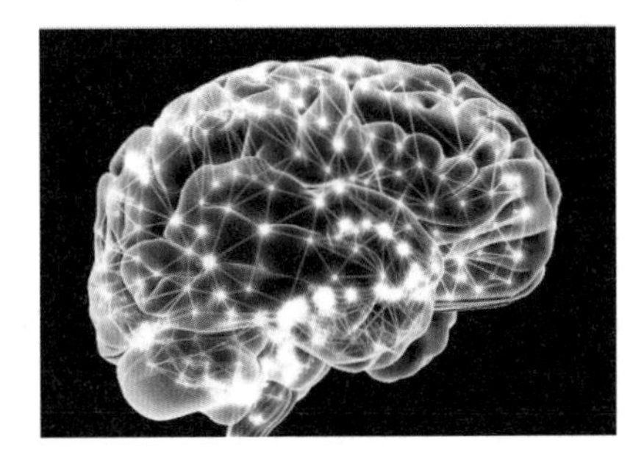
图 3-45

现在最流行的两个深度学习算法是 RNN（Recurrent Neural Network，循环神经网络）和 CNN（Convolutional Neural Network，卷积神经网络），它们都能模拟人脑中多个神经元的多层次连接方式，并通过大量的反馈和计算来实现预期效果。

我们先讨论 RNN。还记得前面讲过一个能有效处理序列数据的算法吗？那就是马尔可夫链。但马尔可夫链只能处理上一个状态到当前状态的转换，对于影响深远的事件，它就无能为力了。而 RNN 可以对更长的序列数据进行模拟和决策，例如识别文章的内容或者识别股票价格的走势。

RNN 之所以能够处理这种序列数据，是因为其中有一个“反馈环”，它能够模拟人脑，使得前面的输入也能影响到后面的输出，相当于在模拟人脑的记忆功能。RNN 的整体模型结构如图 3-46 所示，是一个带有循环的神经网络。

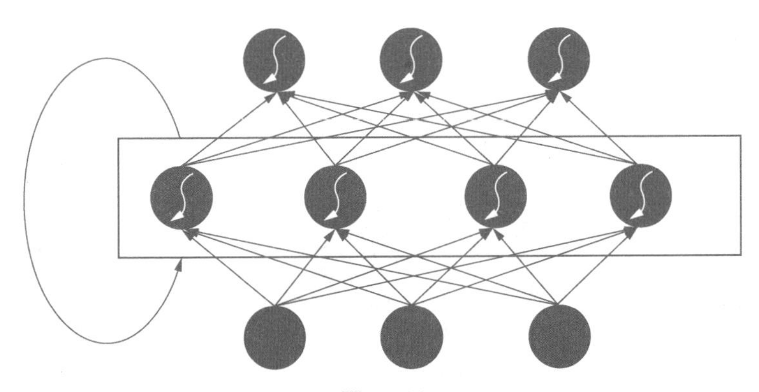
图 3-46

当然 RNN 的缺点也很明显，RNN 就像一个记性不好的人，只对最近发生的事情印象深刻，而早期的数据影响很小。这样哪怕早期有一些很重要的教训和知识，RNN 也记不住。于是很快就出现了一些 RNN 的变种来弥补它的这个缺点，如 LSTM（Long Short Term Memory Network，长短期记忆网络）和 GRU（Gate Recurrent Unit，门控循环单元）等。RNN 被广泛应用于语音识别和机器翻译，如 Siri 就是利用 RNN 的语音识别和对话系统进行训练的。

与 RNN 不同，另一种深度学习算法是 CNN。CNN 能够分层次地提取特征，从而能够将大量的数据（比如大量图片和视频）有效地抽象成较小的数据量，而不影响最后的训练结果。这样既能够保留图片和视频原来的特征，也不会在识别时占用太多的计算资源。

CNN 模拟了人眼和人脑识别事物的过程。我们所看到的世界其实是由无数像素组成的，但我们的眼睛不会识别单个像素，只能看到物体的边界，然后我们的大脑会自觉地把它们组合成一些部件，并把这些部件识别成人脸或物体。最后对人脸或物体调取记忆，完成人或物的识别。

CNN 的抽象逻辑如图 3-47 所示。

- 卷积层神经网络，主要作用是保留图片的特征。
- 池化层神经网络，主要作用是对数据进行降维，这可以有效避免过拟合。
- 全连接层神经网络，主要作用是根据不同任务输出我们想要的结果。

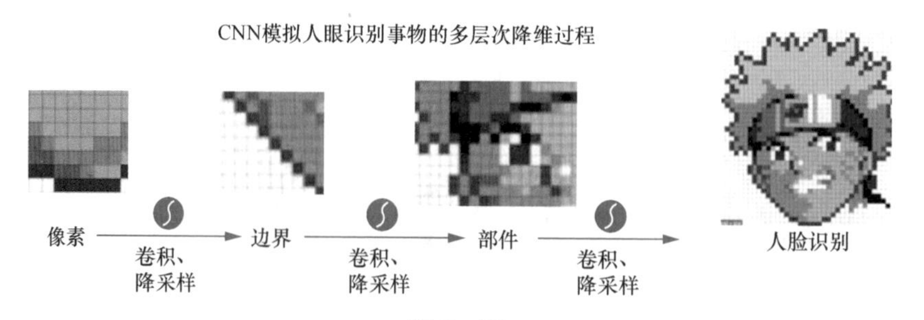

图 3-47

CNN 经常被用于图片分类、视频检索、目标分割与识别等，如图 3-48 所示。目前流行的抖音上的美颜功能、让你变得年轻的组件、合成明星脸等，使用的都是基于 CNN 的算法。我们在《黑客帝国》中看到的精彩对决场景，其实也是使用基于 CNN 的算法进行目标切割的。

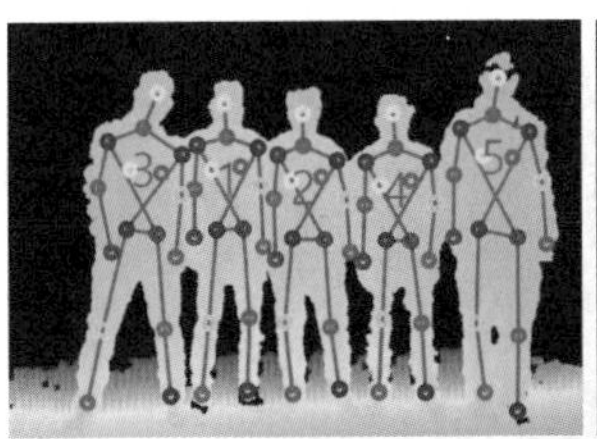

图 3-48

3.8.3 深度学习算法使用举例——AlphaGo

我们介绍了一些基本的深度学习算法和概念，但当我们真的要将深度学习算法应用于构建人工智能系统时，过程非常复杂，且不是单一算法就可以满足的。

下面以 AlphaGo（阿尔法狗）为例，带你看看它是如何用深度学习算法打败人类围棋大师的。

首先需要理解为什么计算机下围棋非常困难。计算机在和人类棋手对弈时，基本上是通过探索每一种可能性，最后判断哪种走法赢的概率最大来下棋的。你可以参考图 3-49 所示的表格，你会发现围棋是最复杂的，需要进行 10^{360} 次

游戏	状态空间复杂度	游戏树复杂度
井字棋	10^4	10^5
国际跳棋	10^{21}	10^{31}
国际象棋	10^{46}	10^{123}
中国象棋	10^{48}	10^{150}
五子棋	10^{105}	10^{70}
围棋	10^{172}	10^{360}

图 3-49

计算才能够知道下一步应该怎么走，这对当前所有计算机来说，基本不太可能实现（算力达不到），更何况围棋比赛还有时间限制。

如何构造一个人工智能算法来打败人类棋手呢？其实任何一个算法在面对实际问题时，都有三步要走。

第 1 步，把问题抽象成计算机可以理解的问题。计算机看不懂围棋，它只能看懂图片，不知道什么是输赢，更不知道怎么计算每一步的优劣。所以第 1 步需要把现实问题抽象成计算机可以看懂的问题。

第 2 步，设计并选择整体的算法组合和方案，这一点正是 AlphaGo 的过人之处。

第 3 步，不断训练和调优，最终经过不断打磨，让人工智能算法超过人类棋手。

具体来说，第 1 步，我们要让计算机理解围棋。围棋的棋盘是一个 19×19 的网格，一共有 361 个交叉点，每个交叉点上可以有各种各样的黑子和白子，如图 3-50 所示。围棋里有气和眼，在某种情况下可以提子，在某种情况下有禁着点。

以上是我们人类对于围棋的理解，那对计算机来说，它要怎样理解这个围棋盘呢？

答案是让计算机把每个点的数据都变成二维码，从棋子的颜色到围棋中的气、轮次等，一共用 12 个二维码来代表某时某刻这个围棋棋盘的状态。

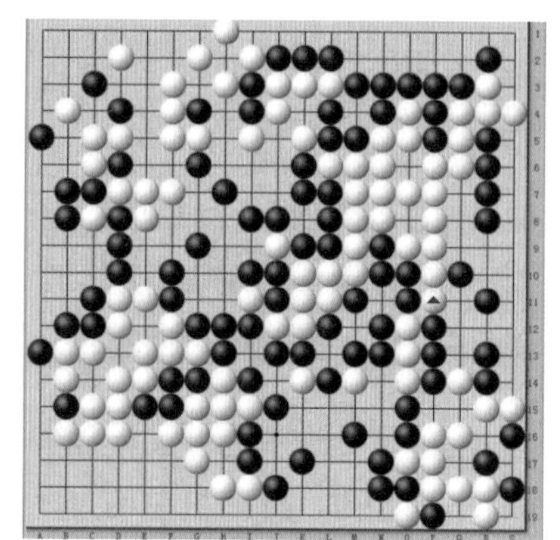

图 3-50

第 2 步，有了这些数据后，怎么构造算法训练模型呢？AlphaGo 非常优秀，它不仅利用我们前面讲过的 CNN 构造了快速感知“脑”、深度模仿“脑”、自学成长“脑”以及全局分析“脑”这 4 个大脑，还在此基础上使用蒙特卡洛树来优化整体的下棋策略。

这里特别有意思的是，AlphaGo 开创了自学成长“脑”，它就像武侠小说《射雕英雄传》中的周伯通，可以左右手互搏，自己与自己下棋。所以，AlphaGo 在与人类棋手对弈后，能够不断复盘，24 小时不停地提高自己，详见附录 G。

第 3 步，与所有人工智能算法一样，AlphaGo 就像一个小孩子，需要不断训练。于是 AlphaGo 团队的科学家们选择了网络对战，先后在 KGS、Crazy Stone、Zen 等网络平台上找高手对战，不停地学习和迭代模型。在这几个平台上都稳居第一后，AlphaGo 开始线下挑战人类围棋冠军，于是就有了 AlphaGo 与李世石对决的成名之战。

可见当我们遇到类似围棋这种非常复杂的博弈类问题时，很难用单一算法来解决。我们会做一个算法系统，通过发挥每一个不同算法的优势，最终得到我们想要的答案。所以 AlphaGo 的最终形态是由 4 个深度学习算法的大脑，配合蒙特卡洛树搜索算法共同组成的。

3.8.4 深度学习算法最新案例与未来

深度学习算法不仅可以帮助我们构建一个能够打败人类对手的围棋算法模型，还可以做很多不可思议的事情。

- 模拟人类玩《王者荣耀》（见图 3-51）。

图 3-51

- 帮助我们实现自动驾驶和识别（见图 3-52）。

图 3-52

- 模仿人类画水墨画，几乎可以以假乱真（见图 3-53）。

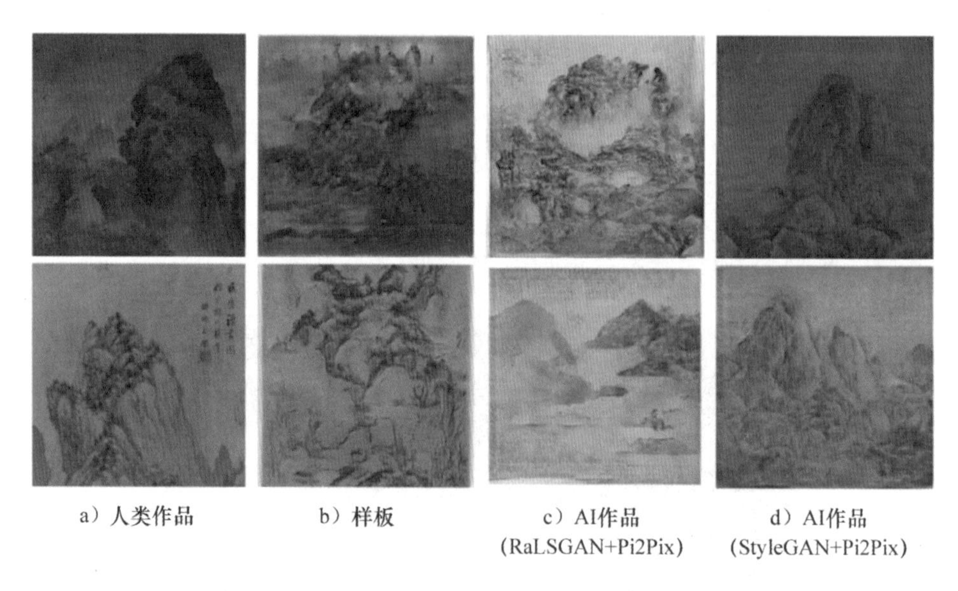

图 3-53

- 帮助人类探索生命的根基，比如解析细胞内蛋白质结构的变化，如图3-54所示，从而最终治愈所有疾病，也许将来还可以让人永葆青春。

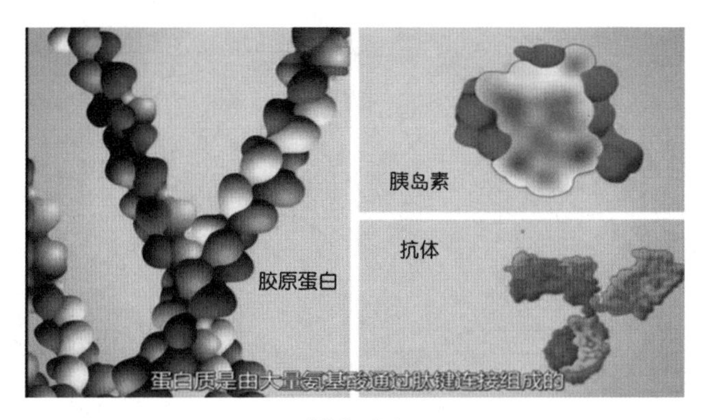

图 3-54

小结

在人工智能算法的世界里，计算机正在以其强大的计算能力不断模拟和接近人类的判断，甚至在某些有规则的场景里，计算机可以完全超越人类。

随着计算机计算能力越来越强，人类 700 多年来的幻想正逐步变成现实。深度学习算法在我们所接触的各个领域发挥着颠覆性作用，如果你的工作还是基于规则的重复性劳动，没有丝毫创新，那么将来很有可能会被某个人工智能算法替代。

尽管人工智能算法可以在很多有规则的竞争中超过人类，甚至现在很多人十分悲观，担心总有一天人工智能会像电影中那样奴役人类，但我并不认同。

人工智能算法是有监督学习算法，无论通过什么样的方式模拟，机器都无法通过一个有规则的算法适配当今无规则的现实世界，更无法模拟人类的情感、灵感和创造力。所以我们不要“机械”地活着，要往生活中多注入一些热爱和创新。数据给了你一双看透本质的眼睛，算法则让你看清数据背后的规律。

思考

在你的生活中，还有哪些现象证明人工智能算法可以打败人类？你认为它打败人类的优势是什么？欢迎你分享出来，让我们共同提高！

第4章 有效地用数据说话

数据从哪里获取？如何将问题变成我们所要分析的数据方向？有了数据方向之后，如何验证分析结果是否正确？在理清数据分析思路时，有没有"模板"和"捷径"？以上问题都可以在本章找到答案。本章列举了一些公开的第三方数据，同时也给出了一系列分析模板和分析流程，以便读者针对实际问题快速开启自己的"数据分析之旅"。

4.1 | 确定问题：与利益无关的问题都不值得做数据分析

前面介绍了数据分析的基础概念和算法，这类似于西医中的检测和器械部分，紧接着来到“如何用数据说话”，我将试着用比较简单的逻辑给你讲清楚如何对一个事物进行系统的数据分析，类比我们之前提及的中医部分。

学习了数据分析的基础概念和算法后，你可能觉得自己掌握了很多“武器”。但这时就会出现一个问题：我们已经掌握了最先进的“人工智能冲锋枪”，但是在企业数据这个大森林里，我们究竟应该向哪里开枪？具体怎样狩猎呢？在本节，我们就先讲讲到底应该选择哪些问题进行数据分析。

4.1.1 如何确保数据分析有价值

观点先行。我的观点很明确：**与利益无关的问题都不值得做数据分析。**我们经常看到很多数据分析报告，其中不少提供的只是一些无关紧要的结论。这样的报告除了博人眼球，并不能给企业和个人带来实际的业务价值。

那么哪些方向可以给企业和个人带来业务价值呢？不外乎两个：一个是带来更多的收入，另一个是节约成本。对一个企业来讲，就需要客户和公司两手抓。这样组合后，就出现了图 4-1 所示的四个象限，你可以从中看到最常见的一些企业数据分析方向。

你可以这样理解，不在这些象限内的数据问题，其实都可以忽略，因为它们不是公司主干线上所要解决的问题。

从图 4-1 中可以发现，如果想要实现业绩增长，在客户层面就要做用户洞察、用户推荐和用户运营；在公司层面则要基于数据分析来做销售策略、渠道策略、产品策略、复购与增购策略，以及投资策略等。

从成本控制的角度，在客户层面，我们可以降低获客成本、想办法避免客户流失、识别客户欺诈；在公司层面，我们可以提高企业效率，通过风险分析降低整体风险以及做财务分析。当然这些话题都有子话题，我把子话题也列在了图 4-1 中，你要是感兴趣可以进一步研究。

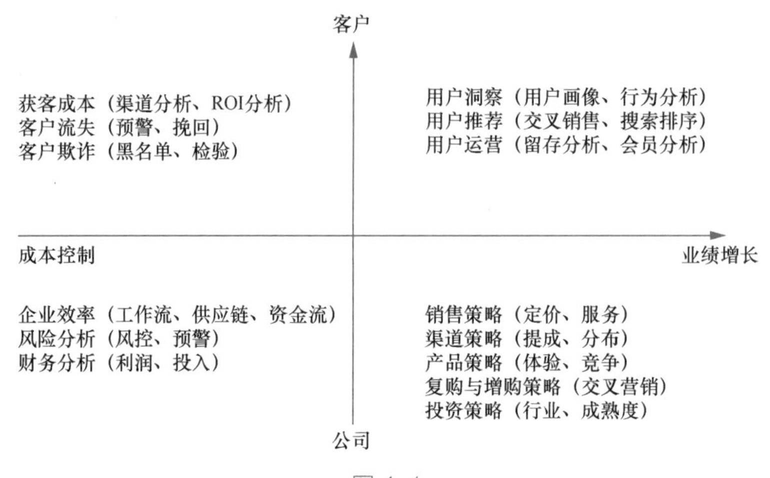

图 4-1

对数据极客（数据极客是数据分析行业的个人职业发展方向之一，如果你想进一步了解，可以参考附录 H）来说，针对一个具体问题，正确的步骤是确定问题、探索数据、总结讨论和实践探索，并迭代这些步骤。这个过程旨在将注意力逐渐收敛，聚焦到关键问题上，而且不是单向的，后面在执行这些步骤时，可能还会反复回到上一个步骤进行问题优化或数据补充，如图 4-2 所示。

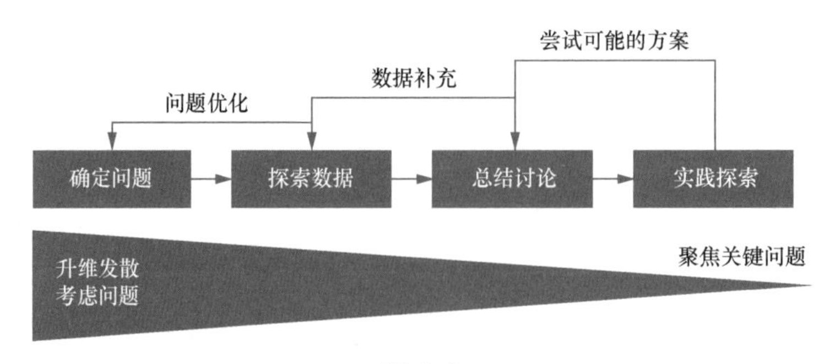

图 4-2

在工作和生活中，领导或家人遇到问题时，往往就一句话：“现在 ××× 情况不太好，你给我们分析总结一下问题出在哪里。”这种问法只给了一个大致方向，没有具体任务。这时你会觉得无从下手，如何快速梳理出需要分析的具体问题呢？我推荐一个十分简单的两步法。

第一步，对理想状况与现状进行对比。这个做法有点咨询的味道，在找到问题的关键之前你需要先知道需求方，也就是领导或家人的真正想法。他的计划是什么？你可以制作如图 4-3 所示的一个表格，列出现状和理想状况。

现状	理想状况
运营获客效率低，开销占成本一半	提高运营获客效率，将开销降低50%
房屋居住面积小	每个人都有自己的房间，要有活动空间
老婆说你工资太低	老婆要你工资翻倍

图 4-3

这里需要注意，对于提出来的问题，我们不能只关注问题本身，还要留意这些问题之外的其他问题，你可以从以下 3 个角度来扩展思维。

- 当前值是理想值的多少？
- 如果想要理想值提高 10%，你可以从哪些方面着手？
- 如果想要理想值提高 100 倍，你可以从哪些方面着手？

在想到新的问题之后，你就可以重新定义问题了。你可以进行更深入的访谈，完善现状和理想状况列表，比如图 4-3 所示的表格在被扩展之后，就变成了如图 4-4 所示的表格。

现状	理想状况
运营获客效率低，广告投放与人力开销占成本一半	形成自动化获客体系，提高运营获客效率，长期获客成本逐年降低
购买的房屋居住面积小	家人工作通勤半小时以内，具有书房、儿童房、起居室、客厅、双卫
老婆说你工资太低	生活有闲，工作有钱，自给自足

图 4-4

完善之后，整体感觉还是只看到了一些大的方向，我们现在如何落地到具体问题上呢？这时候就要进行第二步了，那就是 6W2H 法。

6W2H 法可以帮助我们拓展思考的范围，让我们有逻辑地梳理各种基本问题。

- Who：指的是涉及这件事情的人、组织职务等，一般会涉及决策者、行动者和客户等。
- What：列出与我们所讨论问题相关的这个方向的整体事实或架构，这些问题和哪些因素有关？条件是什么？重点是什么？与什么有关？
- Whom：紧接着列出这个目标是针对谁制定的？工作对象是谁？关键干系人都有谁？谁会受益？
- When：明确实施的时间周期，预计何时能完成？需要几天才合理？
- Where：确认渠道、地点、周边环境，以及资源位置。
- Why：列出可能的原因，以及一些前提条件或意图。
- How：思考一下现在的问题，以及未来有可能使用哪些手段、方法来提高和改进这些问题。
- How much：确认最后要花费的时间、人力和费用等。

4.1.2 具体场景

下面进入一个具体的假设场景中，看看一个简单的数据分析过程是如何进行的。

假设你现在供职于一家做销售工具的公司，老板要求你对公司目前的运营投入进行数据分析，应该如何着手呢？

大多数人在遇到这样的问题时，首先会想到收集过去的运营数据，再用柱状图和折线图对比一下每年的增长情况，最后根据不同的产品和用户群进行分类分析。

但这样做并不正确，你做了这些分析之后，经常会陷入一种困境，就是接下来应该怎么做。这就像我们面临的买房问题一样：你可以拿到各种数据，却不知道如何决策。

我们之所以会陷入这种困境中，就是因为我们只看到了一些代表结果的数据，而没有具体分析问题。销售额、利润率这些数据很容易收集，也容易得到我们的关注，但是紧盯着这些数据进行分析，你的效率会非常低下，几乎无法改进结果或解决问题。

所以，数据驱动并非只是利用“数据”做驱动，而是要用数据分析思维来驱动。首先确定分析的问题，再采集数据。你可以利用前面介绍的两步法进行迭代。通过与老板进行访谈，你发现实际问题是运营获客效率低，开销占成本的一半，老板期待的是提高运营获客效率，将开销降低 50%。

这只是一个大致方向，将开销降低 50% 并不是最终目标。我们可以跳出这个框架，考虑一下理想状态下的目标是什么。这时你可以和老板一起进行“头脑风暴”，明确未来的目标：形成自动化获客体系、提高运营获客效率、长期获客成本逐年降低。这些目标虽然看上去宏大，但即使短期内无法达成，也不会在整体方向上犯错，且避免陷入短视的陷阱。

有了目标，我们再进行第二步：用 6W2H 法拆解。整体上运营获客效率低，其实涉及的部门很多，站在老板的角度看问题，可以得到图 4-5。

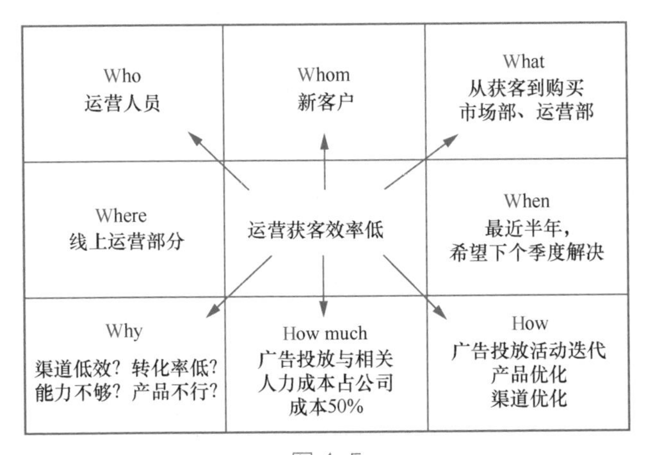

图 4-5

然后带着老板的设想到各个相关部门做访谈，细化问题。以市场部为例，进一步拆分问题如下。

- Who：市场部。
- Whom：新客户。
- When：自公司成立以来。
- What：购买大量关键字的费用很高。
- How much：费用为每月 100 万元。
- Where：搜索引擎和抖音。
- Why：关键字转化率无法获得，没有数据支撑。
- How：希望拉通前后台数据，评估数据。

类似地，我们也可以走访运营部、电销部和产品部，还可以访谈部分客户，可能有些数据情况还不清楚，但没有关系，我们可以在第二步收集完数据后再设计具体目标，现在我们先列出具体方向。

这时可以用一个叫作鱼骨图的新工具来梳理整体思路，如图 4-6 所示。

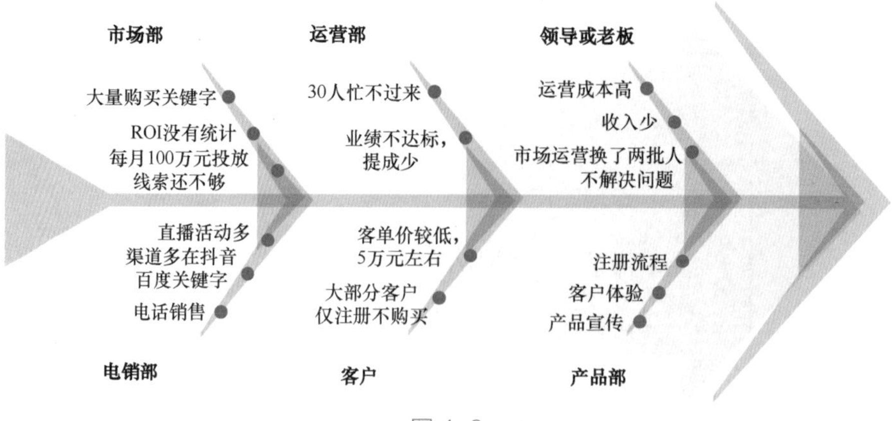

图 4-6

有了这张鱼骨图，我们就把老板交给你的“运营问题”数据分析任务，拆解成若干部门的若干问题了。注意，就像最初的流程图一样，所有的工作流程并不是单向的，在根据这些问题收集数据时，我们很可能会发现新的问题，此时依然可以把新问题补充在这张鱼骨图中。

这样一来，上面的大问题便被拆解成小问题，将这些小问题再细分，然后通过收集数据的方式逐步找到相关数据进行分析，最终解决问题。

我希望你记住，**数据分析的重点在于所要分析的问题，而不是数据**，不要一上来就用手头数据进行分析，而应先针对问题利用表格和 6W2H 法进行细化。

小结

在启动一个数据分析任务之前，我们首先要确定与利益相关的数据分析问题的范围。这里需要注意，你有必要提高一个维度，留意这个问题之外的其他问题。在对高层次问题向下细分时，我们可以利用表格和 6W2H 法对问题进行细化，在这个过程中，我们需要用到一个叫作鱼骨图的工具（见图 4-7）。

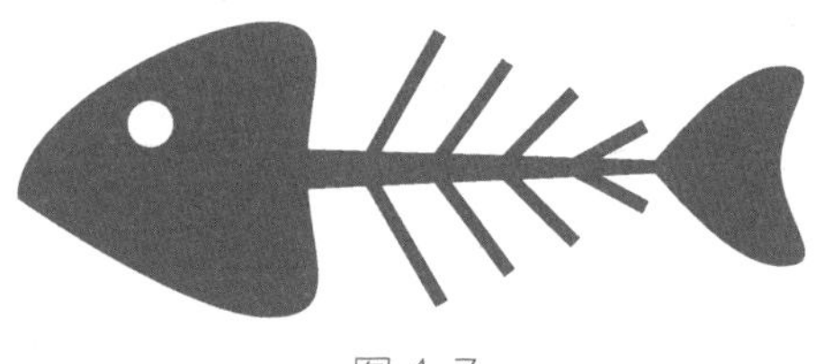

图 4-7

列出所有问题后，在数据探索阶段，我们还可以在这张鱼骨图中增加新的问题，或者在发现有些问题不是重要问题后将它们删减。这个思考问题和进行数据探查的过程，本身也是数据分析的意义所在。

整个过程就像设计一张数据地图，先确定大方向，再一步一步画出城区，然后画街区、住宅小区，紧接着用道路把它们连接起来进行试运行，同时调整道路和街区的设计，最终得到最合适这个业务的地图。如果一开始就陷入细节，就很容易走弯路，甚至无法到达目的地。

在企业森林里找到狩猎目标，我们需要具备更多的经验和知识。本章主要给你介绍数据分析的思维方式，希望这种思维方式能够成为你工作和生活的一部分，并随着你对行业了解的加深、经验的积累，越来越有价值。

思考

在你的工作和生活中，还有哪些类似的场景？升维思考后，你能画出鱼骨图吗？欢迎你分享出来。

4.2 | 采集数据：用好一手数据和二手数据

4.1 节阐述了如何确定所要分析的数据问题，为整个数据分析过程指明了方向。整个过程就像规划和设计一张庞大的数据地图，首先搭建城市框架，再规划每一个街区。

在规划这一步，测绘、逐步细化迭代非常重要。在本节我们将学习测绘——进行数据采集。如果我们在进行决策时没有采集数据，就会陷入经验主义，拍脑袋做决策，这不是数据分析思维主张的方向。

明确方向和问题列表后，我们需要明确数据来源。我们将数据分为两大类：一手数据和二手数据。根据这些数据，我们会进行数据探索并产生一些衍生数据，最终为数据分析的思路组织与撰写提供“弹药”。

4.2.1 一手数据和二手数据

我们先看第一类数据来源：一手数据。一手数据主要来自企业内部的大数据平台、数据仓库以及相关系统，还有部分数据来自用户访谈和调研问卷，以及内部沉淀的历史文档。

一手数据的特点就是数据可控，也正因为数据都掌握在企业手中，理论上只要付出成本价，就可以拿到所有需要的数据。我们可以通过采集数据、建立相关业务流程，或者开展大规模的用户访谈以及问卷调查，得到我们想要的数据。这是一个企业数字资产积累的过程，目前很多企业都已经在关键业务流程上实现了数字化转型升级。不过在数字化转型升级过程中，我觉得尤其需要注意三点。

第一，数字化转型升级应该从创新业务流程开始。

换言之，与收入和支出直接相关的系统优先升级。例如传统企业做互联网升级，应该优先建立互联网用户画像、用户行为采集、广告投放，以及相关的财务数据系统。同样，智能制造企业则须优先建立物联网数据采集、物联网大数据平台、供应链决策支撑系统等。我总结了当前最新的企业大数据分析架构，如图 4-8 所示，可供参考。

图 4-8

第二，数据的采集和计算一定要从明细数据开始。

不要使用企业内部的二手数据，也就是不要拿加工后的数据进行再次分析。因为这会导致数据质量和数据治理方面的问题，往往需要花费我们特别多的时间。

获取明细数据的效率是一个企业能否成为典型数据驱动型企业的明显标志，像阿里、腾讯这种一线互联网大厂，数据分析和运营部门都有获取所有明细数据的权限。数据分析师可以在分钟级甚至秒级给出相关数据统计分析答案，因为明细数据不需要经过层层二次加工获得。数据分析师可以直接定义计算口径，针对明细数据进行数据探索，这是数据分析的基本要求。

第三，在做数据分析时，对数据质量的要求高于对数据量的要求。

不要迷信大数据，而是要关注高质量的小数据，往往大数据比小数据更难提取知识。

我们接着看第二类数据来源：二手数据。二手数据主要来自行业内部，并非企业自身产生。

二手数据可以让我们看清行业内的竞争对手或者行业整体趋势。例如，如果你从事互联网行业，你可以观察用户活跃度、留存度，以及某些广告投放的转化率。这些数据可以帮助我们分析公司在行业内的水平，从而调整我们自己的目标值。

二手数据一般来自政府部门的报告、行业协会、企业财报、投资机构，以及企业官网和新闻稿，有时也来自行业内的沟通或者专业咨询公司出具的分析报告。我把自己常用的一些网站和信息渠道列在了附录 I 中，供你查找二手数据时参考。

你要特别注意鉴别二手数据的可信度，因为很多企业为了扩大市场影响力，可能会使用“数据技巧”来美化数据，这样就可能出现因果倒置或者前面讲到的各种数据问题。比如我们从新闻稿中看到某企业的复购率提升了 100%，如果不看细节，就会觉得这个提升幅度很大，但是仔细看企业年报，就会发现该企业的复购率是从第一年的 10% 上涨至第二年的 20%，整体上对企业来讲，这个复购率还是非常低的。

因此，我们在使用企业内部数据时，不应该使用二次加工后的数据。为了鉴别这些数据的真伪，你可能需要熟练掌握多种数据工具和方法，以免被误导。根据数据来源的可信度，我们可以得到图 4-9。

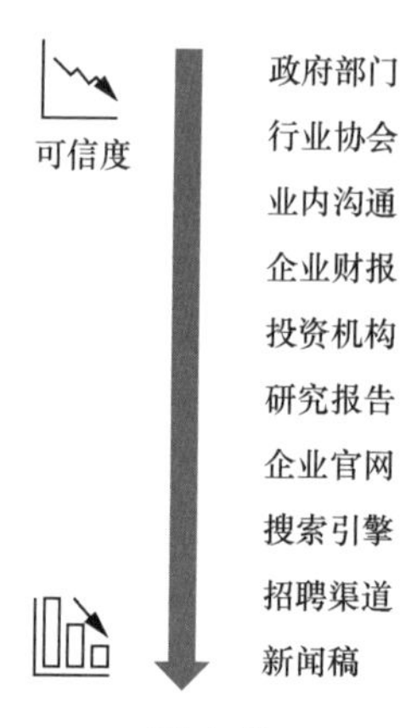

图 4-9

4.2.2 数据探索

你已经获得了大量原始数据，但这还不足以解决最终问题，你还需要进行数据探索，对采集到的数据进行横向和纵向的深度挖掘。这里介绍三种常用的拓展方法：趋势分析法、快照扩展法和衍生指标法。

1. 趋势分析法

趋势分析法就是找到某种类型的数据后，捕捉此类数据在一个时间段内的变化。通过观察这些变化，我们可以了解数据的历史波动，以及对结果数据的影响，从而找到问题的关键点和原因。

这时我们经常会使用折线图、散点图和回归方法来分析趋势并确定离群点。尤其要关注离群点，因为它们往往是解决问题的关键。

查看整体趋势时，我们要注意呈指数增长的数据，它们往往对我们非常有意义。而对于比较平直的曲线，我们需要关注数据的整体波动情况，也就是看离散系数是不是很大，因为这反映了业务的稳定性。

2. 快照扩展法

快照扩展法就是截取某个时间点的数据情况，然后通过下钻的方式扩展该指标的分布情况，以了解各部分对整体的贡献和影响。

这时我们经常会用直方图、散点图、聚类分类和数据分布中的各种方法，查看各个细分渠道、部门的分布情况，从而找到我们要重点分析的部门、渠道或原因。这样做有助于明确分析的范围，因为不加区分地处理所有数据，我们可能无法获得任何有价值的信息。

3. 衍生指标法

如果使用前两种方法还是没有找到问题产生的原因，我们可以进一步进行数据加工，创建衍生指标来拨开迷雾，这就是衍生指标法。

优秀的衍生指标就像几何中的辅助线，可以帮助我们发现更有意义的数据。例如，当发现产品销量与广告投入几乎无关时，我们就应该意识到，只看收入和投入的表面关系是很难做出恰当评价的。

为了衡量这类数据，我们需要建立一个新的指数——用户忠诚度指数。我们可以通过这个指数衡量获客之后，客户会不会再次购买我们的产品。我们要学会像建立智商指数和上证指数一样，自行建立新的衍生指标来定义和分析数据中的深层内容。

在进行数据探索时，有三点需要重视。

- 数据质量把控。例如在统计病毒感染数据时，统计死亡率通常比统计感染率更可靠。
- 避免辛普森悖论。在分析快照扩展法状态值数据时，尽量对领域和时间进行细分。
- 避免因果倒置。当你沿着整体大思路进行数据分析时，在比较看广告用户的转化率和没看广告用户的转化率时，要能够客观地进行衡量。

4.2.3 具体示例

在 4.1 节，我们已经梳理了你所在企业可能的一些数据分析方向和问题。这里选择其中一个方向进行深入的数据挖掘和探索。

以获客购买流程为例。首先根据数据访谈和内部沟通情况，将流程梳理一下，得到图 4-10。从中可以看到，我们现在主要通过购买百度关键字、线上直播和抖音广告投放来获客，然后通过电话销售的方式促销，最终促成客户购买。

这里涉及以下几类数据。

- 百度的投放数据明细。
- 渠道的投放数据明细。
- 直播的活动数据明细。
- 电话销售的成单数据明细。

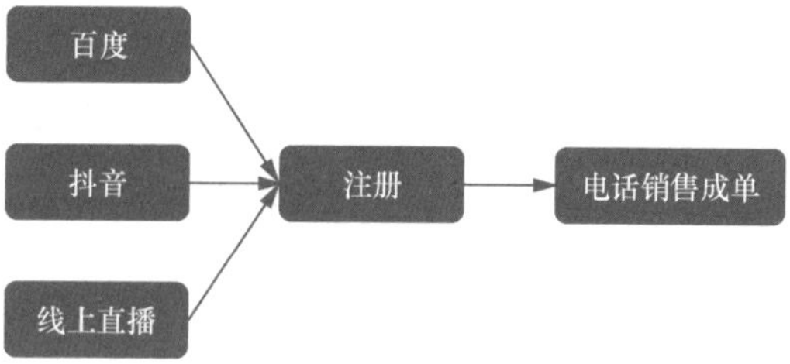

图 4-10

从数据分析角度看，这个流程还不完整，因为它缺少一些过程数据，如用户的注册数据、用户访问网站的数据、用户打开 Demo 的数据等。这些数据就是我们要采集的数据，我们可以将它们细化为如下类型数据进行分析。

- 用户访问量。
- 用户销售数据。

通过统计用户访问量和销售数据，我们采用快照扩展法，继续对数据进行细分。比如分析某天的相关数据时，发现用户访问量还是过于笼统。我们又将其分成落地页访问量、注册页访问量和 Demo 访问量三个不同的指标，见图 4-11。

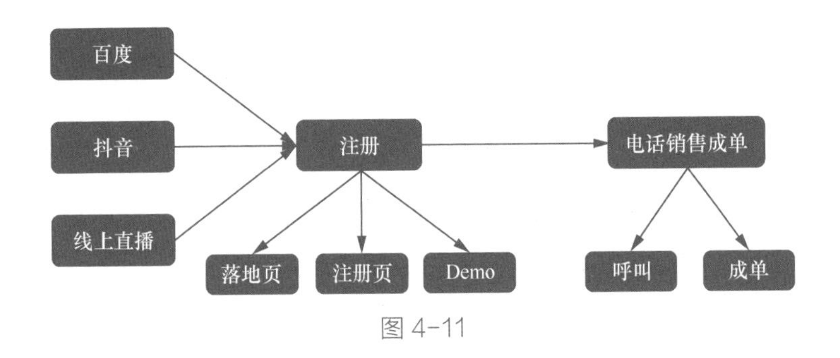

图 4-11

随后，每一个指标进一步细分为不同渠道的用户访问量和成单量，甚至可以针对某个渠道再细分。比如可以把百度的投放数据细分为成单数据和落地页访问量。这样我们的指标就得到了扩展，具体如下。

- 用户访问量
  - 落地页访问量（不同渠道，不同百度关键字）。
  - 注册页访问量（不同渠道，不同百度关键字）。
  - Demo 访问量（不同渠道，不同百度关键字）。
- 用户销售数据（不同客服，不同渠道，不同百度关键字）。

光有这些数据还不能解决老板提到的投入成本问题，我们还需要过程数据。为此，我们衍生出一些指标以与我们的最终目标挂钩。我们可以根据不同活动和渠道产生的客户购买量来评估成本，再根据不同渠道的访问量以及销售数据计算平均每次访问的成本。

这里还有很多可以扩展的指标，比如销售的转化率、整个访问的留存情况、新客户的转化情况和老客户的转化情况等。最后根据 4.3 节所讲的内容，为了写好故事线，可能还需要对指标再进行调整。

- 百度渠道成本（关键字）。
- 抖音广告成本。
- 直播活动成本。
- 销售转化率。
- 客户注册转化率。

通过这些快照扩展，我们便可以拿到更详细的数据指标，进而使用趋势分析法来观察这些指标在不同情况下是如何波动的，参见图 4-12。

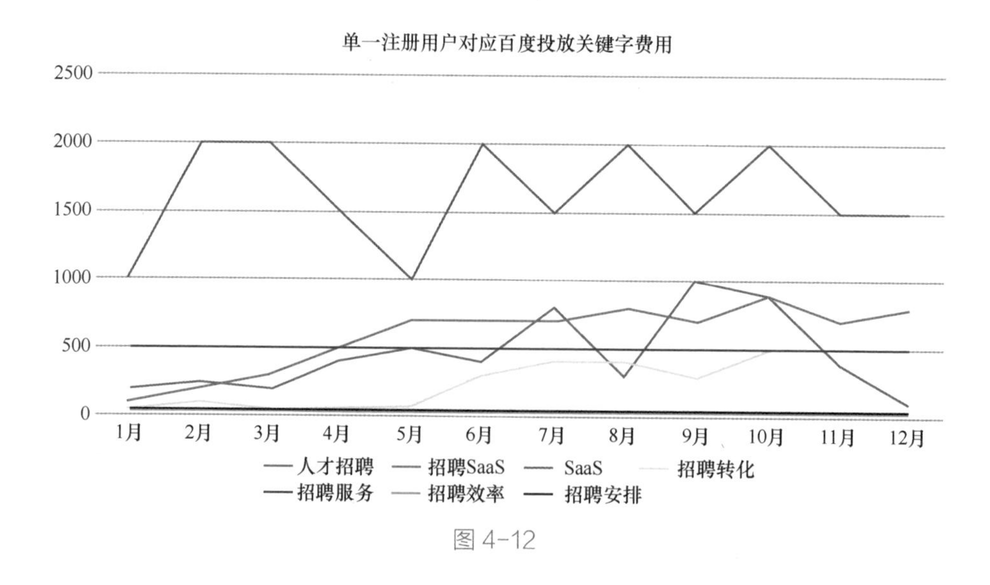

图 4-12

除了这些一手数据，我们还需要一些二手数据。我们通过业内人士得知同行获客的成本在 3 万至 5 万元之间、一次活动的注册转化率应该高于

10%、成单转化率应该高于 2% 等，这些都可以作为衡量指标。

虽然已经有了这些数据，但我们还没有完成实现整体的数据分析思路，因为这需要我们在分析完已有数据后，提供新的数据进行反复迭代。

小结

本节讨论了如何采集数据。我们主要依赖企业内部的一手数据进行采集，这里要注意，应直接使用明细数据进行数据分析，而不要使用企业内部的二手数据，以免混淆视听。

仅依靠企业自身的数据还不够，很多时候还要参考业内的二手数据，将其作为衡量准绳，通过行业整体趋势得到更多指导。

在做数据探索时仅仅拥有裸数据还不够，我们还需要进行一些数据延展。本节介绍了三种比较常用的方法：趋势分析法、快照扩展法和衍生指标法。这三种方法可以帮助我们从裸数据中发现更多延展数据，为下一步写好故事线打好基础。

最后通过一个具体的例子，延续前面章节的内容，简单剖析了如何做深入的相关分析，旨在带你体验如何扩展和筛选相关的重要指标。

其实我们在工作和生活中做出决策也离不开数据采集。比如做投资决策、换工作等，就得既了解自己的一手数据（资金状况、教育背景、收入情况），也要拿到二手数据（市场趋势、国家政策、相关职位在业内的薪资情况等）。此外，我们还可以参考一些横向和纵向的衍生指标，比如投资回报风险比、跳槽收益率（跳槽收益率 = 跳槽成功概率 × 跳槽收益）等。做决策时不要仅凭经验行事，而应收集更多的好数据，以帮助我们更有效地做出决策。

思考

采集数据常用的方法还有哪些？哪些外部数据资料是你经常使用的？欢迎你分享出来，让我们一起提高！

4.3 写好故事线：你能利用数字推翻众人的理解吗

经过前期的问题定义和数据探索，我们迎来了分析过程中最为关键的一环——总结讨论。有一部很受欢迎的美剧叫作《犯罪现场调查》，其实整个数据分析过程与破案类似，我们需要在梳理各种证据和思路后，用清晰的逻辑、严谨的语言，将整个事件阐述清楚。

所以总结讨论这一步非常关键，我们不仅要把前面所有的问题和收集的数据串联起来，有时还得补充数据和优化问题。如果这一步做得好，可以让后续数据分析实践工作事半功倍，但这也需要你把这份报告做得既有深度，又易于理解。

4.3.1 回顾之前的发现

在规划故事线之前，你首先要回顾之前发现的各种数据。在前期进行广泛的思考是重要的，但是到了后期你需要将思维聚焦，且必须就面临的问题形成清晰的判断，特别是对关键问题的关键变量要有明确的定义。

例如，针对老板提出的获客成本高的问题，经过访谈和数据采集，在前期规划的 6 个方向中，我们发现图 4-6 下半部分的三个因素是导致获客成本高的主要原因。因此，我们将前期发散考虑的问题收敛到获客购买流程、客户意愿度以及产品设计方面，这就是一次问题的收敛。

在经过数据采集后，我们已经获得足够多的明细数据。假设现在我们可以直接从数据中初步得出如下结论。

- 通过内部的数据分析，我们发现购买关键字的成本没有得到优化，也没有打通关键字到购买转化率的数值问题。经过数据统计，我们发现大量热门关键字虽然转化率很高，但是它们的价格居高不下，再加上购买其他转化率较低的关键字，造成市场投入过高。

- 根据同行产品的二手数据研究发现，从 Demo 到注册的转化率应该在 3% 左右，而我们只达到 0.5%，这既说明我们的 Demo 体验流程不够好，也说明产品注册的转化和流程有待改善。

- 经过客户访谈和问卷调查我们发现，客户购买金额在 5 万元以上的销售流程都比较长。

以上是我们基于数据看到的情况，如果你只是把这些数字直接摆在老板面前，老板肯定会问："然后呢？"所以你还得设计整个故事线，多想几步。

- 为了将目标提升 10%，我们可以做哪些事情？
- 如果想获得原来 100 倍的成果，我们应该怎么办？
- 这些分析的背后都有哪些假设，我们的模式和假设在什么条件下是无效的？

多想了这几步之后，回顾前期数据探索方面的发现。从线索转化成本的角度来看，我们发现理论上可以加大部分关键词购买，似乎就可以解决这些问题。我们的假设条件是"**这些关键字价格不变**"，但实际上随着关键字被大量购买，关键字的价格会被抬高。所以从整体上来讲，我们不能轻易给出大量购买关键字的建议。

根据业内的二手数据，我们发现当一个客户的获客成本大于或等于 2 ～ 3 倍的用户生命周期价值时，生意模型就可以持续下去。所以我们可以给每个线索设定一个成本上限，如果线索成本不超过 10 万元，我们就继续进行投放；而一旦超过 10 万元，我们就要调整在关键字和营销人员上的投资。

如果问题只分析到这里，我们只做了提升 10% 的努力，那又如何获得原来 100 倍的成果呢？

根据前面的分析可知，单价一定的情况下，我们的线索成本是不可能降到这么低的。所以我们要提高整体的客单价，那么高客单价的线索还是通过线上渠道获取吗？这时候可以**重新对未成单的目标客户进行访谈**。

这也意味着我们要回到数据采集阶段。经过调研发现，由于没有线下销售和服务团队，对于这些高客单价客户我们无法成单。进一步分析这些客户的接触点后，我们可以设计新的获客和产品定价体系，例如对产品和服务进行区分销售、招聘有客户资源和行业知识的高级销售、参加线下专业行业讨论会、对客户推荐进行大力补贴等。

“回顾”这一步骤旨在针对前面问题分析以及可能的结论，提供坚实的数据和逻辑基础，避免出现因果倒置、数据不准确或者考虑维度不全面、思考不够深入等问题。同时，对于重点问题可以深入调研，必要时可以回到数据采集这一步进行相关的数据补充。有了这些坚实的基础，我们就可以进入下一步：设计故事线。

4.3.2 设计故事线

如果只陈述事实，而不能用通俗易懂的方式让听众理解你的观点，则很可能会让你的观点难以推广，错失良机，因此设计故事线十分重要。

你可能对孟德尔这个名字有所耳闻，他在遗传统计学领域的研究非常著名，但他的数据分析报告却是在他去世几十年后才被人们所认识。如果你不想成为现代的“孟德尔”，就要在设计故事线上多下工夫。

最成功的分析师就是那些能够“用数据讲故事”的人，好的故事往往会采用以听众容易理解的方式呈现调查结果。

之所以把数据分析报告的内容编排叫作“写故事线”，是因为我们要通过一个完整的故事把数据分析向未参与这项数据研究的人（例如你的老板和其他部门的同事）汇报，并给他们留下深刻的印象。

就像你可能会记得小时候听过的《小红帽》的故事，但是你可能很难记住当时背诵的朱自清的《春》。我们的目标是基于数据讲一个好的故事，吸引相关方的注意，唤起对方在情感和理智上的共鸣，从而让对方在报告结束后的一天、一周甚至一个月，仍然可以简述报告的主要内容。

这里分享一种经典的故事三段论结构，即**情节（陈述）-起伏（惊喜）-**

结尾（结论），那些流传广泛的寓言故事也受益于这种结构。我们在编写数据分析报告时，首先陈述发现的事实，然后介绍新发现的知识，最后提出具体的实施措施，并快速给出明确的结论，以确保整个数据分析报告掷地有声、传播广泛。

本书在内容编排上也是如此：首先讲解基础知识，然后提升你的认知，最终快速给出结论，让你有获得感。对应到数据分析报告的呈现上，我提供一个大致的参考框架。

在**陈述部分**，我们可以包含以下内容。

- 开场用 30 秒的时间陈述痛点和整个问题的背景。
- 针对问题本身的分析，也就是定义问题的部分。
- 结合内外部数据，针对问题举例说明。

在**惊喜部分**，我们可以包含以下类似内容。

- 探讨提升 10% 的办法和选择，并指出不采取行动或不发生变化的后果。
- 阐述更高倍数的提升办法和潜在选择。
- 阐述还有哪些你发现而别人没有发现的问题，及其潜在影响。

在**结论部分**，我们要注意以下两点。

- 用简洁的话语或者数据分析思维导图进行总结。
- 避免使用“谢谢”，而要用召唤语或强有力的金句收尾。

在这个大的框架下，我们就可以书写数据分析报告了。在撰写数据分析报告时，以下 4 点需要你重点关注。

篇幅

一般来讲，根据汇报层次的不同，整个汇报的粒度和篇幅也会有所不同。

对于数据分析报告来说，高层汇报一般建议20～30分钟，PPT 10～20页；中层和执行层面汇报建议40～60分钟，整体内容建议30～40页。

标题

我看到很多小伙伴在写PPT标题时，往往使用一个短语（例如现状分析、系统架构图），这是不可取的。既然称为故事线，它就应该能用一句话阐述该页内容的中心思想。我在IBM公司时，导师曾告诉我，你把所写的内容去掉，只看PPT标题，它们串联起来应该能清晰讲述整个故事，若需要细看每一页内容才能理解，就不是一份好的数据分析报告。

换位思考

你的PPT介绍里不要有大量技术架构图、产品功能图等，因为这些内容往往专业性过强，只有部分听众能够理解。我们要换位思考，让参与这场数据分析会的人员都可以快速融入角色。你需要考虑自己所写内容是否更有利于对方理解，而非仅展示技术。

干系人态度

考虑到下一步的实践行动，你的目标是用数据分析结果推动问题的解决，所以你需要获得相关部门的认可。

例如，对于企业内部运营的数据分析报告来说，我们在向老板和高管汇报时，就可以按如下故事线进行（当然，这只是一个简单的例子，目的是让你感受一下整体流程）。

现状分析：运营获客成本过高，导致公司不盈利。

- 当前市场线索量够大，但线索质量不佳；
- 运营活动消耗大，效果有限；
- 公司整体获客转化率较低。

解决之道：盈利需要“断舍离”，提升线索ROI（Return On Investment，投资回报率）。

- 抖音直播与线上活动 ROI 很低，建议停止；
- 现有关键字转化率整体较低，须进一步优化关键字投放；
- Demo 转化率低于业内预期，须加强客户引导注册页面。

特别分析：如何发现公司的宝藏客户？

- 部分高价值客户潜力巨大，未能形成有效收入。

落地建议与讨论：打通内部运营数据，深入行业与场景来制定解决方案。

- 组建线下行业销售团队，优化电销话术，提高客单价；
- 建立市场后向指标，打通成单与投放 ROI 指标；
- 优化产品注册流程，降低客户流失率；
- 讨论建立私有化版本，提高产品单价。

总结：客户潜力巨大，练好内功，目标投入减半，收入翻番。

通过这样一个故事线，即使不看详细的数据和例子，相信你也能知道这个 PPT 要讲述的故事。再强调一下，这个过程既要有陈述、解决方案，也要有独特的创意和发现、落地建议等，并以共识的口号结束，为下一步的数据实践铺平道路。

4.3.3 一图解千愁

有了故事线，就如同构建了“骨架”，但还需要“有血有肉”。很多人虽有深刻见解，却像茶壶里煮饺子——有货倒不出来。

随着时间的推移，**可能很多沟通细节大家已经记不清了，但是你一定会给人留下一个感觉**。而这个感觉正是我们最后需要抓住的，因为它很可能直接影响我们在做实践推广时，遇到的阻力和所能争取到的支持。

举个例子，弗洛伦斯·南丁格尔是护理事业的奠基人，同时也是定量分析法的早期使用者。她在推广医院护理时发明了南丁格尔玫瑰图，用于统计克里米亚战争时期英国士兵死亡的原因。

通过图 4-13，人们惊奇地发现，缺乏护理的士兵被送到医院后治愈的少、死亡的多，而在护理的加持下，士兵死亡率大幅下降。

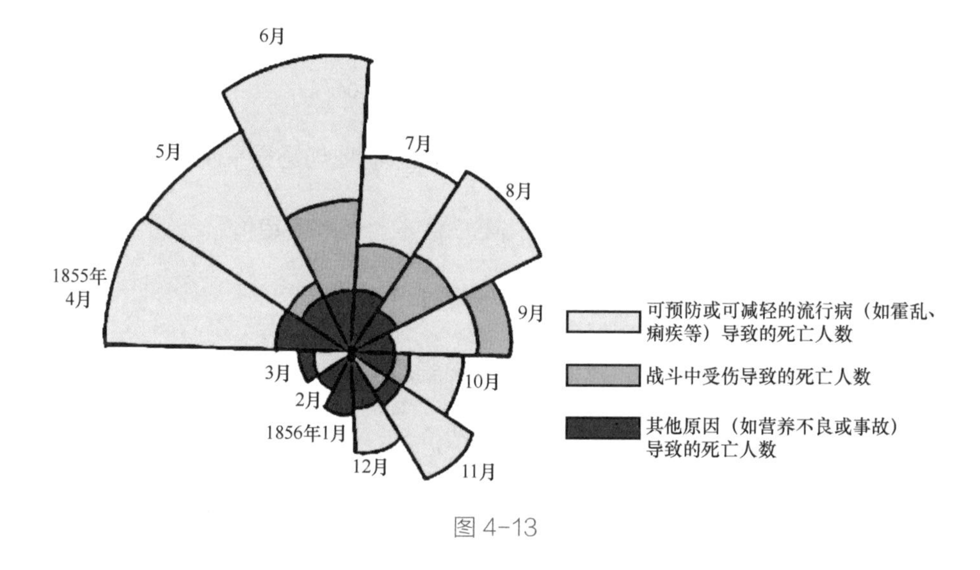

图 4-13

她利用这张图和定量分析法使护理工作获得了人们广泛的认可。最终在 1856 年 6 月克里米亚战争结束之后，护理已经被大多数人接受。她利用数据和合适的展示方法快速推广了自己的理念。

你要知道，人脑处理图形的速度要比处理文字快得多。所以，PPT 的每一页不要罗列大段文字描述，应尽量突出要点，并用图形化的方式展示这些要点之间的逻辑关系，这样做往往能够事半功倍。

因为图形和思维方式非常重要，所以我在 4.5 节和 4.6 节将详细介绍 15 种数据分析思维图，你可以从中查找合适的思维图来填充数据分析报告，使之有血有肉。

小结

本节介绍了设计故事线的要点，这是一个升华和总结我们前期大量准备工作的过程。

数据分析工作需要 99% 的定量分析努力（包括寻找要梳理的问题、采集所需要的数据、选择和检测相关的指标），以及 1% 的创见性思维，以找到解决整个问题的关键。这类似牛顿在做了大量的实验和观察后，最终在苹果树下被苹果砸中，从而顿悟了万有引力定律的故事。

我们的数据分析报告可能看起来简明扼要，好像我们最后只是简单呈现了一个“苹果”。但其实这个苹果的背后是前期大量的调研、梳理和思考，以及寻找一个好的故事线来说明我们的观点。所以“写好故事线”不是那么简单，充分的定量分析和创见性思维缺一不可。

有一个例子我非常喜欢：联合国一直在公布偷渡溺亡难民的数字，但直到一张叙利亚儿童遇难后被冲上岸的照片曝光，各国政府和民众才真正改变了对待难民的态度，这张照片故事所带来的冲击远胜过一切冷冰冰的数据。

我们需要的是故事，因为只有故事，才能触动人心，建立人与人之间的连接，让他们站在我们这边。

思考

你在做数据分析或演讲时有觉得特别优秀的思路的例子吗？欢迎你分享出来，让我们共同提高！

4.4 | 实践你的理论：数据驱动最终就是用结果说话

前面阐述了怎样确定好问题、采集好数据、写好一个故事广为传播，现在到了最关键的一环：实践你的数据理论。

过去在做数据驱动决策时，我们往往采用自上而下的执行方式，也就是汇报之后先让老板决策，再推动公司的全面变革。但是这种方式往往面临巨大的风险，但凡前面的某个环节出现偏差（或者对业务的认知出现一些问题），就会“差之毫厘，谬以千里”。为了避免这种风险，各部门会基于一份报告反复论证，但等论证结果出来，数据假设的时间已经错过。

所以在进行数据驱动实践时，我们会采用一种“精益”的方法。“精”就是少投入、少耗资源、少花时间，尤其减少不可再生资源的投入和消耗；“益”就是多产出经济效益，实现企业的升级目标。

4.4.1 何为精益的方法

简单来讲，精益的方法就是在进行数据驱动实践时不要设定一个宏大的目标，而是通过一系列快速实验，以小步快跑的方式迭代验证数据理论。

这里最核心的就是“快节奏”。只有快了，数据实验的量才能够上去，也才能避免一些数据偏差。不要想着“憋大招”，试图做一个巨大的流程或产品方面的修改，这样很容易在时间流逝后才发现方向错了。

通常，修改时间不要超过两周，即不超过一个 Sprint（软件研发中的最小迭代周期）。如果超过两周，那就说明这个实验还是太大了，你需要把它拆分成更小的实验，逐步迭代。调整往往是通过一个或多个部门并行的几个迭代来观察数据影响是否正向，再进行新的迭代。如果出现偏差，就进行快速调整和迭代。

理论上，前面的实验过程都会比较顺利，但一旦涉及落地，业务部门往往不愿意改变。

无论多坏的改变都会有人受益，无论多好的改变也会使一些人受损。

于是很多数据分析项目都停留在落地这一步，变成了“纸上谈兵”，无法把前期的数据理论付诸实践。

4.4.2 创新扩散模型

我们应该如何有效推动数据驱动实践的落地呢？我们需要掌握在内部推

广实践的技巧。

前期在进行数据故事宣讲时，你需要将你的思想传递给老板和各业务部门，一方面是宣讲，另一方面也是观察各部门相关方的态度。

数据驱动实践不可避免地会对公司内部造成改变和创新。而这些改变和创新的扩散过程是有一个周期的，你可以参考埃弗雷特·罗杰斯提出的创新扩散模型，如图 4-14 所示。

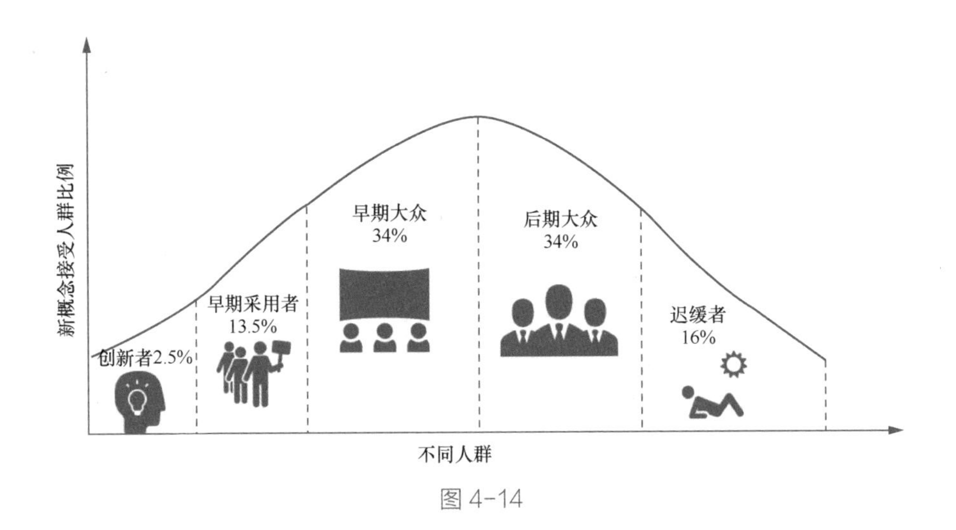

图 4-14

在这个模型中，罗杰斯根据人们对一个新想法的接受程度，将他们分成 5 类人。

- **创新者**：他们是勇敢的先行者，自觉推动创新。创新者在创新交流过程中，发挥着非常重要的作用。
- **早期采用者**：他们是受人尊敬的社会人士，是公众意见领袖，他们乐意引领时尚、尝试新鲜事物，但行为谨慎。
- **早期大众**：他们是有思想的一群人，也比较谨慎，但他们较之普通人会更愿意、更早地接受变革。
- **后期大众**：他们是持怀疑态度的一群人，只有当社会大众普遍接受了新鲜事物时，他们才会接受。

- **迟缓者**：他们是保守传统的一群人，习惯于因循守旧，对新鲜事物吹毛求疵，只有当新的发展成为主流、成为传统时，他们才会被动接受。

这个模型对于推广我们的想法很有指导意义。你能看到，所有新事物的接受都是从创新者开始的。要进一步推广你的新事物，须得到公司内部或社会内部的广泛认可。

你在数据分析报告中提出了一些新的理念和想法时，如果仔细观察和沟通，总能在公司发现一些创新者（当然，如果一个创新者都没有发现，重新回到上一步，这说明你的数据分析报告和数据思维宣传没有做好）。创新者会认同你的想法，他们是你在公司内部推广自己想法的种子。

也许你的想法并不是光靠某个部门就能完全实现的，没有关系，你可以先在创新者的部门实践，看到效果之后再进行后期的推广。无论进展多小，这都是你走出的第一步。在得到必要的信任和方案采纳后，你可以向其他部门推广，让他们成为你的早期采用者，之后逐步让后期大众和迟缓者接受你的方案。

当然，在具体说服创新者和早期采用者时，你经常会遇到一些困难。例如一些早期支持者虽然在会议上认同你的观点，但是他们往往没有采取一些具体的配合行动。这样很多数据分析实践就只停留在 PPT 阶段，"叫好不叫卖"，没有产生实践结果。

这是因为从观点的认同到落实行动之间还有很长的一段距离。这里分享一个推动数据驱动落地的方法：理性行为理论。这个理论是 1975 年由菲什拜因（Fishbein）与阿耶兹（Ajzen）提出的，见图 4-15。

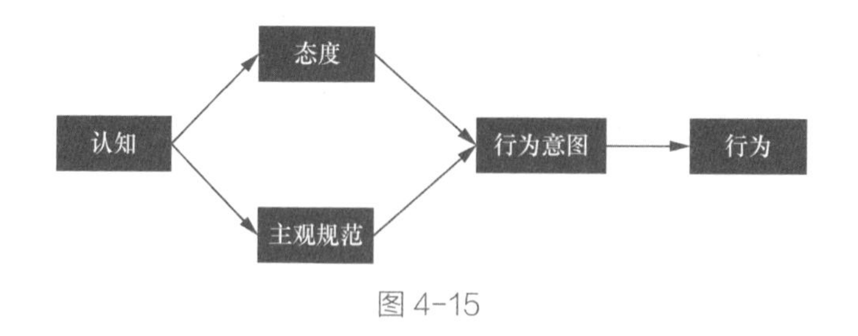

图 4-15

从图 4-15 中你能看到，一个人从认知到最后做出行动，中间有很长的一段距离。例如，我们都知道健身的重要性，但是大多数人难以坚持。那些能够坚持下来的人，一般是因为他们对健身有充分的认知，同时周围的人也给了他们一些舆论引导和示范性作用（例如健身红包罚款群），这样他们的健身意图就会大大增强，最终转化为实际行动。

同样，前期你对创新者进行大量数据思维和实践的布道，可以加强他们对整个数据实验的认知，影响他们对这个实验的投入程度以及对风险和收益的态度。

同时你需要向公司高层进行布道，让他们感受到这是一种主流行为。当这些态度和规范大于他们对风险和付出的顾虑时，他们才会有明确的意图并采取实际行动。

所以期望通过开一两次会来简单拍板、推行一些数据实验是很难的。我们需要通过大量的沟通来影响相关部门的认知和态度，形成公司内部的规范，才能够让大家真的执行下去。特别是对于后期大众和迟缓者，往往只有当公司内部已经将你的实验和数据结论当作规范时，他们才会接受。

在选择部门和说服部门执行方面，多付出一些时间是值得的。数据实验要快速迭代，所以在没有得到对方深度认可之前，我们宁可多花一些时间进行说服和沟通。一旦实验开始，我们追求的是最终结果，即使是微小的好结果，也比制作再多的 PPT 有价值。

4.4.3 实战练习

讲解完理论基础，我们来进行实战练习。回顾之前的例子，数据分析汇报后，老板认为这个改动很有必要，各部门的负责人迫于老板的压力也纷纷点头认可。但在具体推行时，这些部门都说没有资源落地，从而延缓实验。

怎么办呢？你可以先通过前期沟通和会议现场的表现，找到企业内部对你的想法的接受程度较高的创新者。

假设你观察到，运营部门负责人觉得现有工作已经太繁忙了，不想发生改变。但市场部门负责人对后期数据支持市场优化表现出兴趣。这时候你可以和市场部门负责人单独约一次会议，因为他对这件事情的认知已经达到一定水平，不过他的态度和行为不一定到位。

你可以设计一个低成本的实验，让他体验一下你所设计的数据分析思维的变化。一方面让他知道这件事情的改变代价较小，收益较大；另一方面给他讲述目前相比业内其他公司在这方面的做法，我们公司相对落后，应该尽快赶上其他公司。这样就可以通过改变他的态度和主观规范来影响他的行为意图，你再把这个实验落地计划写出来，促进这件事情的落地。

假设我们设计的是一次关键字转化的跟踪实验，那么可以通过设计一个落地页的方式，针对某几个关键字的效果进行统计。我们不要进行大量的系统改造，而要用手动统计的方式进行，这样可以快速地在两周内获得一些投放的结果，首先解决数据透明度的问题。

然后我们做一次简单的数据分析汇报，给出第一步的行为反馈。接下来根据投放的结果和动态的价格，在进行一些关键字的优化后进行一次展示，让负责人对结果有信心。此时就可以推动市场部门负责人要求产品技术部门负责人提供资源，将前期手动过程固化为公司数据驱动系统的一部分。类似地，在理性行为理论的指导下，继续争取其他部门的认可，最终落实整个数据分析方案，见图 4-16。

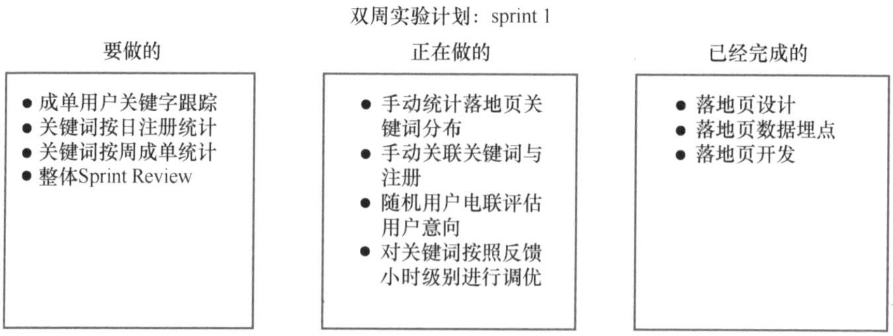

双周实验计划：sprint 1

要做的
- 成单用户关键字跟踪
- 关键词按日注册统计
- 关键词按周成单统计
- 整体Sprint Review

正在做的
- 手动统计落地页关键词分布
- 手动关联关键词与注册
- 随机用户电联评估用户意向
- 对关键词按照反馈小时级别进行调优

已经完成的
- 落地页设计
- 落地页数据埋点
- 落地页开发

图 4-16

在整个数据实验过程中，可能会遇到不小的挑战。一方面在于你得实践自己的数据理论，要通过数据驱动结果说话。可能你会遭遇一些失败，但不用气馁，因为实验较小、代价不大，你要做的是持续进行实验和迭代，最终一定会获得相对较好的结果。

另一方面，最大的挑战在于自我挑战。因为你是数据思维的驱动者，为了得到好的结果，你一定要避免“数据确认谬误”。也就是不要为了自圆其说而引用有偏向性的数据，或者采用不公平的数据计算方法或抽样方法来验证数据结果。

数据分析工作一定要坚守诚实、公平、可信原则，这样才能够将数据分析思维贯彻给全公司员工，让大家觉得数据不只是用来汇报的。

小结

本节讨论的是用数据说话的最后一步，也是最难的一步。在前面的步骤中，你可能已经掌握了一些技巧，能够撰写优秀的数据分析报告。

但是，一份好的数据分析报告并非终点，如果报告仅用于一次汇报，那么你的数据分析报告最后极有可能在领导的案头落灰。在本书中，我从确定问题开始，就要求大家致力于对公司或个人生活有实际落地结果的事情，而非空谈理论。

数据驱动就是要用结果说话，当然这个过程是艰难的。

本节介绍了一些比较实用的方法：用精益的方法，小步快跑；用拆分实验的方式降低使用门槛；用创新扩散模型找到第一波实验的企业内部用户；用理性行为理论说服每一个干系人，从理念认同到落实行动。

在整个过程中，你要坚信用数据分析的方法是可以帮助企业和个人有效提升的。同时，你要做好沟通，用深入浅出的方式传达你的理念，而不要用知识差压迫别人。记住，尊重他人也是赢得他人的尊重的途径。只要你足够坚定且谦卑，最终你将能够用数据实践的结果证明你前期的努力是值得的！

思考

在工作中，你还有哪些用数据说话且最后得到很好效果的例子？欢迎分享出来，让我们一起学习、共同提高！

4.5 | 数据分析：15 种数据思维图（上）

在数据分析过程中，我们总会涌现各种想法，但无论是确定数据分析问题、采集数据，还是将理论付诸实践，我们很多时候很难清晰表达这一系列想法。在 4.5 节和 4.6 节，我将为你总结常用的 15 种数据思维图，你可以通过这些数据思维图的框架整理自己零乱的信息，并进一步分析探究事实本身。

对于这 15 种数据思维图，我会首先介绍每一种数据思维图的适用场景，然后展示整体图形结构，并对其使用方法做一个基本解释，最后讨论一下我们还可以在哪些方面深入解析这些问题。

本节先从大的战略层面（确定问题、分析自身、产品定位）入手，给你介绍 8 种常用的数据思维图。

4.5.1 VRIO 分析

问题场景：分析自身业务。

图形结构：见图 4-17。

基本解释及使用：要分析一件事情或一个产品是否有竞争优势，最基础的分析方法就是资源和运用方法的分析。

	价值性 (Value)	稀缺性 (Rarity)	可模仿性 (Imitability)	组织性 (Organization)
品牌				
技术				
资金				
销售				
服务				
…				

图 4-17

分析自身的资源和运用方法就是 VRIO 分析。

- V 表示价值性；
- R 表示稀缺性；
- I 表示可模仿性；
- O 表示组织性。

VRIO 分析从以上 4 个方面切入，对各种各样的资源进行评分，以评估各种方针。

- 在评估价值性时，我们会评估拥有此项资源是否就能把握机会，削弱竞争对手的优势，让自己脱颖而出；
- 在评估稀缺性时，我们会评估自己拥有的这项资源是否很稀缺；
- 在评估可模仿性时，我们会评估如果其他人想获得这项资源，是不是要付出更高的成本；
- 在评估组织性时，我们会评估能否有效开发和利用自己具备的资源和实力。

进一步分析：在针对这些情况进行分析之后，我们可以进一步思考，对于目前情况，我们首先想到的资源是什么、强化哪些资源可以提升我们的竞争力，以及加强哪些优势可以弥补我们的弱势。

4.5.2 五力分析

问题场景：整体业务赛道与竞争情况。

图形结构：见图 4-18。

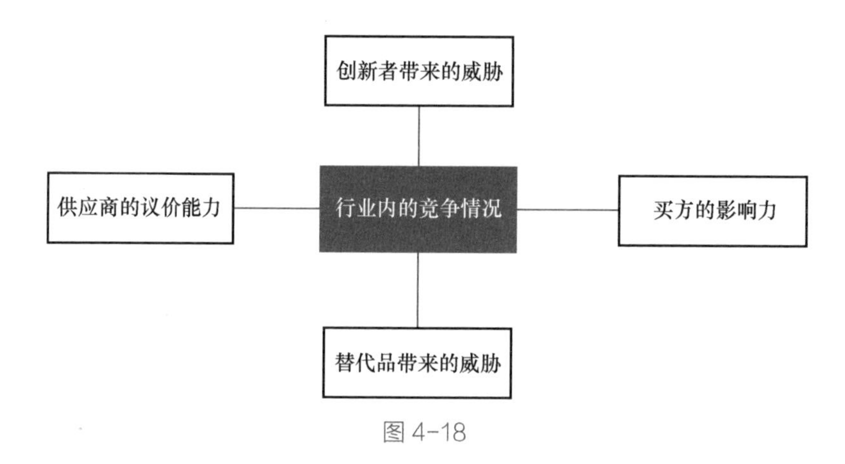

图 4-18

基本解释及使用：五力评估模型也称波特五力模型，由迈克尔·波特于20 世纪 80 年代初提出。五力分析是一种十分常见的竞争分析方式，五力的强度越强，代表这个行业的竞争越激烈，你面对的挑战也越大，也就是说你现在的赛道属于“红海”。当然“红海”也证明了这个市场是“刚需”，不代表你不能取胜。你可以找到一些突破点来颠覆这个市场，比如“今日头条”就通过推荐算法颠覆了以门户网站为主要信息获取渠道的方式，从而获得了成功。

- 供应商的议价能力是指供应商能通过提高其所投入要素的价格与降低单位价值质量，影响行业中现有企业的盈利能力与产品竞争力。供应商（卖方）的议价能力越强，越证明此时处于卖方市场。

- 买方的影响力是指买方可以通过压价或者提高产品需求来压低卖方的利润。例如，产品同质化程度高，可选择的类似产品比较多，那就是买方市场。

- 行业内的竞争情况指的是业内的竞争对手多不多，竞争强度大不大。一般来说，门槛低、利润高的行业会快速涌入大量竞争者。
- 创新者带来的威胁是指，如果不需要太多的投入，没有太高的门槛就可以进入这个行业，潜在创新者的威胁就比较大。
- 替代品带来的威胁是指有没有可能出现更高维的一种产品来跨界打击现有产品，这种产品不采用现有的解决方案，但能够满足客户最终的需求。

进一步分析：如果你重新设计这个产品，你还会这样定位产品吗？如果想要将市场扩大 100 倍，你会采用什么样的解决方案？ 10 年后这个市场会是什么样子？这个五力评估模型会变成什么样子？你会选择和竞争对手合作以获得某些能力吗？

4.5.3 SWOT 分析

问题场景：整体业务场景与竞争优劣态势。

图形结构：见图 4-19。

	好影响	坏影响
内部环境	优势（Strength）	劣势（Weakness）
外部环境	机会（Opportunity）	威胁（Threat）

图 4-19

基本解释及使用：SWOT 分析是典型的将公司和周围环境做比对的一种分析，它从内部环境、外部环境、好影响和坏影响 4 个维度做了一个矩阵图，这样就可以针对 S（Strength，优势）、W（Weakness，劣势）、O（Opportunity，机会）、T（Threat，威胁）这 4 个元素进行分析。

SWOT 分析能从多个角度审视一件事各个层次的结果，帮助我们从中找出对自己有利的、值得发扬的因素，以及对自己不利的、需要避开的因素，并发现存在的问题。你可以试试“头脑风暴”，想到什么就把它写下来，然后进行整理，这样就可以看到更多机会并弥补不足之处。

进一步分析：你不仅要用 SWOT 评估模型给自己公司做 SWOT 分析，同时也要给竞争对手做 SWOT 分析，这样可以使整体的大环境得到补足。

4.5.4 同理心地图

问题场景：考虑如何打动决策者。

图形结构：见图 4-20。

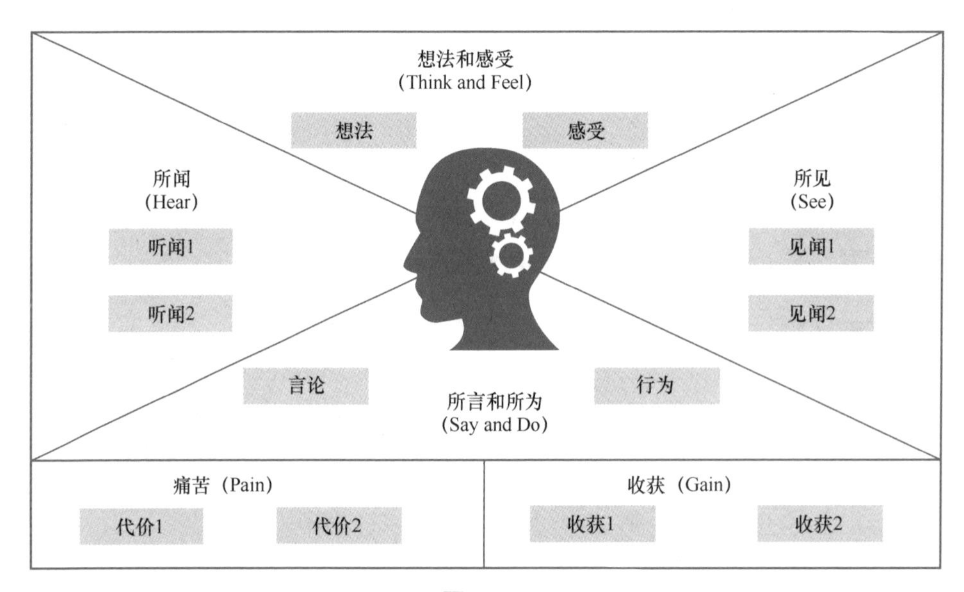

图 4-20

基本解释及使用：同理心地图是一种通过换位思考的方式，了解别人所处的状态和情绪的方法。通过想法、所见、所言、所为、所闻分析对方如何看待这件事，让我们深刻理解对方的想法和所处环境，最终引导对方做出对自己有利的决策。

- 想法就是对方内心已有意愿去做这件事，但还没有表露出来；

- 所见就是对方在工作和生活中遇到的问题，以及接触的人、产品或服务；
- 所言就是对方在工作和生活中发表的言论及做法；
- 所闻就是对方经常听到的声音，比如媒体新闻或通过内部开会得到的一些结论；
- 痛苦就是对方对这件事的风险承受能力、压力、恐惧等；
- 收获就是对方能从这件事中获得的收益，包括物质或精神上的满足。

进一步分析：我们不仅要用同理心地图分析重要决策者，也要分析重要干系人，包括你所在团队的重要成员。

4.5.5 4P 竞争分析

问题场景：产品市场营销分析。

图形结构：见图 4-21。

产品	
价格	
渠道	
销售	

图 4-21

基本解释及使用：4P 竞争分析是指在产品、价格、渠道、销售再加上目标和提供的价值这几个层面，分析公司和竞争对手之间的关系，制定相关策略来决定公司的产品营销应该有哪一种定位。

- 产品（Product）：功能，要求产品有独特的卖点。
- 价格（Price）：根据不同的市场定位，制定不同的价格策略。
- 渠道（Place）：经销商培育和销售网络建立。

- 销售（Promotion）：品牌宣传（广告）、公关、促销等一系列营销行为。

我们在收集资料时，可以利用采集数据的方式，通过一手和二手数据来丰富所有相关内容。

进一步分析：在这种竞争环境下，什么产品可以让客户最满意？其他公司有哪些优势？

4.5.6 奥斯本检验表

问题场景：拓展思路，获得新观点。

图形结构：见图 4-22。

目标		
有无其他用途	能否借用	能否改变
能否扩大	能否缩小	能否取代
能否重新调整	能否颠倒	能否组合

图 4-22

基本解释及使用：在寻找新方法时，我们总有思路枯竭、缺乏灵感的时刻。这个模型旨在帮助你像挤牙膏一样，再挤出一些新的想法。

- “有无其他用途”指的是现有的东西（如发明、材料、方法等）有无其他用途，以及稍加改变后有无其他用途。
- “能否借用”指的是能否从别处得到启发，能否借用别人的经验或发明，以及当外界有相似的想法时能否借鉴。
- “能否改变”是指可不可以换一种形式，比如改变产品形态或状态，并预测改变后的效果。

- “能否扩大”是指现有产品能否扩大使用范围，能否增加一些元素，以及能否添加部件、延长时间、增加长度等。
- “能否缩小”是指如果产品变得更小、更轻，是否可以减少一些功能和成本，或者产生新的产品。
- “能否取代”是指能否用其他方法取代。
- “能否重新调整”是从调换的角度思考问题，能否更换一下先后顺序，以及能否调换元件和部件？更换一下又会怎么样？
- “能否颠倒”是从相反方向思考问题，倒过来会怎么样？上下是否可以倒过来？左右、前后是否可以对换位置？里外可否倒换？正反是否可以倒换？能否用否定代替肯定？
- “能否组合”是从综合的角度分析问题，如果尝试将各种组件合并在一起，会有什么效果？

进一步分析：对于其他行业，类似的问题是如何解决的？

4.5.7 SUCCESs

问题场景：新观点创意和商业模式评估。

图形结构：见图 4-23。

	评分	改善方向
简单（Simple）		
意外（Unexpected）		
可信（Credible）		
整合（Combine）		
情感（Emotion）		
故事（Story）		
神秘（secret）		

图 4-23

基本解释及使用：这个框架旨在从 Simple（简单）、Unexpected（意外）、Credible（可信）、Combine（整合）、Emotion（情感）、Story（故事）、secret（神秘）6 个视角来客观判断创新点子。它可以发现创意的不足点，方便你立刻补充。

- “简单”指的是想法是否比较简单，其他人容易理解。
- “意外”指的是一般来讲，是否打破了消费者的期望，以及有没有新的切入点。
- “可信”指的是有没有通过可信的事实让其他人产生共鸣，从而在市场培育初期就获得认同，为进一步发展夯实基础。
- “整合”指的是有没有对相关产品进行捆绑销售。跨界的整合创意往往能带来神奇的效果，例如苹果公司就做到了将硬件、软件和服务融为一体。
- “情感”指是否容易让用户产生共鸣。
- “故事”指是否以故事的方式加强传播，让人容易记住。
- “神秘”指的是通过创造“来之不易”的体验，让消费者很难得到，从而越发珍惜，例如过去的 iPhone 发布会。

进一步分析：你能否用一句话说明你的创意？用一句话无法提炼出来的创意，一般不是好创意。

4.5.8 产品组合矩阵

问题场景：产品布局或产品中的业务布局，它是散点图的变种，又称气泡图。

图形结构：见图 4-24。

基本解释及使用：一个赛道中存在形形色色的产品，一个产品也会有各种各样的功能，每个产品的功能和活跃度，以及任何两个维度的评估组合起来就是产品矩阵。

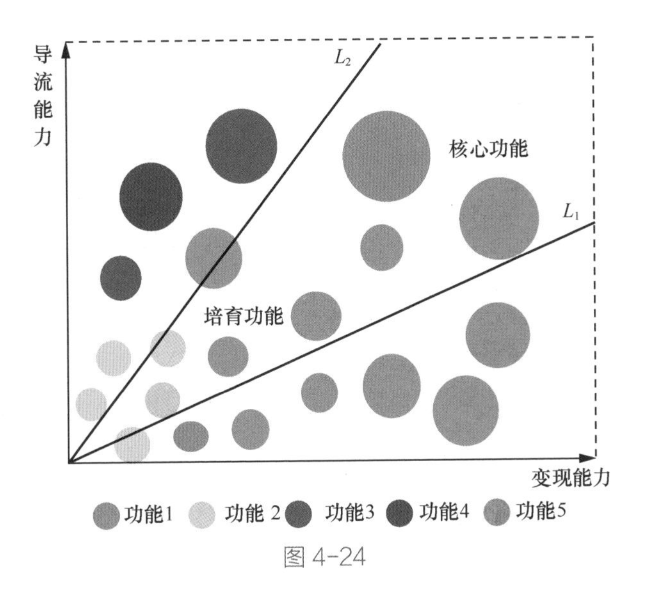

图 4-24

为了获得产品全局观，可以用气泡的大小表示用户活跃度，横轴代表变现能力，纵轴代表导流能力，让人快速把握公司的产品布局或内部产品功能矩阵的状况。

进一步分析：气泡图中的产品和产品之间或者功能和功能之间有什么关系？它们能相互导流吗？

小结

本节从大的战略部分入手，向你介绍了 8 种数据思维图。

- VRIO 分析——分析自身业务；
- 五力分析——分析整体业务赛道与竞争情况；
- SWOT 分析——分析整体业务场景与竞争优劣态势；
- 同理心地图——想方设法打动决策者；

- 4P 竞争分析——产品市场营销；
- 奥斯本检验表——拓展思路，获得新观点；
- SUCCESs——新观点创意和商业模式评估；
- 产品组合矩阵（气泡图）——分析产品布局或产品中的业务布局。

我将这些数据思维图称为“思维的榨汁机”，当你感到思路不清晰或者创意枯竭时，你不妨利用这些工具，将自己的头脑“榨”一遍，往往可以收到奇效。

数据给了你一双看透本质的眼睛。这些数据思维图就是你的望远镜和显微镜，能够让你把千头万绪梳理清楚。

思考

你还用过哪些比较好的产品和市场的数据思维图？欢迎你分享出来，让我们一起提高！

4.6 | 数据分析：15 种数据思维图（下）

4.5 节介绍了产品和市场的数据思维图，但这还不够。在形成商业模式前，我们还需要做获客、拆解和执行方面的工作。本节将介绍 7 个较为常用的分析模型（对应 7 种数据思维图），以帮助你梳理分析思维。

4.6.1 商业模式画布

问题场景：分析自身的商业模式。

图形结构：见图 4-25。

基本解释及使用：商业模式画布可以非常方便地对公司的商业模式进行一个整体的梳理。它通过 9 个关键因素分析一个公司的整体脉络，分别是

KP（Key Partnerships，关键合作伙伴）、KA（Key Activities，关键活动）、KR（Key Resources，关键资源）、VP（Value Propositions，价值主张）、CR（Customer Relationships，客户关系）、CH（Channels，渠道通路）、CS（Customer Segments，客户细分）、CS（Cost Structures，成本结构）、RS（Revenue Streams，收入来源）。

<table>
<tr>
<td rowspan="2">KP
关键合作伙伴
企业为了让商业模式有效运作所需的供应商和合作伙伴</td>
<td>KA
关键活动
企业为了让商业模式有效运作所需执行的关键业务活动</td>
<td rowspan="2">VP
价值主张
企业提供的能够为客户创造价值的产品或服务</td>
<td>CR
客户关系
企业和客户建立的关系以及如何维系关系</td>
<td rowspan="2">CS
客户细分
企业所服务的客户群体分类</td>
</tr>
<tr>
<td>KR
关键资源
企业为了让商业模式有效运作所需的核心资源</td>
<td>CH
渠道通路
企业用来接触并将价值传递给客户的路径和方式</td>
</tr>
<tr>
<td colspan="2">CS
成本结构
让商业模式有效运作所需付出的成本</td>
<td colspan="3">RS
收入来源
企业向客户提供价值所获得的收入</td>
</tr>
</table>

图 4-25

商业模式画布的最底层是公司的整体收支逻辑，左侧是公司的组织能力，右侧是针对客户的价值主张及采取的措施。你可以根据个人、公司和部门的情况通过商业模式画布把整个业务的逻辑梳理出来。

进一步分析：这 9 个因素中最强和最弱的分别是哪个？如何发挥优势和弥补弱势？

4.6.2 AIDMA

问题场景：设计整体客户营销策略。

图形结构：见图 4-26。

基本解释及使用：一个客户购买你的产品往往是因为注意到你的产品，然后产生了一些兴趣，当这些兴趣转化成欲望时，他才会有购买的行为。或者当他对你的产品有印象后，又见到你的产品时，就产生了购买的想法。

	注意（Attention）	兴趣（Interest）	欲望（Desire）	记忆（Memory）	行动（Action）
客户状态					
客户需求					
沟通策略					

图 4-26

AIDMA 模型旨在将你放到客户的位置，让你根据各个阶段（即注意、兴趣、欲望、记忆、行动）具体分析如何获得客户的关注，最后让客户产生购买行为。我们可以在图 4-26 所示的表格中写下每个客户当时的情况以及他的需求，针对这些情况和需求，设计如何让客户获得产品的各种特性和信息。

进一步分析：结合前面的同理心地图换位思考一下，客户是否还存在一些没有说明的需求？客户在每个过渡阶段会遇到什么障碍？我们如何排除这些障碍？

4.6.3 AARRR

问题场景：获取客户的各个阶段。

图形结构：见图 4-27。

	客户体验	KPI	结果	比例	目标值
获取（Acquisition）客户					
活跃（Activation）客户					
提高留存（Retention）					
获取收入（Revenue）					
传播（Refer）					

图 4-27

基本解释及使用：AARRR 模型也称"海盗模型"，它把从获取客户到最后变现的过程分成 5 个阶段，分别是获取客户、活跃客户、提高留存、获取收入以及传播阶段。通过这 5 个阶段，AARRR 模型清晰阐释了客户从开始与你接触到最后你从客户身上盈利这一完整流程。你可以设置每个阶段的目标以及期望的客户体验，最终我们可以通过数据分析来观察差距。

进一步分析：在信息过载、产品过剩的市场背景下，获客顺序已经不再是 AARRR，大多数产品是通过朋友或平台的推荐被客户看到，客户才去了解和购买。能否获得客户的推荐，是公司能否存活下去的一个重要参考指标。

4.6.4 SMART

问题场景：确定目标是否明确。

图形结构：见图 4-28。

具体的（Specific）	
可衡量的（Measurable）	
可实现的（Achievable）	
结果导向的（Result-based）	
有时效性（Time-bound）	

图 4-28

基本解释及使用：每次制定目标时，领导可能评价你的目标并不"SMART"，他不是说你不聪明，而是你的目标无法很明确地传达给下属和团队。

SMART 原则就是目标要具体（Specific），结果可衡量（Measurable），制定的目标应该是可实现的（Achievable），所有的动作和言论都是结果导向的（Result-based），且所有的目标都是有时效性的（Time-bound）。一个目标如果不符合 SMART 原则，就无法进行数据分析和最后的数据确认。

进一步分析：如果将目标提高 10 倍，它还 SMART 吗？ 100 倍呢？如果它不再 SMART，那么倍数变大就无法达成的限制因素是什么？有没有可能用奥斯本检验表突破限制因素？

4.6.5 PDCA

问题场景：反思和改进自己的业务。

图形结构：见图 4-29。

P.计划	D.执行	C.检查	A.执行
目标			

图 4-29

基本解释及使用：PDCA 源自著名的戴明环，旨在将一个任务按照顺序从计划到执行，再到检查，最后改善行动，重新规划，它不是运行一次就结束，而是不停地循环下去。

你可以在这个框架中填写要通过反复执行来提高的目标，做相应的计划（Plan），再根据设计和布局进行具体运作，实现计划中的内容（Do），接下来检查（Check）和总结我们能否达到目标，最后对总结检查的结果进行处理（Act），进入新的一轮循环（PDCA）。注意每一个动作的每一个目标都要有明确的数字，而不是定性地描述问题。

进一步分析：在这种不间断的循环中，有没有可以直接产生变革的大方向？局部的最优解往往不是全局的最优解。还记得辛普森悖论吗？仅仅进行局部优化可能无法实现全局优化，我们需要从更高维度思考问题。

4.6.6 RACI

问题场景： 拆分工作职责，进行工作协同。

图形结构： 见图 4-30。

	成员1	成员2	成员3	成员4	…
工作1	I	I	I	R/A	
工作2	R	A			
工作3	R	I	I	A	
工作4	I	R	A		
工作5	A	I	I	R	
工作6	I	C/I	I	R	
…					

图 4-30

基本解释及使用： 我们在做一件事情时，往往会有很多人或很多部门参与，这时候处理好人和人之间、部门和部门之间的关系就非常重要了。

在 RACI 矩阵中，执行者（Responsible）是负责具体执行任务的人；责任人（Accountable），负责向组织内外说明业务及进度状况，一般是组长；被咨询者（Consulted）一般是提供支援的部门和人，也就是在你有困难时，可以提供意见或者资源帮助你的人；被告知者（Informed）是需要知道这件事情的最新消息的人。

这里需要注意的是，在书写每一项任务时每一行只能有一个 A，也就是只能有一个最后负责人，因为有两个 A 就意味着有两个负责人，这会出现相互推诿的情况。

进一步分析： RACI 的最终确认一般需要责任人和老板共同决定。任务的拆解是一个技术性很强的工作，如果拆解不当，就可能出现有的事情没有人负责或者有的事情由多人负责的情况。你可以利用 WBS 这个工具把具体的任务分解下去，并跟踪相关完成情况和状态。

4.6.7 Will, Can, Must

问题场景：寻找做事情的优先级和边界。

图形结构：见图 4-31。

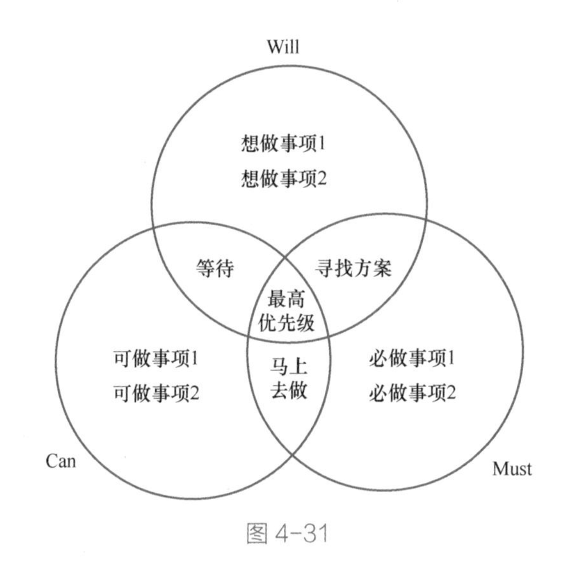

图 4-31

基本解释及使用：一个人或者一家公司都会有想做的事（Will）、能做的事（Can）和必须要做的事（Must），此时，通过这个框架，团队可以进行一次头脑风暴，确定行动的优先级。

可做而且必须做的事情，要马上去做；可做而且想要做的事情，可以不用着急地去做；想做而且必须做，但是能力不够还无法做到的事情，就要寻找解决方案。

当然，这三个方向的交集就是优先级最高的事情。在团队能力有了提升之后，我们“可做”的这个圈就会越来越大；随着业务规模的扩大，“必须做”的事情会变多；随着公司市值和愿景的上升，我们“想做”的事情也会越来越多。所以这三个方向的交集越大，公司和个人发展得就越好。

进一步分析：每一个人在想做的事、可做的事以及必须要做的事上，往往很难取得最终的一致。我们必须不断提升自己的能力，这样我们可做和必做的事情就会越来越多、越来越容易，我们也才能有时间将想做的事情完成，这就是我们要一直学习的原因。

小结

至此，我已经与你分享了我常用的 15 种数据思维图。注意在填写内容时，应尽量利用前面学过的知识，不要只简单填写一些定性的描述，你要采用定量的方法来填充，这样才能最大化地发挥这些数据分析思维框架的价值。

常用的数据分析思维框架还有很多，例如 STP、双因素理论、PEST、价值链分析等。希望你学完本章内容后，再面对数据分析问题时，能找到一些逻辑来梳理自己的思路。数据分析有着众多的路径和方法，我所介绍的只是千万条道路中的一条。如果你熟悉数据分析思维框架，就会知道我的数据分析思路是基于 TAPS 思维衍生出来的，当然你也可以基于 PREP 思维发展自己的数据分析思路。

其实无论采用哪种方法，都应记住，最终使用数据的是人，数据和这些数据分析思维框架都是用来帮助你看清事物本质的，不要被眼前的数据迷惑，也不要迷信工具，而应不断探索、追求实质，这才是数据分析人的精神所在。

数据给了你一双看透本质的眼睛，但最关键的还是我们的头脑，希望你能成为数据分析领域的“老中医”。

思考

你还遇到过哪些特别好的数据分析思维框架？欢迎你分享出来，让我们共同提高！

第5章 如何利用大模型进行数据分析

大模型来了！如何利用大模型解决我们在日常工作和生活中遇到的问题？如何利用大模型帮助我们做数据分析？如何利用大模型撰写数据分析报告？如何利用大模型提高工作效率？在本章，我将利用大模型，并通过给出具体的对话模板和“魔法词”来帮助你解决工作和生活中的一些常见问题。在数据分析领域，大模型已能媲美甚至超越初级数据分析师，精准地找到一些异常数据，善用大模型能让你以一当十、事半功倍。

5.1 | 大模型的威力

2023年被称为“大模型元年”，在这一年里，OpenAI发布了GPT-4，图像领域出现了DALL-E 2.0和Midjourney，谷歌也发布了多模态的Gemini。那么大模型究竟是什么？它对未来会产生怎样的影响？本章将深入浅出地为你讲解大模型的内涵，以及它对我们的生活、工作乃至数据分析可能产生的影响。

5.1.1 什么是大模型

“大模型”通常指在机器学习和人工智能领域使用的具有大量参数的模型。这些模型包含数百万到数十亿个参数，通常通过大规模的数据集进行训练。这些参数使得模型能够更好地理解和表示数据的复杂关系，从而提高模型的性能和准确性。

你可以想象一下，如果你有一个超级聪明的朋友，他不仅知道很多事情，而且能学习新东西，总是能解答你的问题，那将是一种怎样的体验？这样的朋友，就是我们所说的“大模型”。

大模型其实就是一种特别强大的计算机程序，它通过阅读和学习海量的图书、文章、网页等来理解和使用语言。这就像把整个图书馆的知识都装进了它的“大脑”。当你向它提问或请求帮助时，它就可以利用所学知识来回答你。

大模型的背后有着非常复杂的数学和计算机科学原理，所以它可以解答各种复杂的问题。简单来说，就是因为它能够从大量数据中学习如何理解和生成语言，才让它变得如此聪明。

大模型的工作原理类似于玩匹配游戏。当你向它提问时，它会在它的“知识库”里寻找最匹配的信息，然后根据这些信息给出答案。这个“知识库”是用它之前学习到的所有信息构建的，因此它的回答通常都很有用。

5.1.2 大模型能帮我们做什么

大模型就像一个万能助手，它可以协助你完成作业、编程、创作故事或音乐，甚至学习新语言。因为它“掌握”了很多知识，所以不管你遇到什么问题，只要询问它，它都能提供帮助。下面是一些例子。

教育辅助：学生可以使用大模型来获取对复杂概念的解释，比如请求解释量子物理的基本原理，或者获取数学题目的解题步骤。

提示词

现有一笼子，里面有鸡和兔子若干只，数一数，共有头 14 个，腿 38 条，鸡和兔子各有多少只？

ChatGPT

设鸡的数量为 x，兔子的数量为 y。

每只鸡有 1 个头，每只兔子有 1 个头，所以头的总数是 $x+y$；

每只鸡有 2 条腿，每只兔子有 4 条腿，所以腿的总数是 $2x+4y$。

题目中给出头的总数是 14，腿的总数是 38。因此，我们可以设置以下方程组。

$$x+y=14$$
$$2x+4y=38$$

可以通过解这个方程组来算出鸡和兔子的数量。首先，通过第一个方程解出 x。

$$x=14-y$$

然后将 x 的值代入第二个方程。

$$2(14-y)+4y=38$$

解这个方程，得到 y 的值。最后，将 y 的值代入方程 $x=14-y$，就可以得到鸡和兔子的数量。

计算过程如下。

1. $2(14-y)+4y=38$

2. $28-2y+4y=38$

3. $2y=10$

4. $y=5$

得到 $y=5$，将 y 的值代入方程 $x=14-y$。

$$x=14-5=9$$

所以，鸡有 9 只，兔子有 5 只。

提示词

如果不用方程，如何解这道题？

ChatGPT

可以使用逻辑推理的方法来解决这个问题。假设笼子里全是鸡，那么根据每只鸡有 1 个头和 2 条腿，共 14 只鸡会有 14 个头和 28 条腿（$2\times14=28$）。但实际数的腿是 38 条，多了 $38-28=10$ 条腿。

因为每只兔子有 4 条腿，比每只鸡多 2 条腿，所以多出来的 10 条腿是由兔子带来的。把这 10 条腿除以每只兔子多出来的腿数 2，我们得到 5 只兔子。

再用总头数 14 减去兔子的数量 5，得到鸡的数量：$14-5=9$（只）。

所以笼子里有 9 只鸡和 5 只兔子。

内容创作：作家或市场营销人员可以使用大模型生成创意文本、广告副本或博客文章草稿，以节省时间并激发新的创意。

提示词

假设你是市场创意总监，现在请针对我们新制作的“酷炫”牌运动鞋，写一段广告语，标语要贴近年轻人的潮流，非常酷炫，让人记忆深刻。

ChatGPT

广告语：

掀起潮流，释放酷炫能量！“酷炫”牌运动鞋，让你的步伐成为城市风向标。从青涩到炽热，我们定义年轻，演绎梦想，穿上“酷炫”，你是街头的舞者，是时尚的引领者，更是自我的表达者。融入街头文化，释放自我独特光芒，因为“酷炫”不只是一双鞋，更是你个性的延伸。

标语：

Step into Cool,Own the Street!（踏入酷炫，主宰街头！）

编程辅助：开发者可以借助大模型生成代码片段、调试代码或理解复杂的编程概念，以加速软件开发过程。

提示词

请帮我写一个打印 10 行三角形的 Python 程序。

ChatGPT

当您说“打印 10 行三角形”时，我假设您想打印一个简单的等腰三角形，每行递增一个星号。以下是一个简单的 Python 程序，它可以用来完成这个任务。

```python
# 打印10行等腰三角形

num_rows = 10

for i in range(1, num_rows + 1):
    spaces = " " * (num_rows - i)
    stars = "*" * (2 * i - 1)
    print(spaces + stars)
```

此程序使用 for 循环遍历行数，然后使用空格和星号构建每一行，以形成一个等腰三角形。您可以根据需要调整num_rows的值以获得不同行数的三角形。

语言学习：语言学习者可以使用大模型练习对话、纠正语法错误或学习新词汇，将大模型作为互动的语言学习工具。

提示词

请帮我修正这句英文，并告诉我哪里错了，应该怎么改：

I do cakes, and it is very good.

ChatGPT

您的句子的语法是正确的，但可以通过改变表达方式使其更自然和流畅。修正后的句子可能是“I make cakes, and they turn out really well.”这样能更加自然地传达你制作蛋糕的能力和成果。

提示词

为什么不用 do 而用 make？

ChatGPT

make 在这里更适用，因为 make 表示创造或制作某物，而 do 表示完成任务或活动。在制作蛋糕的语境中，使用 make 更能准确地传达您在制作过程中付出的努力和创造性。所以，I make cakes 更符合表达您制作蛋糕的意思。

提示词

turn out 是什么意思，为什么不用 it is good？

ChatGPT

turn out 的意思是结果如何或者最终的状态如何。在这个上下文中，使用 turn out 更自然，因为它强调的是蛋糕的最终结果，而不仅仅是蛋糕是否好。这样的表达方式更生动地传达了制作蛋糕的整个过程，以及蛋糕最终的品质如何。

当然，您也可以使用 it is good，这也是正确的，但 turn out 在这里更加通用，因为它可以包括更多关于制作蛋糕过程和结果的信息。因此，句子“make cakes, and they turn out really well.”在这种情境下更为常见和自然。

个人生产力提升：个人可以利用大模型来管理日程、设置提醒、整理邮件等，以提高日常工作的效率。

提示词

请帮我用中文总结如下邮件内容的主要意图。

Hi William, Pinging again to check the scope of collaboration. A few things that make us different.

1. Global Hiring Experience——We have hiring experience across the globe. We have a physical presence in the U.S., Australia, and India and we are a registered entity in Singapore.

2. Skilled Resources——Our resources are domain experts for the role that they hire for. They are the best in the industry (We hire the top 1 percentile of the talent pool)

3. Quality & Process centricity——Everything we do at Macro Hire revolves around improving quality and process.

4. Account Managers——We have dedicated account managers who come from the business side. They understand, emphasize, and ensure amazing client experience.

5. Tech Intervention——We use extensive tech to ensure we reach out to the best of the talent faster.

We can set up a call to discuss more. Do suggest if we can plan a call this week/next week?

ChatGPT

这封邮件的主要意图是再次联系 William，以确认合作范围。邮件列举了一些公司的优势，包括全球招聘经验、高技能资源、质量和流程导向、专业的客户经理团队以及技术介入。最后，邮件提出了建议安排一次电话会议，以进一步讨论。

旅行规划与建议：用户可以使用大模型获取关于目的地的详细信息、旅行建议、行程规划帮助，甚至语言翻译服务，使旅行准备更加轻松。

提示词

我全家春节想去厦门旅行，我家里有一个2岁的小女孩，一共三四天的行程，行程中需要有鼓浪屿和厦门本地的著名景点，但是不能走太远的路，另外下午1点到3点需要回酒店睡午觉，吃饭的地方得是儿童也可以一起吃的餐厅，可以全程打车，住宿的酒店希望有亲子设施，请把每天的上午行程、午餐、下午行程、晚餐、晚上行程都帮忙安排下。

ChatGPT

当然，我可以为您安排一个合适的厦门行程。请注意，具体的景点开放时间和孩子的状况可能会影响计划。以下是一个大致的建议。

第一天

早上：抵达厦门后，前往酒店办理入住手续。

上午：在酒店附近选择一个轻松的公园或海滩，比如曾厝垵沙滩，让小女孩放松一下。

午餐：在附近找一家家庭友好的餐馆，比如"海滨城市咖啡厅""椰风寨"等，这些餐馆都提供儿童餐。

下午：游玩曾厝垵古老的渔村，欣赏古老的建筑风格和海边景色。在附近的公园或休闲区散步，适应时差和气候。

晚餐：选择附近的餐馆，如"厦门鱼丸城"，品尝地道的厦门美食。

广告创意与图画：大模型可以根据你的创意制作LOGO或广告图。

提示词

请给我画一个一只兔子登上火星的广告图。

ChatGPT

Here is the imaginative advertisement of a rabbit astronaut landing on Mars, I hope this captures the adventurous spirit and whimsy you were looking for.

小结

本节向你介绍了大模型及其在工作和生活中提供的各种帮助。大模型就像一个知识渊博、不知疲倦的超级智能助手，它通过学习大量的文本信息来协助我们解答问题、完成任务。学会使用这样的工具，就像学会与这个超级智能伙伴合作，一起完成更多挑战。接下来我们将深入介绍如何使用大模型来解决数据分析领域的各种问题。

思考

在你的工作和生活中，你认为还有哪些问题可以借助大模型来解决？又有哪些问题是大模型无法解决的？为什么？

5.2 | 使用大模型做数据分析

与数据分析相关的大模型有很多，其中比较典型的就是目前最流行的ChatGPT（其他大模型的使用方法也类似），它不仅可以进行文本生成、语言理解、问题解答，也可以针对我们的数据内容进行数据分析，还可以根据要求生成趋势图，本节就带你体验如何使用大模型进行数据分析。

5.2.1 如何让大模型的回答更专业和有效

大模型的使用方法很简单，你只须打开对话框，输入问题，即可获得所需答案。例如，回顾大数定律问题时，你可以直接这样询问：

提示词

大数定律是什么？请给我举一个例子进行说明。

ChatGPT

大数定律是概率论中的一个重要原理，它描述了在独立重复实验的情况下，随着实验次数的增加，样本平均值会趋向于稳定地接近于总体平均值的现象。换句话说，当实验次数足够多时，样本的平均值将会收敛到总体的平均值。

一个经典的例子就是抛硬币。抛一枚普通硬币，正面朝上和反面朝上的概率均为 0.5。换言之，进行一系列独立的抛硬币实验，记录正面朝上或反面朝上的次数，然后计算这些次数的平均值，根据大数定律，随着实验次数的增加，这些平均值会趋向于 0.5。

假设我们进行了 10 次抛硬币的实验，记录到正面朝上的次数为 4 次，那么平均值就是 4/10=0.4。如果我们继续进行更多次抛硬币的实验，比如 100 次、1000 次，那么计算出的平均值会更接近 0.5，这就是大数定律。大数定律告诉我们，通过增加实验次数，样本平均值会越来越接近硬币正面朝上的真实概率 0.5。

你所提的问题称为“提示词”（Prompt），所有大模型都是通过理解提示词来生成答案的。给 ChatGPT 一个问题或任务的提示，它就会尝试回答问题或执行任务。除了刚才给出的提示词模板，你还可以使用如下常用的提示词。

- “告诉我关于……”：用于获取有关特定主题的信息。
- “帮我……”：用于寻求帮助或执行某项任务，比如找资料、解答问题等。
- “解释一下……”：用于寻求某个概念或主题的解释。
- “给我一些建议……”：用于获得关于做决策、解决问题的建议。

这是大模型最简单的使用方法。但是，你会发现对于这些问题，大模型往往会用一种非常简单的逻辑来回答，特别是当需要进行复杂场景分析时，大模型往往会给出很多“正确的废话”。所以，我们不能简单地把大模型当作搜索引擎和问答机器，而应把它当作我们的个人助理。

我们一般用如下“魔法”来帮助大模型给出更好的回答。

假定对方身份 + 给出问题的背景 + 问题和对回复的要求

下面详细解释一下这几个要素。

- 假定对方身份：大模型学习了大量知识，如果你不给它一个身份，它就会以一个没有专业背景的人的身份来回答你的问题。你可以先假定对方身份，如“你是一个拥有多年幼儿培训教育经验的数学老师，对于数学基础知识，以及幼儿教育和如何让孩子听懂复杂问题都有非常丰富的经验”。
- 给出问题的背景：大模型有了身份后，也就掌握了大量经验，但是如果你需要它帮助你找到最适合你的回答，则需要给出这个问题的背景，如“我是一名 10 岁的具有好奇心和简单小学背景的学生，我需要学习和了解一些初中的数学知识以拓展我的认知”。
- 问题：你所提的问题要尽量详细和明确，让大模型明确知道它有了这个经验和背景之后，到底要解决什么问题，如“大数定律是什么？请给出具体的定义并用一个例子来帮助我理解这个定义”。
- 对回复的要求：这部分非常重要，大模型在有了相关经验且明确了背景和问题后，仍不确定究竟要怎么回答才能更好地满足你的需求，所以你还需要完善大模型回答的格式、字数、语气等，如“回答时请考虑到我的年龄和知识程度，以通俗易懂、生动有趣的方式回答，例子需要举小学生日常容易遇到的场景，篇幅在 1500 字左右”。

下面我们仍然用前面解释大数定律的例子，加上这些“魔法词”再试一次。

提示词

你是一个拥有多年幼儿培训教育经验的数学老师，对于数学基础知识，以及幼儿教育和如何让孩子听懂复杂问题都有非常丰富的经验。我是一名 10 岁的具有好奇心和简单小学背景的学生，我需要学习和了解一些初中的数学知识以拓展我的认知。我的问题是：“大数定律是什么？请给出具体的定义并用一个例子来帮助我理解这个定义。”回答时请考虑到我的年龄和知识程度，以通俗易懂、生动有趣的方式回答，例子需要举小学生日常容易遇到的场景，篇幅在 1500 字左右。

ChatGPT

好的，让我们来谈谈大数定律吧！它其实是一个非常有趣的数学概念。

首先，我们来给大数定律下一个简单的定义：当我们做同样的事情很多次时，结果会越来越接近我们预期的结果。这听起来有点像魔法，但其实它是数学中的一条重要定律。

接下来，让我用一个生动的例子来帮你理解大数定律。想象一下，你和几个好朋友在玩抛硬币的游戏。你们想要用抛硬币的方式来决定今天谁去买冰淇淋，当硬币正面朝上时，你就去买冰淇淋；反之，如果反面朝上，就由别人去买。

让我们来看看大数定律是如何在这个游戏中发挥作用的。第一次，你抛了一枚硬币后，它可能正面朝上，也可能反面朝上。但是，当你抛了很多次后，比如100次，你会发现大约一半的情况是正面朝上，另一半的情况是反面朝上。

这就是大数定律的奇妙之处！即使在刚开始的几次尝试中，你可能觉得硬币出现正反面朝上的次数有点不稳定，但是随着你抛的次数越来越多，结果会越来越接近50%的概率。

再举个例子，想象你每天都在玩这个抛硬币的游戏。虽然每一天你都会看到不同的结果，但如果你把每一天抛硬币的结果都记录下来，最后把它们加在一起，你就会发现最终正面朝上的概率会非常接近50%，这就是大数定律的魔力所在！

所以，大数定律告诉我们，当我们做同样的事情很多次时，结果会越来越接近我们预期的结果。大数定律是一个很有趣的数学概念，而且它还可以帮助我们理解现实世界中许多其他的现象。

这时你会发现，整体内容、语气和举例子的方法与你前面简单提问时完全不同，这就是“魔法词”的厉害之处。当然，如果想要获得更优秀的回答，大模型还有很多高阶使用方法和参数，感兴趣的读者可以关注我的微信公众号“郭大侠说开源”。

5.2.2 如何使用大模型探查分析数据

下面看看如何使用大模型探查分析数据。作为数据分析师，我们最感兴趣的是自己的职业前途，以及应该朝哪些方向继续发展。我找到了一份来自国外的原始数据，其中大概有 40 多万条记录，内容涉及数据分析师的职位信息、职业描述、需要掌握的技能以及最重要的薪资情况等。我们粗略看一下数据内容，见图 5-1。

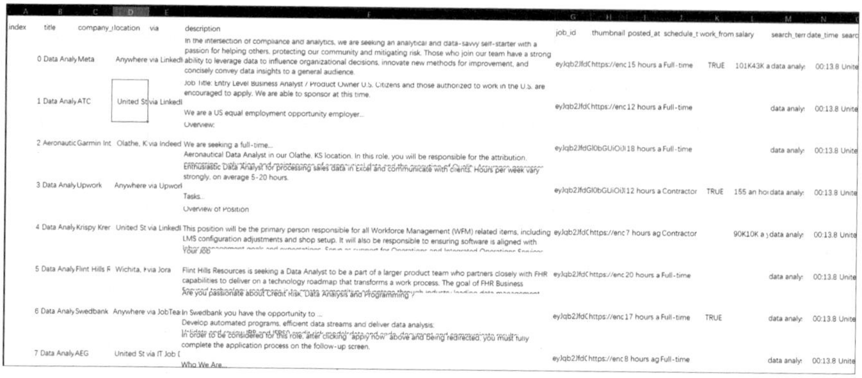

index	title	company_	location	via	description	job_id	thumbnail	posted_at	schedule_t	work_from	salary	search_terr	date_time	searc
0	Data Analy	Meta	Anywhere	via LinkedI	In the intersection of compliance and analytics, we are seeking an analytical and data-savvy self-starter with a passion for helping others, protecting our community and mitigating risk. Those who join our team have a strong ability to leverage data to influence organizational decisions, innovate new methods for improvement, and concisely convey data insights to a general audience.	eyJqb2JfdC	https://enc	15 hours a	Full-time	TRUE	101K43K a	data analy	00:13.8	Unite
1	Data Analy	ATC	United St	via LinkedI	Job Title: Entry Level Business Analyst / Product Owner U.S. Citizens and those authorized to work in the U.S. are encouraged to apply. We are able to sponsor at this time. We are a US equal employment opportunity employer...	eyJqb2JfdC	https://enc	12 hours a	Full-time			data analy	00:13.8	Unite
2	Aeronautic	Garmin Int	Olathe, K	via Indeed	Overview: We are seeking a full-time... Aeronautical Data Analyst in our Olathe, KS location. In this role, you will be responsible for the attribution,	eyJqb2JfdGl0bGUiOiJI		18 hours a	Full-time			data analy	00:13.8	Unite
3	Data Analy	Upwork	Anywhere	via Upwor	Enthusiastic Data Analyst for processing sales data in Excel and communicate with clients. Hours per week vary strongly, on average 5-20 hours. Tasks...	eyJqb2JfdGl0bGUiOiJI		12 hours a	Contractor	TRUE	155 an ho	data analy	00:13.8	Unite
4	Data Analy	Krispy Krer	United St	via LinkedI	Overview of Position This position will be the primary person responsible for all Workforce Management (WFM) related items, including LMS configuration adjustments and shop setup. It will also be responsible to ensuring software is aligned with	eyJqb2JfdC	https://enc	7 hours ag	Contractor		90K10K a y	data analy	00:13.8	Unite
5	Data Analy	Flint Hills F	Wichita, K	via Jora	Your Job Flint Hills Resources is seeking a Data Analyst to be a part of a larger product team who partners closely with FHR capabilities to deliver on a technology roadmap that transforms a work process. The goal of FHR Business	eyJqb2JfdC	https://enc	20 hours a	Full-time			data analy	00:13.8	Unite
6	Data Analy	Swedbank	Anywhere	via JobTea	Are you passionate about Credit Risk, Data Analysis and Programming? In Swedbank you have the opportunity to ... Develop automated programs, efficient data streams and deliver data analysis:	eyJqb2JfdC	https://enc	17 hours a	Full-time	TRUE		data analy	00:13.8	Unite
7	Data Analy	AEG	United St	via IT Job [	In order to be considered for this role, after clicking "apply now" above and being redirected, you must fully complete the application process on the follow-up screen. Who We Are...	eyJqb2JfdC	https://enc	8 hours ag	Full-time			data analy	00:13.8	Unite

图 5-1

其中比较重要的内容是公司、职位信息和薪资等，可以看到都是大段的文字（见图 5-2），整体数据情况也不清楚，此时如何利用大模型来帮助我们做数据分析呢？

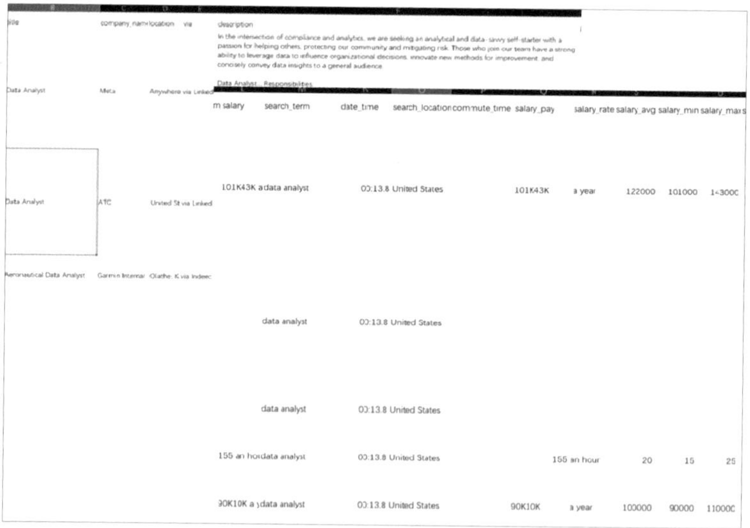

title	company_nam	location	via	description
Data Analyst	Meta	Anywhere	via Linked	In the intersection of compliance and analytics, we are seeking an analytical and data-savvy self-starter with a passion for helping others, protecting our community and mitigating risk. Those who join our team have a strong ability to leverage data to influence organizational decisions, innovate new methods for improvement, and concisely convey data insights to a general audience. Data Analyst... Responsibilities
Data Analyst	ATC	United St	via Linked	
Aeronautical Data Analyst	Garmin Internat	Olathe, K	via Indeec	

m salary	search_term	date_time	search_location	commute_time	salary_pay	salary_rate	salary_avg	salary_min	salary_max
101K43K a	data analyst	00:13.8	United States		101K43K	a year	122000	101000	143000
	data analyst	00:13.8	United States						
	data analyst	00:13.8	United States						
155 an ho	data analyst	00:13.8	United States		155	an hour	20	15	25
90K10K a y	data analyst	00:13.8	United States		90K10K	a year	100000	90000	110000

图 5-2

使用ChatGPT Plus提供的@功能，直接选择Data Analyst，见图5-3。

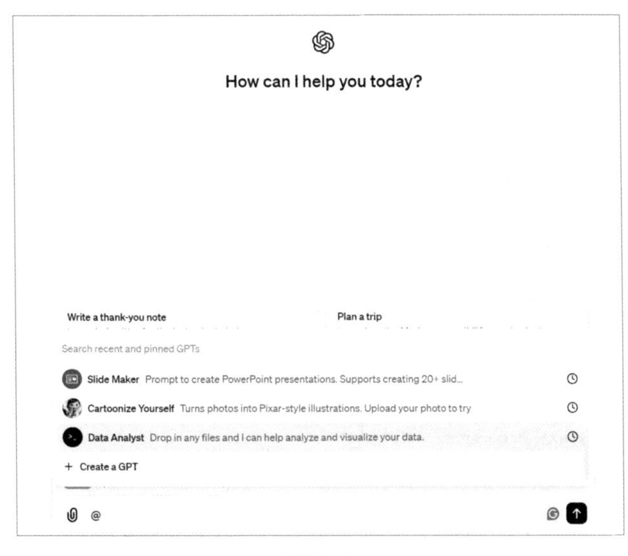

图 5-3

上传我们的数据文件，同时利用前面介绍的“三段论”方法来提问，先让大模型熟悉一下数据，并让其给出数据的一些基本情况，见图 5-4。

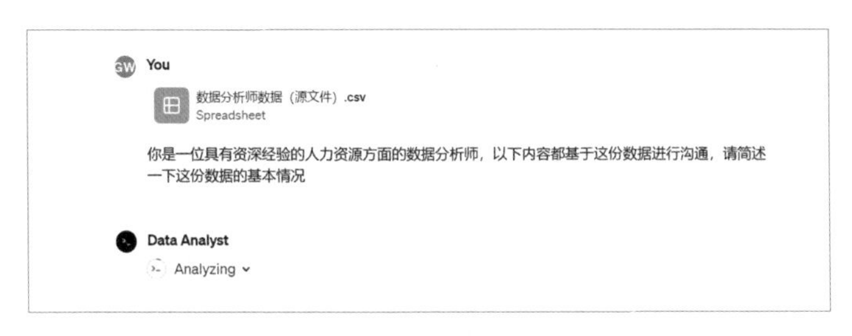

图 5-4

时间会比较长，大家需要耐心等待，大模型会给出对这份数据的相关内容的探查结果，见图 5-5。

我发现大模型提到有一些数据字段缺失了，我们可以让它提供一份整体数据缺失情况的说明和数据的概况，见图 5-6。

Data Analyst

这份数据包含了人力资源领域的多个方面，主要聚焦于数据分析岗位。数据集由 43,408 行构成，每行代表一个特定的职位。数据集含有 27 个字段，主要包括：

1. **Unnamed: 0, index**：似乎是索引列，可能是数据处理过程中产生的。
2. **title**：职位名称。
3. **company_name**：公司名称。
4. **location**：工作地点。
5. **via**：信息来源。
6. **description**：职位描述。
7. **extensions**：扩展信息，具体内容未知。
8. **job_id**：职位ID。
9. **thumbnail**：缩略图链接（部分数据缺失）。
10. **posted_at**：发布日期。
11. **schedule_type**：工作类型（如全职、兼职等）。
12. **work_from_home**：是否支持远程工作。
13. **salary**：薪资信息（原始格式）。
14. **search_term**：搜索词。
15. **date_time**：数据记录时间。
16. **search_location**：搜索地点。
17. **commute_time**：通勤时间（全部缺失）。
18. **salary_pay, salary_rate**：薪资支付方式和频率。
19. **salary_avg, salary_min, salary_max**：平均薪资、最低薪资、最高薪资。
20. **salary_hourly, salary_yearly**：小时薪资和年薪。
21. **salary_standardized**：标准化薪资。
22. **description_tokens**：职位描述中的关键词。

数据集中薪资相关的字段部分缺失，这可能是因为不是所有职位都公开了薪资信息。数据集覆盖了多种数据分析岗位，从基层的数据分析师到专业领域的航空数据分析师。此外，它还提供了职位的技能要求（如 Python、SQL、Tableau 等），这对于分析数据分析岗位市场和技能需求非常有用。

图 5-5

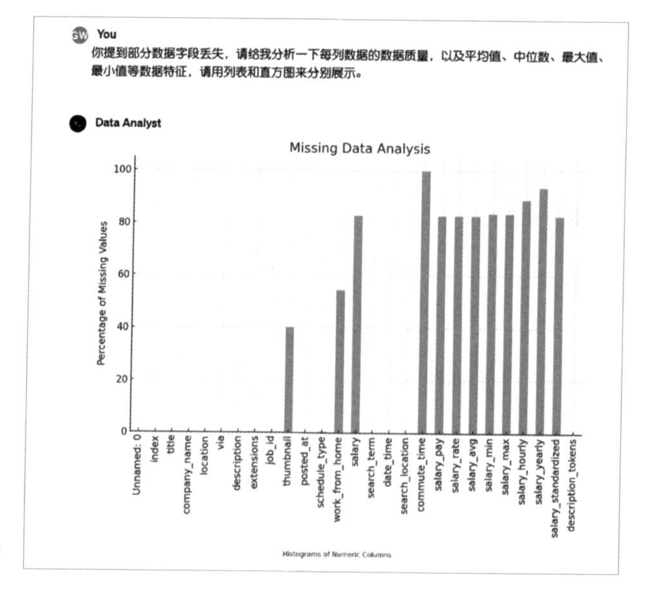

图 5-6

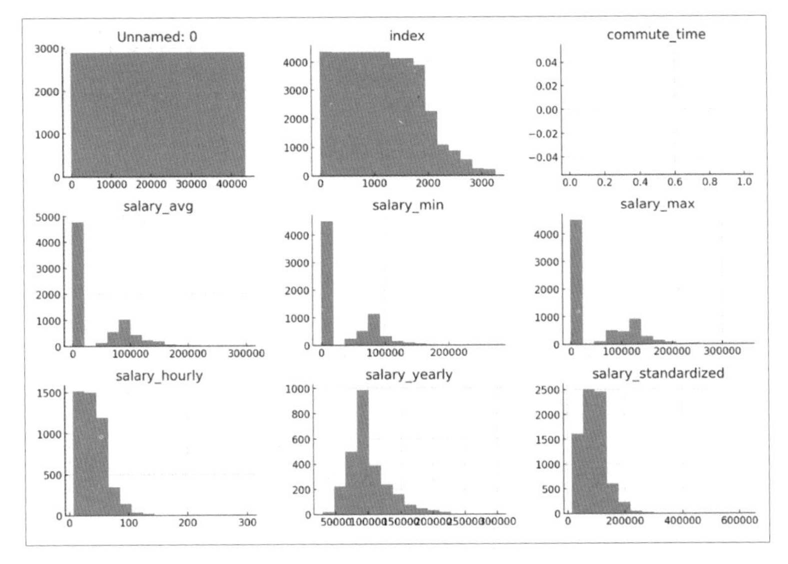

图 5-6（续）

与此同时，大模型也给出了非常专业的关于数据缺失值的反馈。

ChatGPT

缺失值分析

- 直方图显示了数据集中每列的缺失值比例。
- 有些字段，如 commute_time 和 salary 字段，有较高的缺失值比例。这表明薪资数据在很多职位描述中未被提及，而 commute_time 字段则在整个数据集中完全缺失。
- 其他字段，如 location、via、schedule_type、work_from_home 字段，也有少量缺失值。

数值型字段特征

- Unnamed：0 和 index 字段看起来像是索引，它们的统计数据可能没有实际意义。
- 薪资相关字段（字段 salary_avg、salary_min、salary_max、salary_hourly、salary_yearly 和 salary_standardized）表现出较大的范围，这说明薪资水

平差异较大。

- 这些薪资字段的中位数（median）和平均数（mean）之间存在差异，这表明薪资数据分布不均匀，可能呈偏态分布。

直方图

- 直方图展示了数值型字段的分布情况。
- 可以看出薪资相关字段呈偏态分布，这与薪资差异及市场上不同级别职位的存在相符合。
- 由于部分字段（如 Unnamed: 0 和 index 字段）为索引字段，它们的直方图可能没有实际分析价值。

通过这些分析，我们可以更好地理解数据集的结构和质量，为开展进一步的数据分析奠定基础。

我们可以继续要求大模型给出更深入的分析，例如分析薪资、职位地点和技能要求之间的关系。

ChatGPT

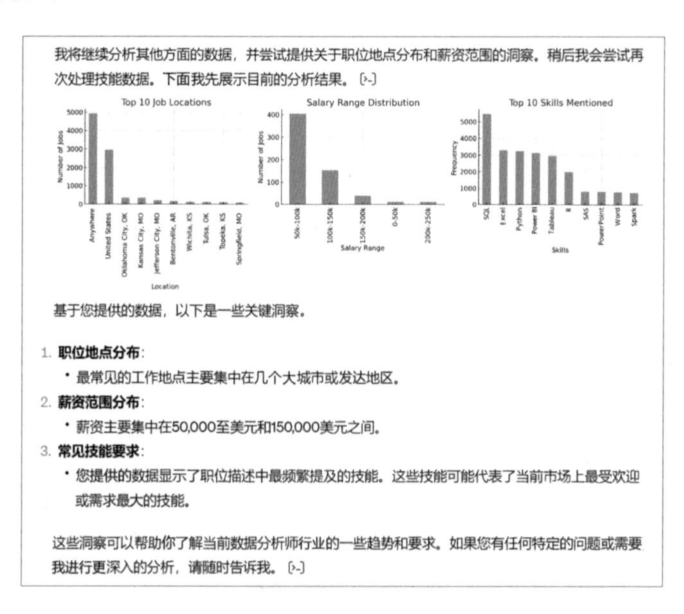
我将继续分析其他方面的数据，并尝试提供关于职位地点分布和薪资范围的洞察。稍后我会尝试再次处理技能数据。下面我先展示目前的分析结果。[>-]

基于您提供的数据，以下是一些关键洞察。

1. **职位地点分布**：
   - 最常见的工作地点主要集中在几个大城市或发达地区。
2. **薪资范围分布**：
   - 薪资主要集中在50,000至美元和150,000美元之间。
3. **常见技能要求**：
   - 您提供的数据显示了职位描述中最频繁提及的技能。这些技能可能代表了当前市场上最受欢迎或需求最大的技能。

这些洞察可以帮助你了解当前数据分析师行业的一些趋势和要求。如果您有任何特定的问题或需要我进行更深入的分析，请随时告诉我。[>-]

如果图片不清晰，则可以继续发问。

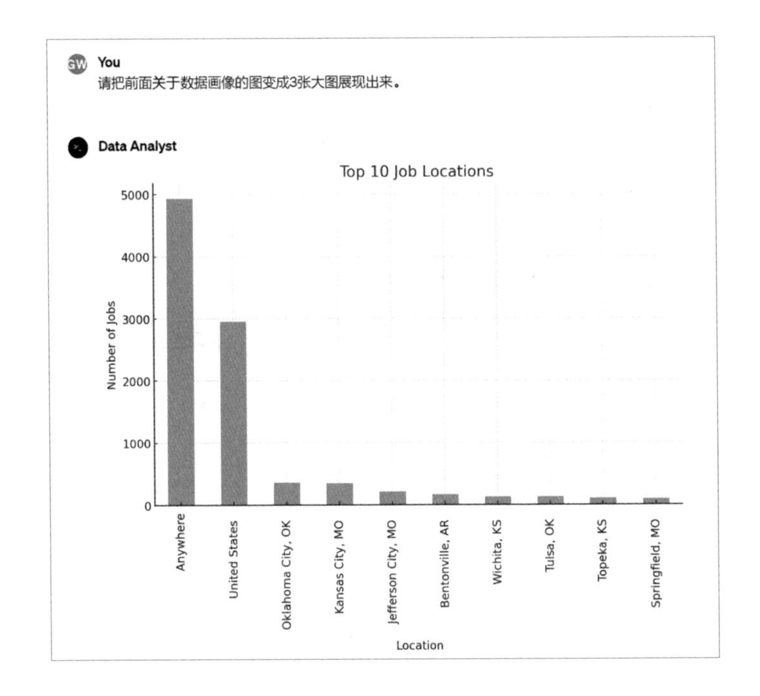

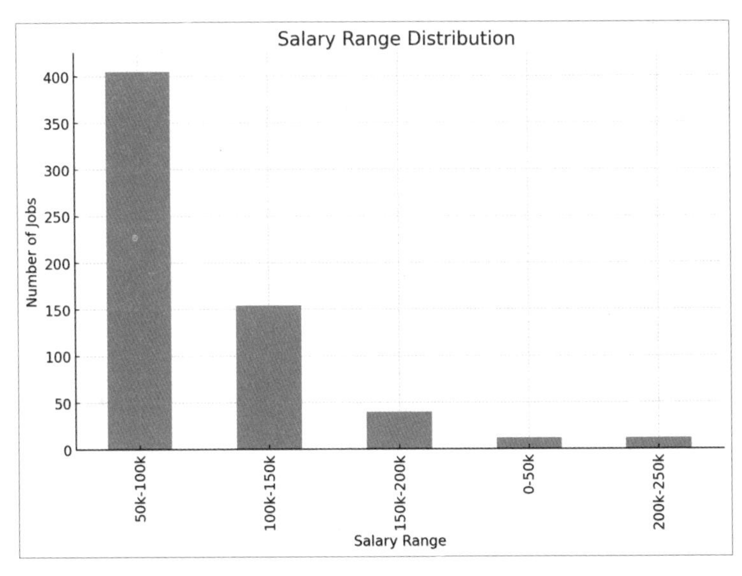

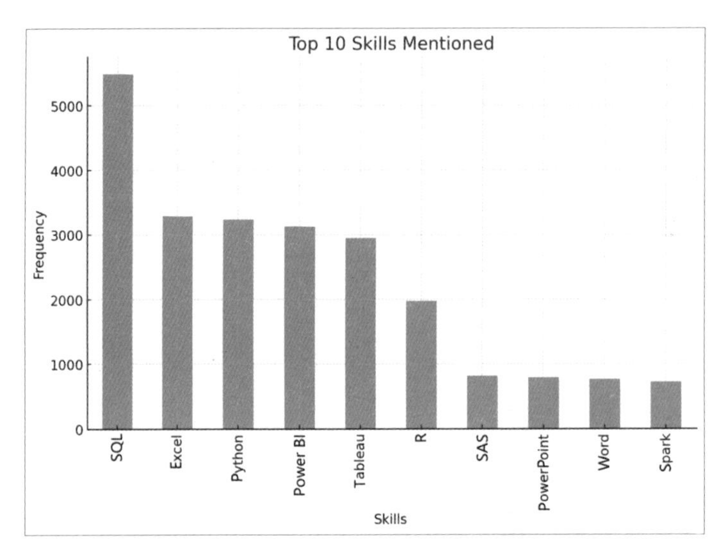

这时候，我们还需要做进一步的分析，看看最受欢迎的这些技能和薪资之间的关系。

提示词

最受欢迎的这些技能和薪酬之间的关系是怎样的？薪酬高的数据分析师最需要掌握的技能有哪些？

ChatGPT

为了探究技能要求与薪酬之间的关系，我将采取以下步骤。

首先，我将根据年薪将薪酬分为几个等级，例如低、中等、高。

然后，我将分析每个薪酬等级中最常见的技能要求。这样我们就可以看到不同薪酬水平的数据分析师所要求技能之间的差异。

根据数据集中的薪酬数据和技能要求，不同薪酬水平的数据分析师最需要掌握的技能如下。

- 低薪酬水平（Low Salary Level）的数据分析师。
  - SQL：92 次提及。
  - Excel：90 次提及。

- Power BI：71 次提及。
- Tableau：60 次提及。
- Python：44 次提及。

- 中等薪酬水平（Medium Salary Level）的数据分析师。
  - SQL：123 次提及。
  - Python：84 次提及。
  - Tableau：72 次提及。
  - Power BI：59 次提及。
  - Excel：55 次提及。
- 高薪酬水平（High Salary Level）的数据分析师。
  - SQL：140 次提及。
  - Python：112 次提及。
  - Tableau：53 次提及。
  - Power BI：45 次提及。
  - Excel：40 次提及。

从上述数据可以看出，SQL 和 Python 在各个薪酬水平中都是非常重要的技能，尤其是高薪酬水平。此外，数据可视化工具（如 Tableau 和 Power BI）在各个薪酬水平中也很常见。Excel 作为一项基础技能，在各个薪酬水平中都有所体现。这些信息可以帮助我们理解数据分析领域不同薪酬水平的技能要求差异。

我们可以很容易地看出若数据分析师想获得更高的薪资需要掌握哪些技能。为了更清晰地表达这些数据之间的关系，我们还可以让大模型帮我们画更复杂的数据分析图，例如前面章节提到的散点图。

提示词

请给我画一张工作地点和薪酬范围的散点图，薪酬范围是Y轴，工作地点是X轴，按照每个工作地点的平均薪酬从低到高排列。

ChatGPT

为了创建工作地点和薪酬范围的散点图，我将采取以下步骤。

1. 计算每个工作地点的平均薪酬。
2. 按照每个工作地点的平均薪酬从低到高进行排序，作为X轴。
3. 使用具体的薪酬范围作为Y轴。

接下来，我将根据以上步骤生成散点图。

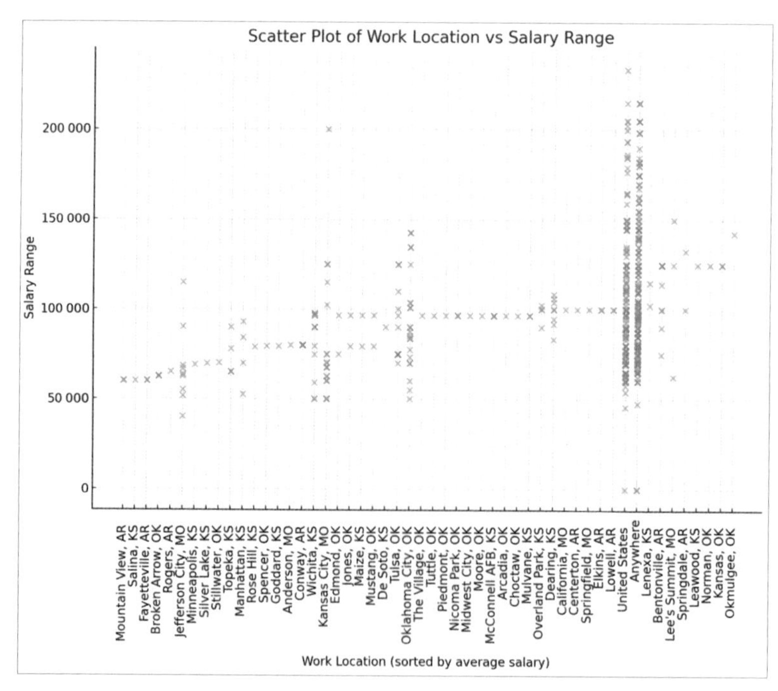

以上散点图中的每个点代表一个职位，其位置反映了该职位的工作地点和薪酬水平。

由于工作地点较多，X 轴的标签可能有些拥挤，但这个散点图从整体上提供了工作地点与薪酬范围之间关系的直观展示。如果您需要做进一步的分析或调整，请告诉我。

这还没有结束，作为数据探查者，我们可以继续追问这个散点图中隐藏的数据规律。

提示词

从这个散点图中可以看到什么趋势和规律？请帮我总结一下，并结合具体工作地点为当地的企业的状况解释一下为什么会这样。

ChatGPT

从这个关于工作地点与薪酬范围的散点图中，我们可以观察到以下趋势和规律。

- 薪酬与地理位置的关系。从这个散点图中可以看出，某些地区的薪酬普遍高于其他地区，这通常与当地的生活成本、经济状况和行业集中度有关。例如，大城市或技术中心（如硅谷、纽约、波士顿）通常提供更高的薪酬，这反映了这些地方高昂的生活成本和对高技能人才强烈的需求。
- 薪酬分布的波动性。某些地区可能呈现出较大的薪酬波动，这可能缘于这些地区职位类型的多样性。例如，某技术中心可能同时拥有初创企业（可能提供较低的起薪但有股权激励）和成熟的大型科技公司（提供较高的基本薪酬）。
- 高薪酬地区的特点。高薪酬地区通常是那些经济发达、企业集中的地区。这些地区的公司可能在全球范围内运营，需要高技能的数据分析师来支持复杂的业务决策。这些公司可能更愿意为顶尖人才支付更高的薪酬。
- 低薪酬地区的特点。相比之下，低薪酬地区可能是生活成本较低、经济较不发达或企业规模较小的地区。这些地区的公司可能规模较小，或者在当地竞争对手较少，因此薪酬水平相对较低。

需要注意的是，这些趋势和规律可能受多种因素的影响，包括但不限于地区经济状况、行业分布、公司类型和规模、生活成本等。具体到每个地区，可能还需要考虑更多的本地因素才能全面理解薪酬差异产生的原因。此外，数据集本身的范围和代表性也可能影响这些观察结果。

我们可以进一步追问整体数据的一些观察结论。

提示词

从给你的数据中，你还可以看到什么数据规律？请给我总结一下数据分析岗位在薪酬、工作地点、技能方面的一些规律，并结合不同地区，为刚进入数据分析领域的分析师提供一些建议。

ChatGPT

基于您提供的数据，我可以总结出数据分析岗位在薪酬、工作地点和技能方面的一些规律，并为刚进入数据分析领域的分析师提供一些建议。

薪酬

- 薪酬范围：数据分析岗位的薪酬范围较广，从较低的起薪到高达 6 位数的年薪都有。
- 薪酬差异：薪酬水平受工作地点、公司类型、行业、技能和经验水平等因素的影响。大城市和技术中心（如硅谷、纽约）往往提供更高的薪酬。

工作地点

- 地区差异：大城市和技术中心的数据分析岗位更多，提供的薪酬更高，但也伴随着更高的生活成本。
- 工作地点的选择：选择工作地点时，需要权衡薪酬水平、生活成本、个人职业发展机会和生活质量。

技能

- 常见技能：SQL、Python、Excel、Tableau 和 Power BI 是数据分析领域最常见的技能。

- 技能与薪酬的关系：掌握高需求技能（如 Python、机器学习）可能会给你带来更高的薪酬。

建议

对于刚进入数据分析领域的分析师，建议从以下几个方面提升自身的能力。

- 核心技能：熟练掌握 SQL 和 Excel，它们是数据分析的基础，同时学习 Python 或 R，这两种编程语言在数据处理和分析方面非常强大。
- 数据可视化：掌握至少一种数据可视化工具，如 Tableau 或 Power BI。这些技能对于数据的呈现和解释至关重要。
- 统计知识：基本的统计知识是理解数据和对数据进行有效分析的基础。
- 行业知识：了解你感兴趣或正从事的特定行业，这将使你的数据分析更有价值。
- 持续学习：数据分析是一个快速发展的领域，不断地更新你的技能和知识对于个人职业发展至关重要。

综上所述，数据分析是一个多样化的、快速发展的领域，要求分析师不断地学习和适应新技术、新工具。建立扎实的基础，并根据个人职业目标和所在地区的市场需求不断扩展自身的技能，对于初入行的分析师来说是非常重要的。

结果是不是超乎你的想象？你可以看到，作为拥有大模型支持的数据分析师，过去那些需要花费大量时间进行的数据准备工作，以及利用各种数据分析工具来完成的基本数据探查工作，现在都能在与 ChatGPT 的互动中迅速完成。我们最需要做的就是“思考，并问对问题”，其实用大模型辅助数据分析在国外已经非常流行，这种技能又称大模型辅助 EDA（Exploratory Data Analysis）。在硅谷，使用大模型做 EDA 已经成为数据分析师必备技能之一。也就是说，如果不会使用大模型辅助 EDA，可能很难在硅谷找到工作。

小结

本节讨论了如何使用大模型做专业的数据分析和问答，学到这里，你已经能够成为一名资深的数据分析师。在使用大模型时，你也会成为资深专家，因为大模型的加持会让你做数据分析时事半功倍，你要做的就是学会用我教你的“魔法”，让大模型成为你的得力助手！

大模型的能力仅限于此吗？当然不是，接下来我将进一步发挥大模型知识面广泛，以及大量阅读各行各业数据分析报告的优势，帮助你进一步完善整个数据分析过程，制作一份专业的数据分析报告。

思考

你平时还会使用哪些数据分析模型？你可以输入大模型，看它是不是可以帮助你实现。

5.3 | 利用大模型生成专业的数据分析报告

前面我们学习了如何使用大模型进行问答和数据分析，现在我们用专业的方法来撰写一份完整的数据分析报告。

我们将遵循图 5-7 所示的步骤来制作一份数据分析报告。

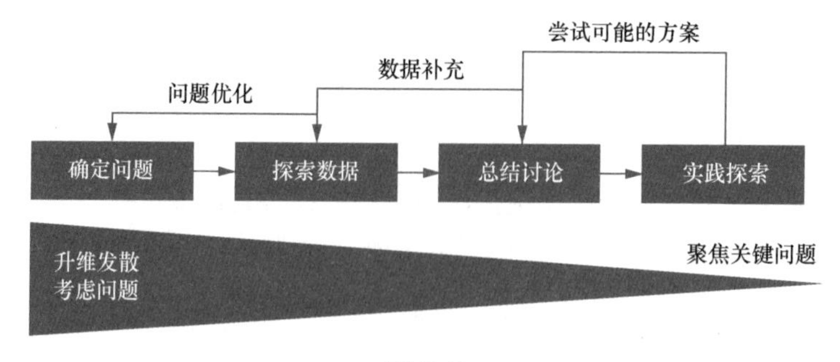

图 5-7

接下来，我们探讨如何使用大模型辅助完成整理分析流程。以数据分析师的就业问题为例，我们演示在大模型的帮助下，如何制作分析报告。

5.3.1 确定问题

在确定问题时，我们完全可以借助 ChatGPT 来罗列常见的问题，这里将使用前面介绍的“三段论”方法。

提示词

你是一位资深的人力资源数据分析师，请你针对数据分析师的技能、薪资、就业情况准备一份详细的数据分析报告。我是一位资深的数据分析师，让我们一起协调完成这份数据分析报告。我们先讨论下这份数据分析报告所需要确定的问题，请列出你综合过去数据分析报告和人力资源分析报告所得到的 10 个最重要的问题，我们来进行筛选。

ChatGPT

为了准备一份全面且深入的数据分析报告，尤其针对数据分析师这一职位，我们需要考虑多个维度的问题。以下是基于过去的数据分析报告和人力资源分析报告，我认为对于我们的研究最重要的 10 个问题。

1. 技能要求：数据分析师需要掌握哪些关键技能？对这些技能的要求是否会随时间发生变化？

2. 教育背景：数据分析师通常需要具备什么样的教育背景？特定的学历或专业领域是否对薪资和职业发展有显著影响？

3. 薪资趋势：近年来数据分析师的薪资趋势如何？不同地区、行业或公司规模对薪资有何影响？

4. 就业市场：目前数据分析师的就业市场情况如何？哪些行业或领域对数据分析师的需求最高？

5. 职业发展路径：数据分析师的职业发展路径通常是怎样的？有哪些晋升途径？

6. 工作满意度：数据分析师对自己的工作满意度如何？哪些因素最影响

他们的工作满意度？

7. 技能提升与培训：数据分析师如何提升自己的技能？企业提供哪些培训和学习机会？

8. 远程工作和灵活性：数据分析师在远程工作和工作时间灵活性方面的现状和需求是什么？

9. 行业特定的数据分析需求：不同行业对数据分析师的特定技能和知识有哪些独特要求？

10. 技术和工具发展：随着技术的发展，数据分析师需要掌握哪些新工具和技术？

我们可以根据这些问题的相关性、数据可获得性以及我们的研究目标来进行筛选和优先级排序。这样就能确保我们的数据分析报告不仅提供行业的当前快照，还能捕捉到行业趋势和深层次的见解。

可以看到，ChatGPT 综合了过去网上这方面数据分析报告的议题，让我们从中挑选。不过这些还满足不了我们的需求，我们可以再添加一些诉求。

提示词

请加上一个背景，我们的这份数据分析报告是针对中国的数据分析师去美国就业编写的。结合中美工作的文化差异，以及华人在美国就业的特点和难点，请重新列一下我们需要讨论的问题。

ChatGPT

针对来自中国的数据分析师（后文简称中国数据分析师）前往美国就业的背景，我们的数据分析报告需要更加细致地考虑中美工作的文化差异、就业法律环境、语言和文化适应等方面的问题。结合这些考虑，以下是重新定义的问题列表，旨在为中国数据分析师提供全面的指导和分析。

1. 技能和资格认证：中国数据分析师在美国就业需要哪些关键技能和资格认证？美国雇主对特定技能和认证的偏好有哪些不同？

2. 教育背景与认可：美国雇主如何看待中国的教育背景？中国数据分析师需要进行哪些学历评估或额外学习以获得更好的就业机会？

3. 薪资和福利差异：中美数据分析师的薪资水平和福利待遇有何差异？地域、行业和经验如何影响薪资？

4. 文化和语言适应：中国数据分析师在美国工作时会面临哪些文化和语言挑战？有哪些有效的适应策略？

5. 签证和工作许可：前往美国工作的中国数据分析师需要哪些类型的签证和工作许可？申请过程中常见的问题和挑战是什么？

6. 职业发展和晋升机会：在美国，中国数据分析师的职业发展路径如何？与美国本土雇员相比，存在哪些差异或障碍？

7. 就业市场和行业需求：目前美国数据分析师的就业市场如何？哪些行业或领域对中国数据分析师的需求最高？

8. 远程工作的机会和挑战：对于中国数据分析师而言，美国的远程工作趋势和机会有何特点？如何克服远程工作中的时间差和沟通挑战？

9. 网络和社群资源：中国数据分析师在美国可以利用哪些网络和社群资源来寻找工作机会、解决适应问题或进行职业发展？

10. 法律和税务知识：前往美国工作的中国数据分析师需要了解哪些法律和税务知识？如何规划税务和合法就业？

这些问题旨在为我们的数据分析报告提供一个全面的框架，它们不仅涵盖技能和薪资等基本信息，还深入到了文化适应、法律要求等更为细致的层面。通过回答这些问题，我们的数据分析报告将能够为中国数据分析师提供实用的指南和策略，帮助他们在美国的就业之旅中取得成功。

根据大模型重新定义的问题列表，我们从中选择了技能和资格认证、教育背景与认可、薪资和福利差异、职业发展和晋升机会这几个话题。我们可以继续和大模型对话，为下一步的数据准备做铺垫。

提示词

对于这份数据分析报告，我们主要讨论 1、2、3、6 这 4 点内容，你可以扩展分析下这些话题，看看我们要分析哪些数据，以及针对这些数据，我们需要关注哪些要点。

ChatGPT

对于中国数据分析师前往美国就业，我们将聚焦于技能和资格认证、教育背景与认可、薪资和福利差异，以及职业发展和晋升机会这 4 个核心话题。为此，我们需要收集和分析一系列具体数据。下面是对每个话题的扩展分析，包括我们需要关注的数据和要点。

1. 技能和资格认证

数据需求

- 市场需求分析：哪些特定技能和技术在美国最受欢迎？比如 Python、R、SQL、机器学习、数据可视化工具等。
- 资格认证需求：美国雇主对数据分析相关认证的偏好，如 Google 数据分析证书、SAS 认证数据科学家等。
- 技能与薪资之间的关系：不同技能和认证如何影响薪资水平？

关注要点

- 技能需求的行业分布。
- 认证对于求职成功率和薪资提升的实际影响。
- 更新和提升技能的资源及途径。

2. 教育背景与认可

数据需求

- 教育背景对薪资的影响：不同教育背景（如本科、硕士、博士）在美国就业市场上的薪资差异。

- 国外学历认可度：美国雇主如何看待中国的教育背景，包括知名大学和专业。

关注要点

- 教育背景与就业领域、职位级别的关系。
- 学历评估和认证的途径及流程。
- 针对中国学历的补充教育或认证建议。

3. 薪资和福利差异

数据需求

- 薪资调查数据：中美数据分析师的平均薪资对比，包括入门级、中级和高级职位。
- 福利情况分析：包括健康保险、退休金计划、带薪休假等在内的福利待遇差异。

关注要点

- 地理位置（如硅谷、纽约等高成本地区）对薪资的影响。
- 行业差异对薪资和福利的影响。
- 经验和技能如何影响薪资增长？

4. 职业发展和晋升机会

数据需求

- 职业路径案例研究：成功的数据分析师职业发展路径案例，特别是那些有中国背景的个案。
- 晋升途径分析：在美国，数据分析师的常见晋升途径和所需条件。

关注要点

- 职业规划对于长期职业发展的影响。

- 网络建设和持续教育对职业晋升的重要性。
- 面对职业发展的挑战，如文化差异、语言障碍等，应该怎么应对？

通过收集和分析这些数据，我们的数据分析报告将能够为中国数据分析师提供深入的见解和具体的建议，帮助他们在美国就业市场上获得成功。这包括如何提升技能、如何让自己的教育背景和从业资格得到认可，理解薪资和福利的现状，以及如何规划自己的职业生涯。

在进行上述数据收集和分析时，我们需要采用一系列方法论确保数据的准确性和报告的实用性。

- 二手数据分析：利用已有的行业报告、薪资调查、教育机构发布的数据，以及专业论坛和网络社区上的讨论，收集关于技能需求、教育背景的认可度、薪资水平和职业发展路径的信息。
- 案例研究：深入分析成功的个案，尤其是那些具有中国背景的数据分析师在美国的职业发展经历，包括他们如何克服挑战、提升技能和获得晋升。
- 调查和访谈：对在美国工作的中国数据分析师进行调查和访谈，收集一手数据。这些数据可以帮助我们理解实际遇到的挑战、对薪资和福利的期望，以及职业发展方面的一些观点。
- 比较分析：对中美数据分析师的薪资、福利和职业发展机会进行比较分析，揭示主要的差异和趋势。
- 趋势分析：关注行业趋势和技术发展，预测它们对数据分析师职位的影响，特别要关注技能需求和职业发展的长期趋势。

5.3.2 辅助数据探索

接下来进行数据探索，我们可以进一步让大模型提供一些数据来源和下载地址。

提示词

关于这些内容可以从网上的哪些地方下载到明细数据。

ChatGPT

关于数据分析师的市场分析、薪资、技能要求等方面的详细数据和材料，通常可以在以下类型的网站和资源中找到。

- 行业分析报告：提供深入的市场趋势、技能要求、薪资水平等信息。这些报告可能来自咨询公司或市场研究机构，如 Gartner、Forrester、IDC 等。
- 职业统计网站：如美国劳工统计局（Bureau of Labor Statistics，BLS）的网站就提供了各种职业的就业统计、增长预测和薪资数据。
- 在线课程和认证机构：如 Coursera、edX 等教育平台提供的数据分析相关课程和专业证书，通常就会包括行业趋势和技能要求的概览。
- 社交网络和求职网站：LinkedIn、Indeed、Glassdoor 等网站不仅提供职位空缺信息，还提供薪资范围、公司评价和行业分析报告。
- 专业社群和论坛：如 Kaggle、GitHub 等，其中的讨论和项目可以提供关于数据分析技能和工具的实际应用信息。

直接下载这些材料的网址因资源而异，并且很多深度分析报告可能需要通过购买才能获得。不过，公开资源（如美国劳工统计局网站和一些在线课程平台提供的资料）可以直接访问。至于更专业的报告，则可能需要从相关的行业报告提供商或学术机构那里获取。建议直接访问这些网站和平台，搜索相关的关键词（如“数据分析师市场分析报告”“数据分析技能需求”等）以找到最新、最相关的资料。

5.3.3 辅助总结讨论

大模型可以辅助我们进行总结讨论。

提示词

网络上有其他类似的数据分析报告吗？请你搜索类似的数据分析报告，然后重新制定一下我们的数据分析报告的大纲。

ChatGPT

根据从各种来源收集的信息，下面是我们的数据分析报告的大纲，我们将重点讨论中国数据分析师在美国就业的技能与资格、教育背景与认可、薪酬与福利差异，以及职业发展机会这 4 个话题。

1. 技能与资格

- 市场需求分析：在美国就业市场上，数据可视化工具（如 Tableau）和编程语言（如 SQL 和 Python）非常受欢迎。

- 认证：Google 数据分析证书等认证可以增强就业能力，推荐用于验证技能。

- 行业特定应用：健康保健、电子商务、金融等不同行业的数据分析师需要掌握专门知识才能解决行业特定的挑战。

2. 教育背景与认可

- 虽然计算机科学、统计学或数学等专业的学位证书很有价值，但通过实习或志愿工作获得的实践经验也可以显著提升求职前景。非传统教育背景的重要性日益被雇主认识到，这为具有多样化教育历史的人提供了更广泛的机会。

3. 薪酬与福利差异

- 薪酬差异：在美国，数据分析师的薪酬根据资历水平而有很大的差异，从入门级职位开始，年薪约为 54 127 美元，高级数据分析师的平均年薪为 103 071 美元。

- 地理位置的影响：地理位置显著影响薪资水平，纽约、芝加哥和旧金山等城市因生活成本高和科技产业集中而提供更高的工资。

4. 职业发展机会

- 入门级机会：雇主对入门级数据分析师的需求显著增加，许多公司愿意投资于培训和发展年轻人才。实习、黑客松和志愿工作是新人获得经验的绝佳方式。

- 持续学习和网络建设：了解最新的工具和行业趋势至关重要。通过开展专业活动和在线社区的网络建设，可以打开新的就业机会和职业发展途径。

结论

美国的数据分析就业市场为具备技能的专业人士提供了广阔的机会，包括来自中国的数据分析师。通过发展需求高的技能、获得实践经验以及开展网络建设和持续学习，来自中国的数据分析师可以有效地参与竞争激烈的就业市场。随着数据分析领域的快速发展和先进技术（如机器学习和人工智能）的出现，数据分析师需要适应新的变化并表现出色。

这个框架为我们的数据分析报告提供了骨架，旨在指导想要去美国寻找机会的中国数据分析师。通过对以上话题进行详细研究和分析，我们的数据分析报告将为他们提供有价值的见解和建议。

在这里，因为我们使用了提示词“搜索类似的数据分析报告”，所以大模型给出的内容都会附带引用的网页，并通过 [”] 这个符号来表示，见图 5-8。

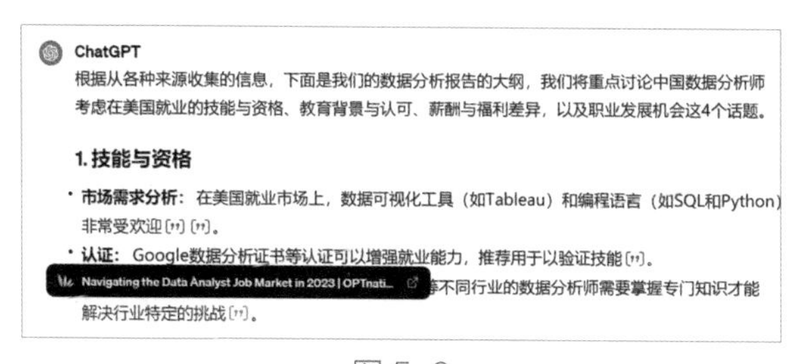

图 5-8

单击图 5-8 中的链接，就可以看到这段文字摘要的内容，当然每一个观点的背后也都有类似的内容，见图 5-9。

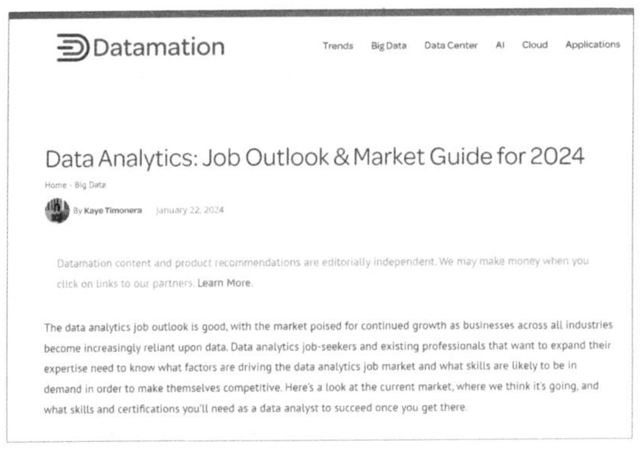

Datamation

Trends Big Data Data Center AI Cloud Applications

Data Analytics: Job Outlook & Market Guide for 2024

Home › Big Data

By Kaye Timonera January 22, 2024

Datamation content and product recommendations are editorially independent. We may make money when you click on links to our partners. Learn More.

The data analytics job outlook is good, with the market poised for continued growth as businesses across all industries become increasingly reliant upon data. Data analytics job-seekers and existing professionals that want to expand their expertise need to know what factors are driving the data analytics job market and what skills are likely to be in demand in order to make themselves competitive. Here's a look at the current market, where we think it's going, and what skills and certifications you'll need as a data analyst to succeed once you get there.

图 5-9

在看到这些数据后，你还可以根据汇报形式对前面的数据探查结果进行修改。例如，如果需要修改前面的散点图，你可以进行如下提问。

提示词

请把工作地点和薪酬范围的散点图中的点变为黑边空心小圆圈而不是叉号。

ChatGPT

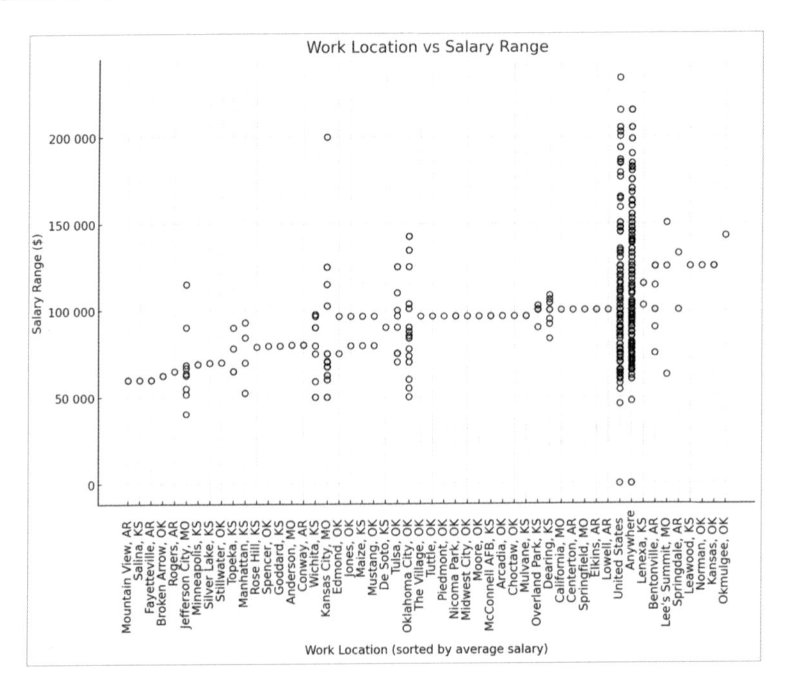

小结

至此，利用大模型辅助数据分析告一段落，我们一同见证了大模型显著的进步与潜力。从收集庞大的数据集到解析复杂的模式，再到生成精确而深刻的报告，大模型在处理和分析数据方面展现出前所未有的能力。然而，随着我们步入这个由数据驱动的新时代，我们必须深思人类未来与这些技术如何和谐共存。

首先，我们必须认识到，虽然大模型的能力让人震惊，但它们并非万能。它们的输出质量依赖于输入数据的质量与多样性。因此，数据的准确性、完整性以及代表性至关重要。这不仅要求我们在收集和处理数据的过程中保持高标准，同时也要不断地评估和优化大模型的性能。

其次，大模型生成的内容并非总是真实准确的。作为数据分析师，我们必须运用自己的专业知识和经验来判断大模型给出的结果是否符合实际预期，以及大模型给出的逻辑是否存在“小数谬误”“幸存者偏差”等隐藏错误，我们更要注意大模型引用的数据是否真实可靠，避免大模型引入的“幻觉”给数据结论带来偏差。

最后，随着大模型在不同场景中的广泛应用，我们应该意识到大模型在多个领域会超过初学者的认知，我们需要使用“魔法词”来引导大模型给出专业、正确且易于理解的内容。

大模型辅助数据分析的时代已经到来，欢迎你和我一起加入这个大模型驱动的世界！

思考

大模型可以绘制哪些数据分析图？而哪些数据分析图大模型可能无法绘制？为什么？

5.4 | 数据分析工具展望

前面分享了常用的数据分析工具图谱，下面我们进一步探讨其中先进的数据分析工具。

整个大数据分析框架离不开三个基础技术部分：数据存储、数据处理和数据展示。在本节中，我将分享几个全球流行的数据分析工具，这些工具不仅功能强大，而且都是**免费的，**代码开源，可以放心使用或者内嵌在自己的系统中。

5.4.1 数据存储与分析引擎——ClickHouse

在数据存储部分，我将介绍现在全球流行的专门针对数据存储与分析打造的引擎 ClickHouse。

ClickHouse 专为数据分析师打造，原因如下。

第一，它使用的不是非常复杂的 NoSQL，而是很简单的 SQL，数据分析师、产品经理和运营人员对 SQL 都非常熟悉。

第二，它的宽表查询速度非常快。我们做数据分析到了“最后一千米”时，大多数情况下可以用一个或几个大的宽表来解决问题。传统的大数据工具因为要适配各种情况，经常在数据量增大时，整体数据处理的速度变得非常慢。你往往需要填写一个需求单给数据开发和工程部门，让其转换成复杂的编程语言，或者在大数据平台上提交一个任务才行。这样一来少则半小时，多则数天你才能拿到自己想要的结果。

而 ClickHouse 在数秒之内就可以针对上百亿条的数据进行复杂的 SQL 查询。无论是做分组聚合、明细过滤还是基于文本的条件筛选，ClickHouse 都可以在秒级甚至毫秒级给出结果。这样你在做数据分析时，就可以不停地快速进行数据探查，而不会被打断。

第三，ClickHouse 整体部署和维护安装比较简单，当数据量不是特别大时，一台服务器即可处理，普通的运维人员就可以维护。对于更复杂的情况，你可以使用集群版或相关的商业版来提高维护效率。所以 ClickHouse 特别适合做数据分析，它现在已经成为互联网公司的标配数据分析引擎，图 5-10 所示的公司都在使用 ClickHouse 分析数据。

图 5-10

ClickHouse 到底如何使用呢？这里我举 3 个例子。

首先是 2019 年喜马拉雅在 ClickHouse 讨论会上分享的案例。在喜马拉雅，如图 5-11 所示，ClickHouse 是作为数据查询平台来使用的，它既做用户行为分析，也就是进行网上各种 App 和网络日志的查询；也做用户画像的数据分析，即对不同用户画像标签的圈选人群进行人群探查和投放效果预测；还可以用于各种服务器日志的监控报警，当服务出现问题时，管理人员可以快速找到相关问题的原因。

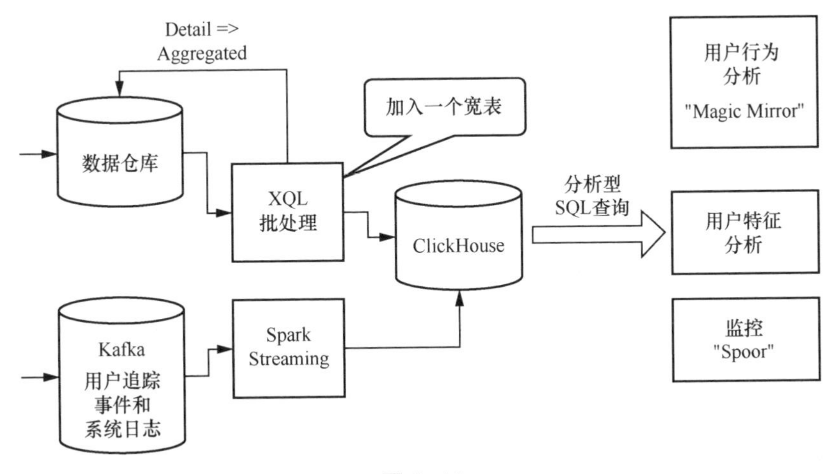

图 5-11

我们再来看看 QQ 音乐是如何使用 ClickHouse 的。

QQ 音乐把 ClickHouse 作为实时分析数据仓库使用，你在使用 QQ 音乐的推荐功能时，背后的大数据平台就是由 ClickHouse 提供支持的。

QQ 音乐把数据放到消息队列，然后通过一个叫作 Flink 的工具实时装载到 ClickHouse 中，同时把一些离线文件传入传统的数据仓库，见图 5-12。最终数据分析师使用和看到的都是实时数据，他们既可以看到上一秒的系统情况，也可以执行各种自定义的 SQL 查询，数据秒回。这样 QQ 音乐就做到了既能自助进行汇总、筛选查询，也能快速响应各种各样的原始数据变更。

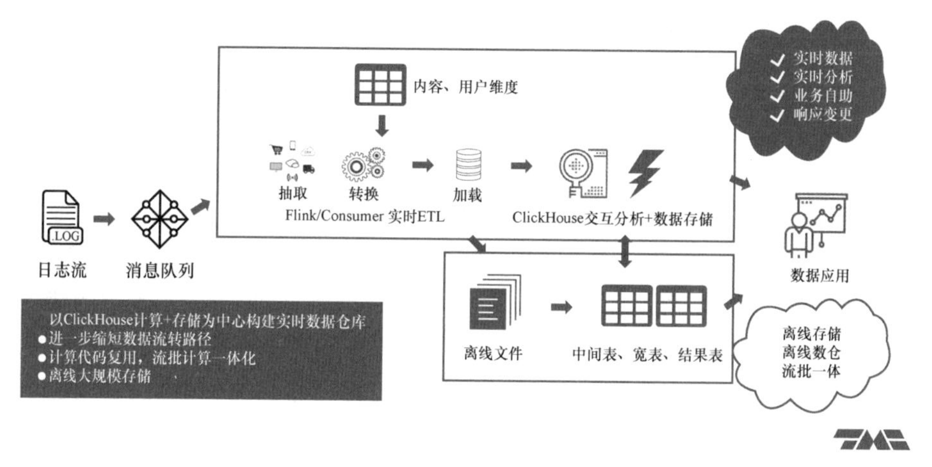

图 5-12

其实所有互联网大厂使用 ClickHouse 都可以实现针对用户日志的秒级查询，而不再需要数据运营和产品团队执行复杂的脚本任务和处理。

我们最后再来看看新浪是如何使用 ClickHouse 的。新浪利用 ClickHouse 监控整个数据平台，见图 5-13。这个例子有意思的地方是，新浪每天有大约 300 亿条数据直接进入 ClickHouse 平台，而新浪是通过算法对数据进行监控和处理的，每日有 800 万次查询，每次几乎可以做到毫秒级返回。

由此可见，当技术发展到一定程度时，我们就可以通过算法和机器来进行数据分析。现在的数据底层技术已经可以非常容易地做到用算法替代人工，进而高效地实现整体的数据分析和告警。

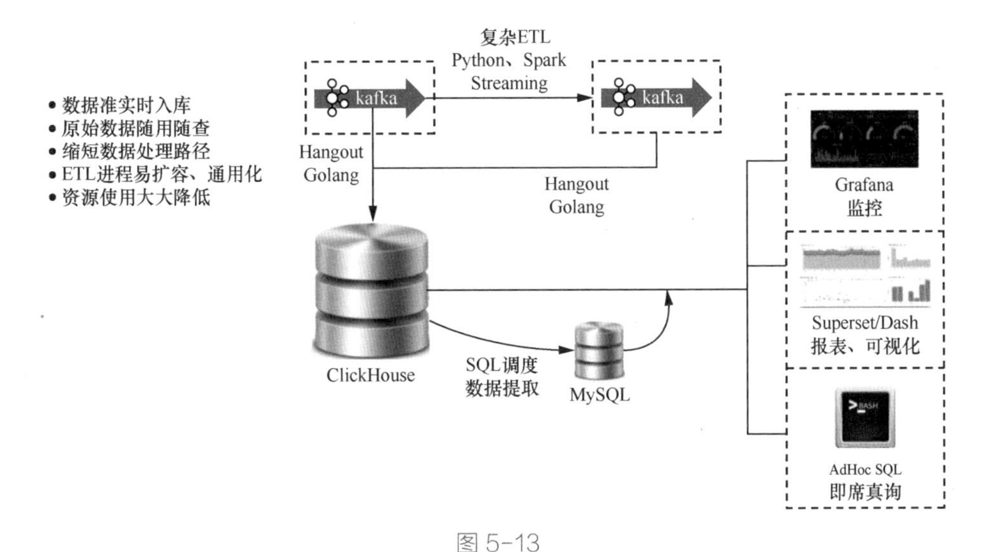

图 5-13

5.4.2 数据同步工具——Apache SeaTunnel

企业有各种各样的数据，如何将这些数据快速存储到 ClickHouse、Doris、GaussDB 这样的数据仓库中呢？这就需要一个可视化的支持多种数据库的数据同步工具。全球知名的数据同步工具之一就是已经做到支持 100 种以上数据库的 Apache SeaTunnel，见图 5-14。

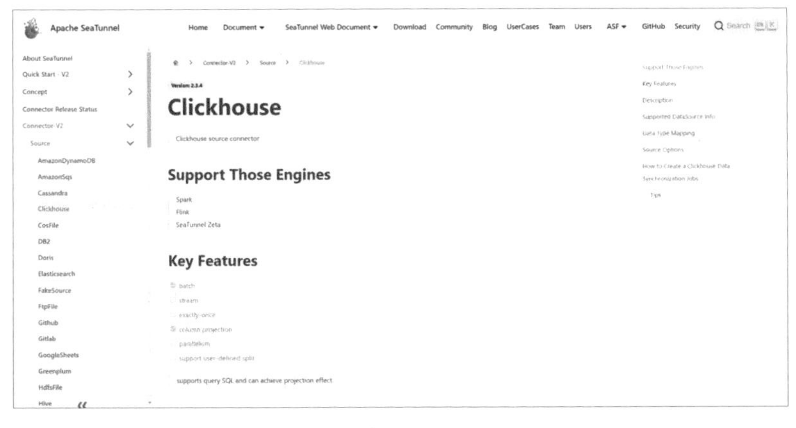

图 5-14

Apache SeaTunnel 目前支持超过 100 个数据源，它用一套界面和代码就可以同时支持实时数据和批量数据，使得从 MySQL、MongoDB、Oracle、阿里云数据库、OSS（Object Storage Service，对象存储服务），到 Amazon S3（Simple Storage Service，简单存储服务），都可以快速同步到各种各样的本地数据库 / 云数据库，如 Redshift、Doris、ClickHouse 等。

全球众多企业正在使用 Apache SeaTunnel，从美国最大的商业银行到中国的 B 站、唯品会等，都在使用 Apache SeaTunnel 来打通各种数据源。Apache SeaTunnel 就像大数据领域的“高速公路”，它能快速地将企业数据联通起来，见图 5-15。

图 5-15

Apache SeaTunnel 还支持飞书、腾讯文档、Google 文档、Excel 文档，你可以快速将各类数据集成到 ClickHouse 或其他数据平台。

5.4.3 数据处理与调度平台——Apache DolphinScheduler

数据已经存储好了，SQL 脚本也写好了，对于一个每天都要执行的任务，你肯定不希望每次都须手动执行。这时就需要使用数据运营平台的数据调度和处理引擎了。

下面介绍一个当年由我主导开源的数据处理与调度平台——Apache DolphinScheduler。

Apache DolphinScheduler 的优点是全部配置可视化（数据分析师的最爱），而且超级稳定、易扩展。在安装完后，你不需要掌握服务器脚本或任何大数据平台语言，只需要把自己熟悉的 SQL 脚本拖放到这个调度平台，再用连线表示数据表之间的逻辑关系，就可以得到一个高效的大数据调度处理流程。

Apache DolphinScheduler 的底层采用的是云原生技术，扩展性和稳定性都非常优秀。它在数据逻辑脚本比较清晰的情况下，不用写代码就可以直接配置。

Apache DolphinScheduler 得到了很多用户的支持，见图 5-16。它是一个非常好的可视化工具，无需代码就可以调度任务，降低了使用门槛；底层采用分布式、易扩展的方式实现了集群高可用；所有的资源文件都是在线的，不用登录服务器就可以看到日志错误调试脚本并管理上传的脚本文件；支持多租户，管理权限可以分给不同部门使用，等等，见图 5-17。

图 5-16

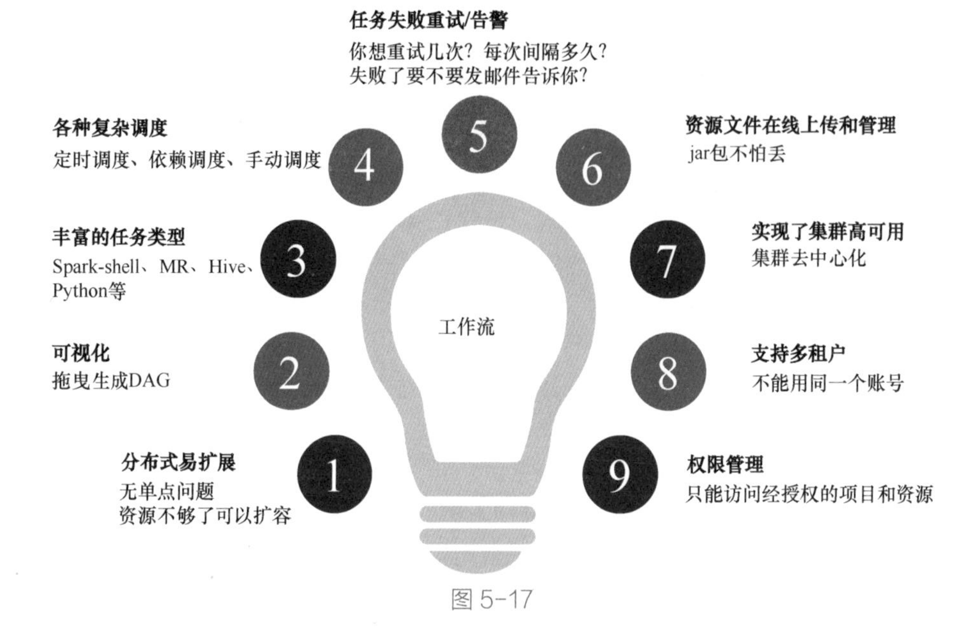

图 5-17

除了 Apache DolphinScheduler，类似的数据处理与调度平台还有 Apache Airflow、Apache Oozie 等，但它们都需要编写一部分代码才能执行相关任务，因此**你可以根据自己的实际情况，测试一下哪个工具最适合你的场景，然后让数据平台部门帮助你安装。**

5.4.4 数据展示工具——Apache ECharts

数据存储好了，也处理好了，最后还需要非常方便地展示出来，此时就不得不提国内优秀的数据展示工具——Apache ECharts 了。

如图 5-18 ～图 5-20 这么酷炫的展示，就是使用 Apache ECharts 实现的。

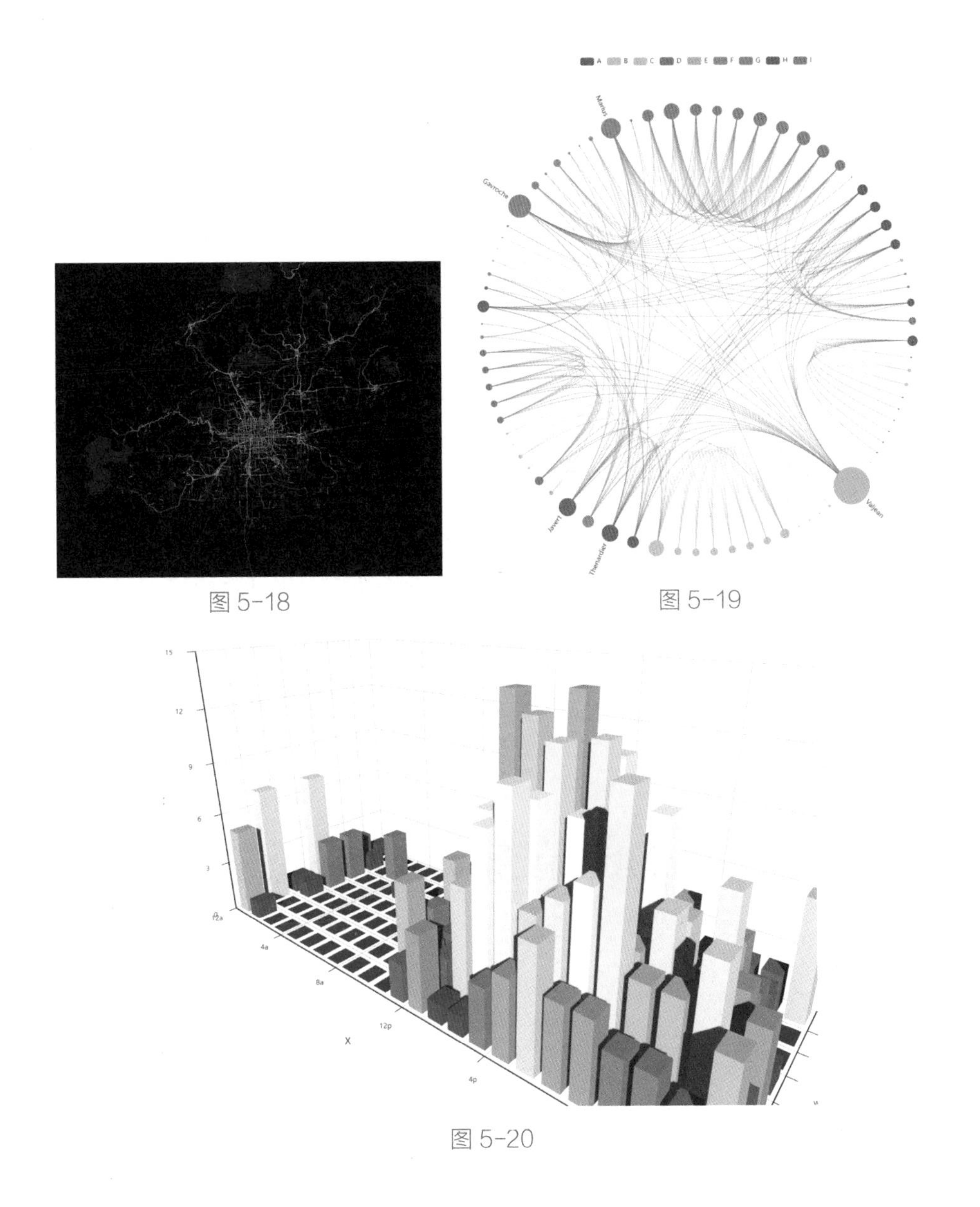

图 5-18

图 5-19

图 5-20

小结

本节介绍了几个先进的数据分析工具，相信你能感觉到当前技术的飞速发展，只有想不到的，没有做不到的——无论是单机版的实时数据分析引擎，还是无代码的数据逻辑工作流，或是动态酷炫的数据展示效果，都可以通过比较简单的程序化方式来实现。

现在，你需要做的就是梳理好自己的数据分析思路和内容，利用大数据算法扩展数据结论，同时不要错用数据分析基础知识。最终，你就可以通过这些工具构建一个完整的动态数据分析系统。

基于正确的数据分析思路，使用这些工具打造的数据平台就像一个放大器，它可以帮助你快速推广想法，将你的数据分析思维传达给更多的人。

需要注意的是，不要过分沉迷于先进的工具。工具只是拓展了数据实践半径，让更多的人认可数据分析思维的价值，所以你会发现我并没有给你推荐很多酷炫的工具，因为我认为**对于数据分析思维来说，最重要的是思维本身。具体用什么工具，只要顺手，哪怕是 Excel，也可以做出非常出色的数据分析效果**。没有好的数据分析思维，展示效果再酷炫也是徒劳。

数据分析的核心在于思维，酷炫的工具就像美颜滤镜，基础不好，面对现实就会原形毕露，所以你应该更多地关注数据分析的思路。

思考

你还用过什么顺手的数据分析工具？欢迎你分享出来，让我们一起提高！

附录A　A/B 测试需要多少个样本才有效果

在 A/B 测试中，所有方案都符合正态分布$N(\mu,\sigma)$。

假设领导要求 95% 的正确率，也就是误差为 0.05。下面计算至少需要多大规模的人群进行测试才有意义。

置信水平是指估计的参数值落在某个区间的概率，一般用 1-α 表示（大多数情况下取 95%）；置信区间是参数值能取到的概率大于或等于置信水平的区间。

样本均值的期望就是总体期望，样本均值的分布为$N\left(\mu,\dfrac{\sigma}{\sqrt{n}}\right)$。

假设参与测试的人数为 n，则误差就是样本均值和总体期望的差值（0.05）。对样本均值进行如下计算。

首先进行标准正态分布变换，G 代表标准正态分布：

$$G=\frac{\overline{x}-\mu}{\sigma/\sqrt{n}}\sim N(0,1)$$

然后将这个公式代入正确率的计算公式（也就是 1-α，此处为 0.95）。将等式变换推导到 n，得到样本数与最终标准正态分布的关系。

$$P\left(-u_{\frac{\alpha}{2}}\leqslant\frac{\overline{x}-\mu}{\frac{\sigma}{\sqrt{n}}}\leqslant-u_{\frac{\alpha}{2}}\right)=1-\alpha,\quad u_{\frac{\alpha}{2}}=u_{1-\frac{\alpha}{2}}$$

$$e=\overline{x}-\mu=u_{1-\frac{\alpha}{2}}\frac{\sigma}{\sqrt{n}}\Rightarrow n=\frac{u_{1-\frac{\alpha}{2}}^{2}\sigma^{2}}{e^{2}}$$

整体误差 α=0.05，查正态分布表可得：u=1.96，e=0.05。因为未直接给出 A/B 测试方案的总体标准差或总体比例，也没有给出样本比例，所以在这种情况下，我们通过样本比例抽样分布的方法来设定 P，P=0.5，总体标准差就是 0.25 的正平方根。

至于为什么是 0.5，我们可以一起来看一下总体标准差的计算公式：

$$\sigma=\sqrt{P(1-P)}$$

通过这个公式我们可以看出，P=0.5 时样本标准差最大，因为在计算样本量时，样本量会随总体标准差的增大而增大。同时，样本量增大，误差就会减小，所以 P 取 0.5 是一种谨慎的做法。

把已知量代入公式，得到：

$$n=\frac{1.96^2\times 0.25}{0.05^2}=384.16\approx 385$$

所以对于 95% 置信水平的 A/B 测试，每一种方案至少需要 385 个样本（也就是总共需要 770 个样本）。

对于其他情况，无论是计算抽取的样本量还是计算置信区间，也都可以使用上面的公式来推算。

附录B　哈勃定律

哈勃用散点图展示了星系的退行速度与它们距离地球的远近之间的关系，见图 B-1。

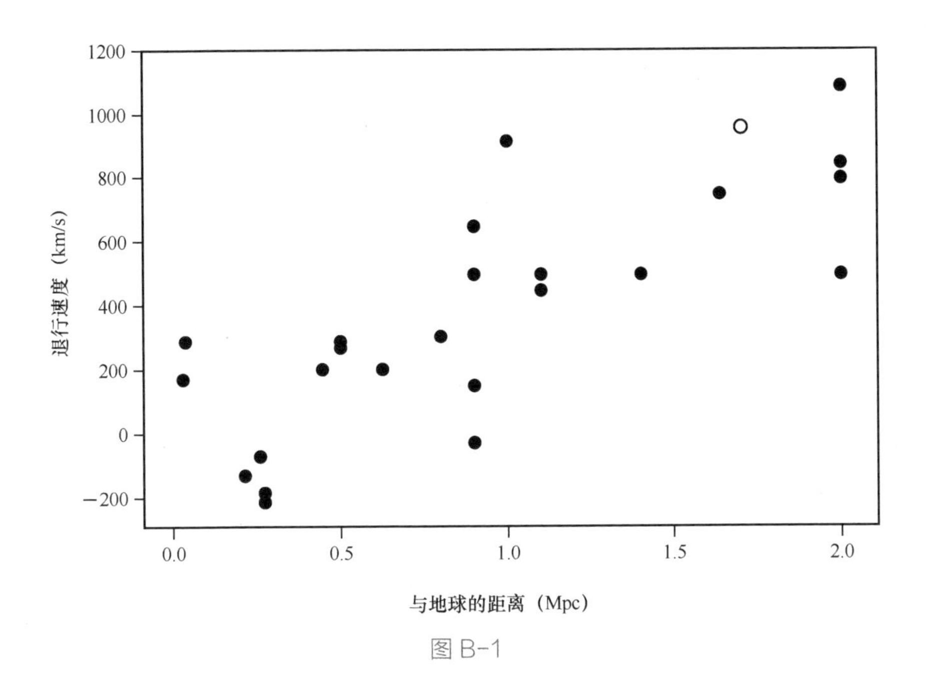

图 B-1

图 B-1 中的每个点代表一个星系，通过这个散点图，哈勃发现与地球距离越远的星系的退行速度越快，这让哈勃找到了天文学领域最重要的规律之一——哈勃定律。哈勃定律指出，星系可见的退行速度与它们距离地球的远近成正比。用公式表示如下：

$$退行速度 = H_0 \times 距离$$

其中 H_0 就是哈勃常数。这个定律是支持宇宙大爆炸理论和解释宇宙膨胀概念的关键证据，也使哈勃成为近代最著名的天文学家之一。

附录 C　标准差和标准误差公式

1. 标准差公式

标准差衡量数据点与其平均值之间的离散程度。

离散型随机变量的标准差：

$$\sigma(X)=\sqrt{\mathrm{Var}(X)}=\sqrt{\sum_{i}(x_i-E(X))^2 p(x_i)}$$

连续型随机变量的标准差:

$$\sigma(X)=\sqrt{\mathrm{Var}(X)}=\sqrt{\int_{\infty}^{\infty}(x-E(X))^2 p(x)\mathrm{dx}}$$

其中:

- x_i 或 x 表示随机变量的取值。
- $E(X)$ 表示期望值（平均值）。
- $p(x_i)$ 或 $p(x)$ 表示概率质量函数或概率密度函数。

2. 标准误差公式

标准误差衡量样本平均值与总体平均值的标准差。

标准误差公式如下:

$$\mathrm{SE}=\frac{\sigma(X)}{\sqrt{n}}$$

其中:

$\sigma(X)$ 表示样本的标准差。

n 表示样本的大小。

标准误差用于评估样本平均值的精确性，反映了样本平均值的波动范围。

附录D　蓄水池算法明细

（1）将 1～n 条数据存入待定的长度为 n 的序列，从这个序列中随机抽取 k 条数据，每条数据被抽取的概率为 k/n。

（2）读到第 k 条数据时：

- 定义第 k 条数据被选中的概率为 k/n；
- 如果第 k 条数据被选中，则从原序列的 n 条数据中随机选择一条数据，用它替换第 k 条数据；
- 前 k 条数据被选取后，第 k+1 条数据要么被选取替代前 k 条数据中的一条，要么不被选取，概率为 k/n。依此规则遍历所有数据。

单机版的蓄水池算法实现起来比较简单，直接调用 Sampling(k)，就可以得到蓄水池中的 k 条数据。

```
public class ReservoirSampling {
  private int[] ALL;             // 整个蓄水池中的数据
  private final int N = 100000; // 整体数据规模
  private final int K = 1000;    // 蓄水池的规模
  private Random random = new Random();
  public void setUp() throws Exception {
    ALL = new int[N];
    for (int i = 0; i < N; i++) {
       ALL[i] = i;
    }
  }
  private int[] Sampling(int K) {
    int[] Pool = new int[K];
    for (int i = 0; i < K; i++) {   // 前K个元素直接进入蓄水池
       Pool[i] = ALL[i];
    }
    for (int i = K; i < N; i++) {   // 从第K + 1个元素开始进行概率采样
       int r = random.nextInt(i + 1);
       if (r < K) {
          Pool[r] = ALL[i];// 如果被选中，那么这个元素就会从蓄水池中被挤出来
                           // 新的元素进入蓄水池
       }
    }
    return Pool;
  }
}
```

附录E　置信区间的计算过程

假设我们要调查某一地区男性的平均身高。我们通过抽样得到 100 名男性的身高样本，样本平均值为 170cm，样本标准差为 0.2cm。

使用 95% 的置信度，我们可以计算出来置信区间为 [169.9608，170.0392]。也就是说，我们可以使用这 100 个样本来推测这个地区的男性平均身高。尽管我们只调研了 100 名男性，但是我们有 95% 的把握这些男性的平均身高在 169.9608cm 和 170.0392cm 之间。

计算过程如下。

（1）样本大小大于 30，符合正态分布的要求，我们可以通过计算样本的平均值来估计总体的平均值。

（2）标准误差为 $0.2/\sqrt{100}=0.02$。

（3）置信度为 95%，左、右标准误差为 2.5%。查正态分布表，标准分 $z=1.96$。

置信区间下限 = 样本平均值 $-z\times$ 标准误差 $=170-1.96\times0.02=169.9608$

置信区间上限 = 样本平均值 $+z\times$ 标准误差 $=170+1.96\times0.02=170.0392$

因此，在这一地区男性的平均身高在置信度为 95% 的情况下，置信区间为 [169.9608，170.0392]。

附录 F　用多边形推导圆周率

圆周率的算法最早由希腊数学家阿基米德在公元前 250 年发明，算法逻辑很简单，也就是对圆内接和外切两个多边形。理论上，圆的周长在这两个多边形的周长之间，多边形的周长我们可以用公式计算，圆的半径已知，多边形的边长就已知。多边形的边数增加越多，多边形的周长也就越来越接近圆的周长，反推出来的圆周率也就越精确。

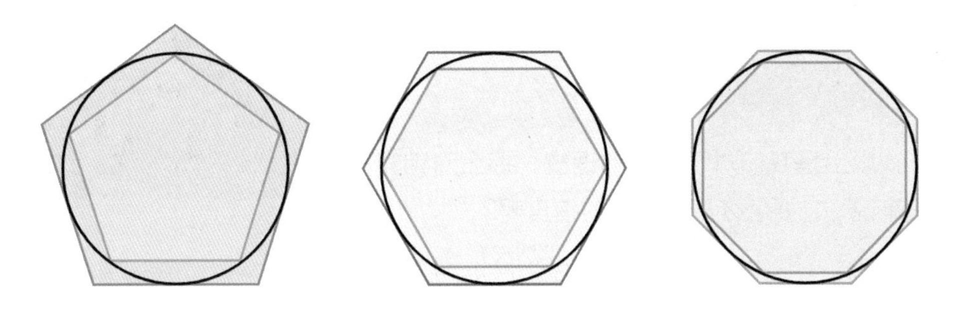

阿基米德利用 96 边形推算出来的圆周率在 3.1408 和 3.1429 之间。公元前 150 年，天文学家克劳狄乌斯·托勒密在《天文学大成》一书中提到 π（即圆周率）的值为 3.1416。1630 年，多位数学家利用多边形推导的方式将 π 计算到第 39 位小数，一直到 1699 年，其他数学家才利用无穷级数的方式打破该纪录，计算到第 71 位小数。

附录G　文科生也可以看懂的 AlphaGo 算法

下面将 AlphaGo 算法进一步展开。首先，我们得让计算机理解围棋。围棋的棋盘是一个 19×19 的网格，上面一共有 361 个交叉点（见图 G-1），每个交叉点上可以摆放黑子或白子。围棋里面有“气”和“眼”，在某种情况下可以提子，而在某种情况下有禁着点。

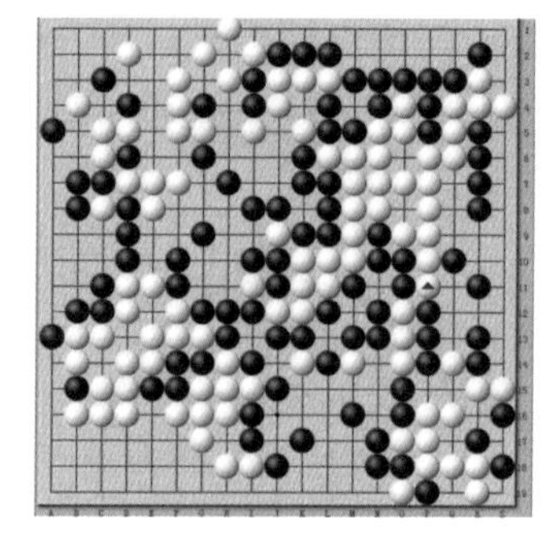

图 G-1

以上是我们对于围棋的理解，那么对计算机来说，它要怎么理解围棋的棋盘呢？

AlphaGo 采用了一种非常聪明的做法，它对棋盘里的每个落子点都标上了 12 个数字，每一个数字都有不同的含义。你可以这样理解，计算机把这个棋盘变成了 12 个 19×19 的二维码，并叠加到一起变成一幅图像来识别。这样一来，计算机就可以看懂棋盘了，见图 G-2。

特征	平面数量	说明
棋子颜色	3	自己的棋子、对手的棋子、空白位置
1	1	全1平面
轮次	8	每个落子过后经过的轮次
起	8	每个落子的气的数量
打吃	8	对手被打吃的数量
被打吃	8	自己被打吃的数量
落子后的气	8	每个落子刚落之后的数量
征子有利	1	落子是否征子有利
征子逃脱	1	落子是否征子逃脱
合法性	1	落子是否合法且没有填自己的眼
0	1	全0平面
颜色	1	当前是否执黑

图 G-2

接下来，计算机看懂了棋盘后，我们需要设计一个算法系统，让计算机打败人类棋手，这也是 DeepMind 设计 AlphaGo 最核心的地方。DeepMind 给 AlphaGo 设计了 4 个大脑，也就是说，实际上有 4 个不同的算法来支撑 AlphaGo 打败人类棋手，见图 G-3。

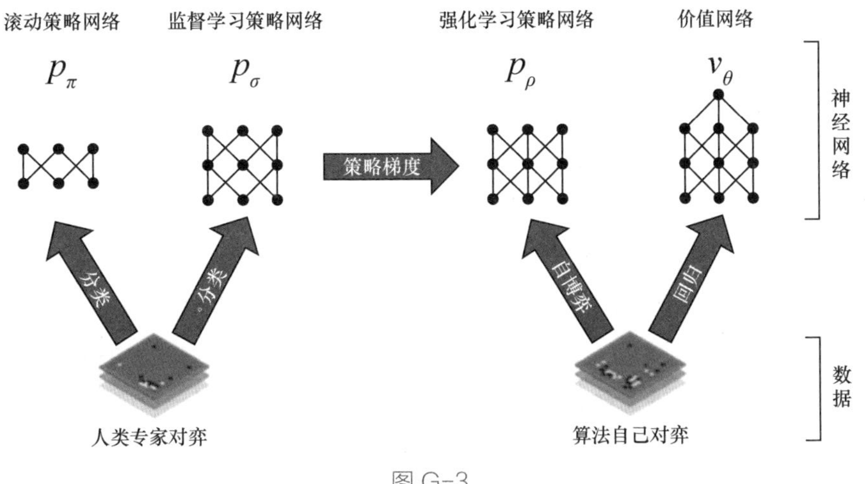

图 G-3

- 快速感知“脑”: Rollout Policy Network（滚动策略网络），用于快速感知围棋的盘面，获取较优的下棋选择，类似于人类棋手观察盘面后获得的第一反应，准确度不高。

- 深度模仿“脑”: Supervised Learning Policy Network（监督学习策略网络），通过 6 ～ 9 段人类棋手的棋局进行模仿学习。深度模仿“脑”能够根据盘面产生类似人类棋手的走法。

- 自学成长“脑”: Reinforcement Learning Policy Network（强化学习策略网络），以深度模仿“脑”为基础，通过不断地与之前的“自己”对弈来提高下棋的水平。

- 全局分析“脑”: Value Network（价值网络），利用自学成长“脑”学习对整个盘面的赢面进行判断，实现从全局分析整个棋局。

这 4 个大脑都是使用 CNN 进行训练的，但是使用方法各不相同。快速感知“脑”比较简单，要求落子速度更快，但准确度不高。

深度模仿“脑”是有监督的神经网络，就像分类算法一样，以人类棋手的对弈记录进行训练，越和人类棋手接近，证明这个模型越好。

但如果只是如此，AlphaGo 还是无法超越人类的。于是就有了第 3 个大脑：自学成长“脑”。这个大脑就像周伯通的左右手互搏，自己和自己对弈，如果自己把自己赢了，就以赢的这一局训练自己，不断更新自己的权重。所以说人类棋手无法打败 AlphaGo，因为 AlphaGo 一天 24 小时不停地训练自己，而人类没有那么多的时间和容量来做这件事情。

最后是全局分析“脑”。对全局分析“脑”进行训练以判断每一个盘面的胜率，所使用的训练数据就是自学成长“脑”自我对弈的棋局数据。那么为什么不用人类棋手的对局数据来做这种价值训练呢？因为人类棋手的对局数据很少，也就意味着有效样本很少，很容易出现“过拟合”。

由此可见，只要训练足够长的时间，AlphaGo 一定可以打败人类棋手，所以在围棋比赛中，每个选手的旁边都会有一个闹钟，超时就会判负。

在有限的时间内，我们要对 10^{360} 种可能性进行计算。怎么办？从无限多的可能性中找到近似于最优解的算法，即蒙特卡洛算法。当使用这种算法解决下棋问题时，我们使用的是蒙特卡洛搜索树。

回顾一下蒙特卡洛算法的特点，它就相当于从一筐苹果里挑苹果，每次都把好的苹果留下来，不好的苹果扔掉。时间结束时，每次的结果虽然不一定是全局最优解，却一定是在当前条件下相对较好的结果。

整体来讲，AlphaGo 的蒙特卡洛搜索树会通过 4 步（见图 G-4）来确定一个比较好的结果：

- 通过选择模拟下一步走子；
- 通过扩展模拟走子策略；
- 通过评估来看走子效果；

- 通过回溯把结果向上传递。

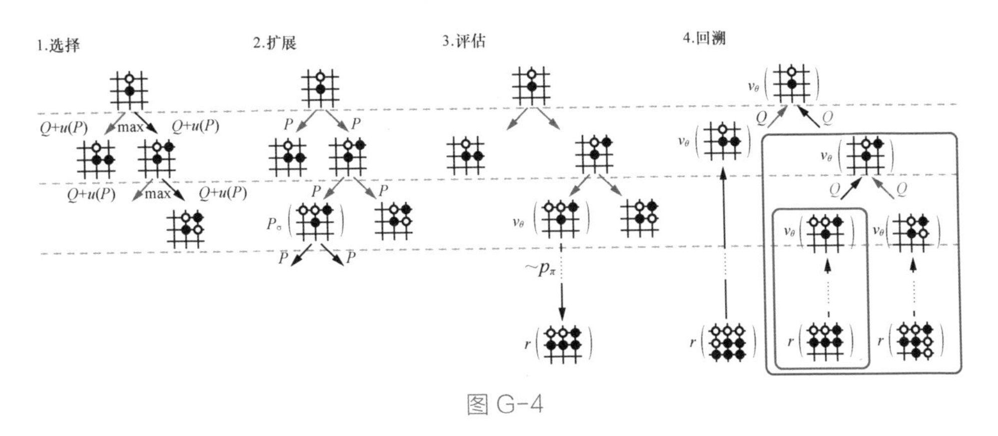

图 G-4

这样就可以在有限时间内让 4 个大脑找到相对最优解。这里的一个关键点在于，深度学习算法消耗的算力和时间与其所面对问题的复杂度是指数关系。能否拆解好问题以及有效利用蒙特卡洛算法，往往是人工智能系统成败的关键。

最后，让 AlphaGo 学习人类现有的棋谱和所有人类棋手对战的历史，然后在网上和围棋爱好者对战，没有对手后，再和围棋高手线下对战。

（1）初始训练：KGS。

（2）模拟对手：Pachi。

（3）模拟对手：Crazy Stone。

（4）模拟对手：Zen。

（5）模拟对手：Fuego。

（6）人类对手：Fanhui（欧洲冠军）。

（7）人类对手：李世石。

（8）人类对手：柯洁。

注意，AlphaGo 的学习对象不仅包括人类对手，还包括 AlphaGo 自身，因为它也在不停地和自己对战并复盘。

在面对围棋这种复杂的博弈类问题时，我们很难用单一算法来解决。我们会做一个算法系统，发挥每一个不同算法的优势，最终得到我们想要的答案，见图 G-5。

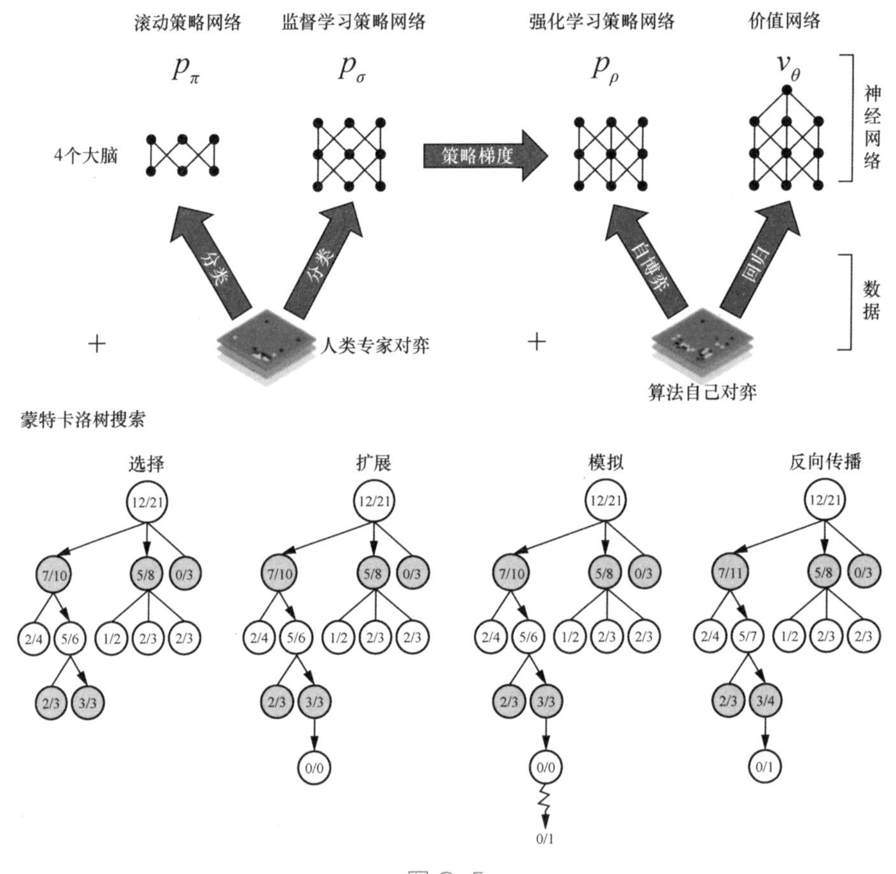

图 G-5

附录H　数据分析行业个人职业发展方向

数据分析领域非常广阔，整体来讲，未来顶尖的专家可以分为三类人。

第一类是算法科学家。这是一群算法开发和自动化专家，他们擅长利用算法或者自创的算法，发现现实中的规律并把它们程序化，最终形成自动化机制，从而为企业、个人源源不断地提供价值。典型代表就是投资银行（简称投行）的自动化交易设计师（《征服市场的人》里的西蒙斯）或互联网公司的算法科学家（如李飞飞教授）。

第二类是增长黑客。他们熟练掌握数据分析基础知识，同时可以把业务人员的想法及创意通过数据手段进行试验和迭代，最终帮助公司提升业务。他们具备创意营销、数据分析、产品迭代等多项技能，通过数据和运营手段帮助公司实现收入和用户数量的快速增长。

第三类是数据分析极客。他们熟练掌握各类数据工具，拥有非常强的数据分析思维。他们可以根据不同业务情况开展数据实验和数据分析，他们中的有些人走向数据分析师岗位，有些人走向运营和产品岗位。他们通过数据洞察业务的走向，结合数据分析基础知识和算法，快速调整业务，最终达到洞见业务和世界趋势的境界（投行或企业的数据分析师）。

这三类人才的技能结合到一起，就构成了企业的CDO（Chief Data Officer，首席数据官），如图H-1所示。能否迈向个人职业发展的巅峰，取决于你持续学习的深度和认知的广度。

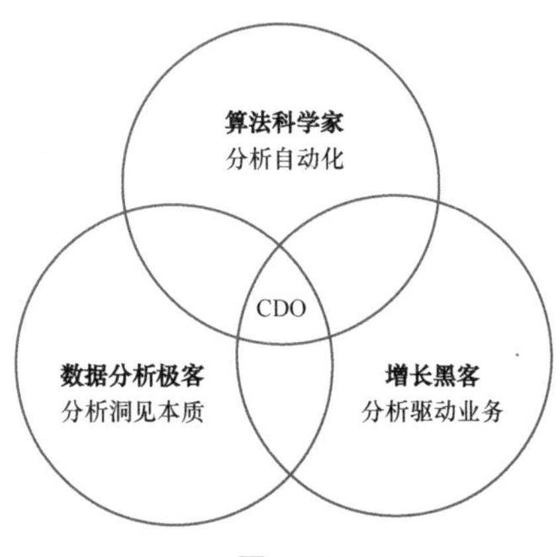

图H-1

附录 I 常用的一些网站和信息渠道

宏观数据

- 经济合作与发展组织开放的数据网
- 世界银行公开数据
- 中国统计年鉴
- 统计局网站
- 新华社 - 全球经济数据
- 中国互联网络信息中心
- 中财网

互联网数据

- Alexa
- 百度指数
- 微指数
- 淘宝指数
- 阿里价格指数
- SimilarWeb
- NetMarketShare
- StatCounter

行业数据库

- 数据汇
- 数据圈
- 镝数聚
- 联合国图书馆
- 票房数据
- 中国票房数据
- 行业分析机构：Gartner、Forrester、Bloomberg、易观、艾瑞、新榜等

企业数据

- 巨潮资讯
- EDGAR
- 企业招股说明书、年报、半年报、季报、券商分析报告

投融投资数据

- IT 桔子
- 投资中国
- 创业邦
- 36 氪

后记

我们不是神：数据分析既是天使也是魔鬼

看到这个标题，你可能会感到好奇，我们当然不是神，我们只是普通人。但我要强调的是，学完本书，你将收获众多工具及理论，可能会产生一种“无所不能”的错觉，但这种感觉是不真实的。

我希望本书能让你保持“清醒”，更深入地思考日常生活，认识到数据分析既有“天使”的一面（提升效率、重建思维框架），也有“魔鬼”的一面（各种数据陷阱），这样你就能更加从容地面对工作与生活。

在做人方面，数据分析思维要求我们尊重客观事实，全面、完整地通过数据来反映现实世界。既不要被辛普森悖论迷惑，也不要用它来误导别人。客观、坦诚和智慧是我们作为数据分析师最重要的品质。

在实践方面，我们应该意识到理想和现实是有偏差的，在做预测时一定要留出适度的空间。现实往往没有你认为的那么理想，但也未必如想象中那么糟糕。在根据数据分析结果进行预测时，不要过于理想化，毕竟你很难把所有因素都考虑清楚。

“谋事在人，成事在天”，用数据分析思维来说，你的实践很可能会遇到墨菲定律，也可能取得的胜利只是“幸存者偏差”。你要保持平常心，做好万全的准备，通过不断地迭代尝试，根据大数定律，最终能得到想要的结果。

在决策方面，数据驱动最终的目标是解决公司的经营问题，通过对整体环境的判断、经济形势的趋势预测以及行业赛道的变化观察，做出正确的战略决策。

另外，做决策时，一定要敢于做出不完美的决定，学会“断舍离”。没有损失的决策不是好决策。你要通过数据预测和执行调整，把损失控制在预期范围内。

无论是做人、做事还是决策，都要保持开放心态。如果只看到自己认为对的东西，那么你积累的可能就不是思想，而是偏见。

我们既被数据包围，也被数据困扰着。我们不是缺乏数据和相关的算法工具，而是缺乏能够坚持数据分析的理念和思维，因而难以将数据变成有用信息并支持决策。我们的目标是将纷繁复杂的数据化繁为简，利用算法、数据框架把大数据最终变成小数据，以做出正确的决策。

现在企业不再考虑“要不要进行数字化转型”，而是考虑“如何进行数字化转型”。数据分析乃至数据分析思维在此过程中至关重要。我见过很多企业规划了“宏大”的数字化升级项目，并投入大量的资金和人力，但往往半途而废。究其原因，就在于在数字化转型升级过程中缺乏数据分析思维的驱动和实践方法。

在数字化时代，我们需要通过数据分析来解决问题，而不是根据经验做决策。在变革时，要采用“精益”的方法，根据数据反馈快速迭代。

很多企业，包括互联网企业，数据驱动和数据分析思维仅限于某几个高管或某几个部门，很难形成公司统一的“数据分析思维价值观”，这样在推动数据驱动和数据变革时，就需要花费大量时间。**数据分析思维在企业数字化转型升级中扮演着重要的角色，我希望你不仅能够掌握数据分析思维，更能够消化、吸收数据分析思维并分享给更多的人。**

当然，任何思维都有自身的局限性，数据分析思维也是如此。喜欢使用它的人更像是军师，因为他们可以全面透彻地看待问题。但因为要深入探查和理解数据，所以他们容易纠结于细节。

如果你希望成为领导者，则还需要有决策的勇气和执行力。

你要知道，数据分析思维是辅助，真正的关键在于行为。我们中国人是很聪明的，你想的点子，别人早就想到了，而真正能做成事的人，是因为他们做对了关键行为。关于领导力，你要是感兴趣，可以看看我的微信公众号上的一篇文章——《怎样做技术管理者：关于管理和领导力的学习笔记》。

数据分析思维和数据分析有着非常广阔的空间，从数学理论到人工智能算法，从行业分析到经营管理决策，每个维度都可以扩展出无限可能。因此，我无法涵盖每个细节，但本书能为你打开一扇窗，将复杂的数学理论和数据算法变成简单、容易理解的例子，让你领略数据分析的魅力，并将其融入工作和生活中。愿你在未来做某个决策时，能回想起本书中的某个例子或知识点，这样你的学习就有了实际的回报。

很多人追求人生的终极答案，仿佛只有找到它，生活才算真正开始。美国哲学家麦金泰尔说过这样一句话："美好的人生就是一生都在追求美好人生的人生。"这样看来，**人生就是"边想边做"，想和做是分不开的。**

对于很多"终极"问题（比如人生的意义），直到现在也没有一个终极答案，我们始终"在探索的路上"，本书其实也只是你数据分析旅程的起点。

人们常说思想引发行动，行动养成习惯，习惯塑造性格，性格决定命运。本书已经在你的心中种下了数据分析的种子，希望你多给它浇浇水，落实到行动上。就算你在实践中不断碰壁，也是苦口的良药，这样数据分析思维才能真正为你所用。

因此，我建议你在选择工作时，要勇于挑战那些有陡峭学习曲线和艰苦磨练机会的工作，只有不断超越自我，你才能真正成长。

数据给了你一双看透本质的眼睛。希望你读完本书后，重新认识自己的工作和生活，让数据真正助你一臂之力。